游戏数值百宝书

·成为优秀的数值策划·

袁兆阳 著

U0281521

電子工業出版社·
Publishing House of Electronics Industry
北京·BEIJING

内容简介

本书是游戏行业首本以游戏研发路径为顺序，以数值策划为视角，剖析游戏数值设计的书籍。无论何种游戏，数值的构建都会经历前期准备、战斗数值、经济数值、复盘和商业化这5个标准步骤，本书的前6章非常适合游戏行业相关从业者、独立游戏制作人理解和学习游戏数值的制作和设计理念。随着游戏行业的发展和成熟，游戏数值的设计也趋于规范和标准化，本书的后两章则为未来"流水线"式数值设计的规范化提供了更多的思路和设计标准。

图书在版编目（CIP）数据

游戏数值百宝书：成为优秀的数值策划 / 袁兆阳著. —北京：电子工业出版社，2021.9
ISBN 978-7-121-41753-5

Ⅰ.①游… Ⅱ.①袁… Ⅲ.①游戏程序－程序设计Ⅳ.① TP317.6

中国版本图书馆 CIP 数据核字（2021）第 159423 号

责任编辑：张慧敏
印　　刷：涿州市殷润文化传播有限公司
装　　订：涿州市殷润文化传播有限公司
出版发行：电子工业出版社
　　　　　北京市海淀区万寿路 173 信箱　　邮编：100036
开　　本：720×1000　1/16　印张：17　字数：331 千字
版　　次：2021 年 9 月第 1 版
印　　次：2025 年 3 月第 8 次印刷
定　　价：89.00 元

凡所购买电子工业出版社图书有缺损问题，请向购买书店调换。若书店售缺，请与本社发行部联系，联系及邮购电话：（010）88254888，88258888。
质量投诉请发邮件至zlts@phei.com.cn，盗版侵权举报请发邮件至dbqq@phei.com.cn。
本书咨询联系方式：（010）51260888-819，faq@phei.com.cn。

许多游戏从业者入行的原因，大多是被成长过程中玩过的一两款游戏所影响的，因为有所感悟，于是生出了创作的强烈愿望。

然而，从玩家变成开发者，面临的不仅是角色的转换，也是思维方式的转变。

认识兆阳是在八九年前。那几年页游兴起，大量的开发者进入游戏行业，也不乏毫无经验，却一鸣惊人的例子。那时国人自己编写的成体系的游戏开发类书籍并不多。我们学习的途径主要是分析优秀作品，运用工程化和系统化思维，尝试走向原创。

感谢兆阳邀我写序，也借此书出版的机会，分享一下个人对游戏创作的一些不成熟的看法。

很高兴看到兆阳这样的游戏研发者，通过实战中的经验，总结提炼出切实有用的游戏数值研发指导工具书。数值是所有游戏运转的重要内核，相信读者通过本书可以系统地了解游戏设计的知识，也能够对游戏研发的架构性思维有一个初步的认知，进而理解作者在创作背后的思考立足点，认识形成这些结论背后的因素，并最终形成自己的解读和创作体系。

个人认为，游戏数值是把游戏内的一个个小"目标"，用"玩"的行为串起来，用于把控用户体验的走向和节奏。从宏观角度来讲，我更愿意称之为体验架构。 只有走向合理，节奏得当，玩家才会逐渐认可虚拟物品的价值，感受到成长，以及设计师希望传达的信息、情绪、乐趣和意义。

好的游戏，可以使我们感受到在现实中不能轻易获得的体验。世间万物、历史、他人的生活和故事、对人和世界的情感，乃至一切你能想得到和想不到的美妙和荒诞幻想，都能被整合到包罗万象的虚拟世界，让我们可以化身万千、身临其境。

这里我希望引用一下席德·梅尔大师的理念：

"创造那些可以经历得起时间考验的游戏。"

（Build games that stand the test of time.）

我认识的优秀的开发者，都是对生活有深刻感悟的人。一边阅读那些汇聚了思想精髓的文学、艺术、历史、数学、物理、心理学、哲学作品，一边自己亲身体会大千世界的五彩缤纷。

我们创作的强烈驱动力和立足点到底是什么？我们希望表达什么？应该表达什么？哪些有价值的信息和体验应该被记录和传播？每个人的答案都可能有所不同。

希望我们能带着一定的理想主义和底线去做游戏产品，让游戏中既包含术，又能带着生活中悟出来的道。

与诸位共勉。

千境文化　吴郁君

2021 年 6 月

以前，一款游戏的成功，可能是因为产品好，也可能是因为市场好，还可能是因为运气好。而纵观现今全球的游戏市场，有几个显著的变化：留存下降、成本升高、ROI 回收拉长、方法套路失灵。随着买量红利逐渐消失，自然流量获取越来越难，一款游戏的成功必然更依赖产品的研发。在成熟的买量与变现机制下，我们能做的只是顺应时代的潮流，研发好产品以制胜。评价一款好的游戏产品的重要指标之一就是其数值的设计。

作为入行多年的数据分析师，我深感驱动游戏业务是数据分析的核心目标之一，然而这并非易事。驱动业务，必须对研发、运营和发行有足够深入的认识和理解，其中数值则是深入理解研发的一个极好的切入点。当我看完袁兆阳的《游戏数值百宝书：成为优秀的数值策划》一书后，收获良多。很难得他能把这些经验分享出来。本书内容全面，如果去找数值策划聊天，听讲座，都只是某一部分的内容。

本书从数值设计方法论，到战斗、经济等具体环节的数值设计过程，再到对数值的复盘，系统地讲述了数值体系的框架和主要工作。游戏行业又多了一本实用的好书，兆阳将多年的经验输出，为大家提供了颇具实用性的参考，在工作和学习中想必能让大家获益匪浅。游戏行业要是有多一些这样的作者输出，对于从业者来说是福音，这是一本可以加速成长的好书。

我们常说，数据分析和数值不分家，的确是这样的。数值从游戏设计的角度出发，对比游戏行为数据和数值复盘数据，就能找到问题点所在。而对分析师来说，了解一些数值规划的知识，如同多了一条腿走路，比如在分析数据异常时，可以很快找出问题的原因，而不是只能从玩家的角度来推测。

授人以鱼，不如授人以渔。我相信，无论是游戏数值策划，还是希望了解游戏数值的朋友，都能通过本书有所收获。感谢兆阳为游戏行业的发展做出的贡献！也希望有更多的好游戏出现！

《数据驱动游戏运营》作者　黎湘艳

2021 年 6 月

很突然，兆阳找到我，说："震方兄，我写了一本关于游戏数值策划的书，想麻烦您帮我写个序！"我很吃惊。他接着说："都干了十年了，想总结总结。"我喟叹一声，这差事看来不接是不行了，否则对不起我们在游戏行业浪荡的这许多年，挥洒的这许多青春。

游戏行业经过多年的飞速发展，在无数程序员、策划、美术、运营的努力下，系统越来越庞大，黏性越来越强，吸金越来越多，但无论如何，盖房子总离不开搭地基这个原点。策略、数值、社交是一款游戏的核心要素，用盖房子来比喻，数值是地基、策略是房体、社交是封顶；数值是一款游戏的下限，而社交是一款游戏的上限。如果把策略比作人体骨骼，那么数值是人体的血脉，社交是人体的神经系统，血脉的重要性就在于要同时滋补骨骼和神经系统——数值对游戏的重要性不言而喻。策略想完美表达，社交想提升黏性，沉淀用户做大盘子，都离不开其中的数值设计。

以我的从业经历来看，做好数值设计不容易，因为数值不是简单的数学问题，需要黏合和平衡的要素太多。另一个重要的原因是：大多数数值策划可能连很多最基本的概念都是模糊的，很单纯地认为数值只是游戏研发中的一环而已。所以我想推荐这本书给从事游戏开发工作的读者，在热衷于谈云游戏、AI、AR、VR这些高端概念之前，先搞懂怎么去搭一个坚实的"地基"。

数值设计的起源在于用户需求，虽然很多数值策划离用户很远，但千万记得这个底层逻辑。

（1）数值设计来自用户需求，这个要再强调一遍。

（2）数值设计需要跟品类、策略、成长、社交、用户习惯相匹配，不同类型的产品的用户在各个维度的需求区别很大，并不是数值越大越好，也不是数值拉升得越快越好，注意匹配度中的"度"，避免过犹不及或者做不到位带来的各种"崩盘"。

（3）数值虽然深埋在游戏的各个体系内，但每一个数值都有精准的目的，所以数值设计没法复制，这就需要数值设计者真的懂数值是什么，来自何种需求，又去往哪里。

（4）数值设计非常讲究计划性和节奏，因为数值设计要求非常精确（检查的基准度量衡是时间），又要求各条数值线的耦合度合理可控。数值的释放要匹配基本人性，不能反人类，所以要求节奏感非常好。

（5）数值设计要去串联游戏开发的各个模块，做到物尽其用，不能小气，也不能浪费和放过任何可用的资源——因为数值不能单独存在，必须附生在其他系统上。

……

好的数值策划是行业内的稀缺资源，但好的数值策划都是从基础概念的理解开始的，这也是我强烈推荐本书的原因。

刘震方

2021 年 6 月

兆阳告诉我，他有一本关于游戏数值设计的书马上要出版了，希望我能够为这本书作序。这件事儿让我倍感惶恐，虽然在游戏圈摸爬滚打了十余年，但绝不敢以资深人士自居，能有幸为一本专业的游戏研发书籍作序，是我不曾想象的荣幸。既受兄弟所托，我定不能怠慢，接下来我将从自身视角出发，说一说这本书，以及我对游戏行业的切身感受。

我毕业于中国传媒大学动画学院游戏设计专业。作为国内第一个游戏领域的本科专业，教学方向是希望能为游戏行业输入优秀而全面的开发人才。所以在校期间我们从美术设计，到策划构建，再到程序实现，几乎遍历了游戏开发的各个核心组成模块。从小就对电子游戏疯狂痴迷的我，自然也怀着对游戏开发无比向往的心情，想要在毕业之后成为专业的游戏研发人员。但由于各种机缘巧合，毕业后一直在发行公司从事游戏运营方面的工作，距离自己做游戏的梦想越来越远。

但也是因为游戏运营工作，让我能够以不一样的视角来观察游戏。从最早的网络文字游戏（MUD）到 PC 端网游，再到移动端网游，游戏的类型和表现形式经历了巨大的变革，但用户选择一款游戏的初心并不曾改变，那就是"好看、好玩、耐玩"。简单的 6 个字背后包含着丰富的信息：好看代表美术品质；好玩代表核心玩法和创意；耐玩则代表游戏具有一个良性健康的数值体系作为支撑。

我很喜欢把游戏比作一个人，系统玩法是骨骼、美术 UI 是皮肉，而数值则是穿梭在体内的血管和神经，是让游戏能够真正运转起来的核心组件。数值设计虽不能改变游戏的外在表现，却是游戏否能够健康且持续运行下去的关键因素。

本书虽然立足数值设计，但并不局限于传统意义上的战斗数值或是养成数值，还包括目标 AI 设计、经济体系构架、货币规则等更加深层的数值设计思路，甚至进一步引申到商业化数值设计，以及关于长期运营层面的思考和方法论。作者在数值和系统策划领域的经验非常丰富，几乎每一章节的每一个知识点都有实例作为配套，深入浅出地向读者讲解游戏数值设计的方方面面。虽然并不能帮助读者在一夜之间成为数值策划"大神"，但却可以获得一些成熟的理论，找到属于自己的设计思路。

写在最后，电子游戏作为一种娱乐形式，其推出的核心目的是为用户带来快乐。无论是哪种类型的游戏，只要能沉浸其中，给坑家带米愉悦的体验，都是一款好游戏。我非常希望这个行业未来能有更多怀着"带给他人欢乐"理念的年轻血液加入，不断地推出优质的游戏产品，让中国的游戏产业有进一步的发展，迎来更加辉煌的明天。

发行制作人　段延明

2021 年 6 月

兆阳是我的多年好友，我很佩服他一直坚持在数值策划领域深耕多年，我从业十年来，见过一些策划不停地在系统、数值、战斗、关卡等细分领域横跳，无法坚持专注地在一个领域深耕。

游戏策划是很容易令人浮躁的一个职业，因为这个职业没有教科书，很多人做一个方向做了几年就会碰到"天花板"，想要突破要么悟性极高，要么有牛人带领，否则只靠自己很容易陷入迷茫的困境。于是很多人会想横向发展，系统、战斗、关卡、运营、数值每种都尝试一下，我记得我在做系统策划遇到瓶颈时，就去自学了很多东西，学写代码，买个绘画板学画画等，当然大部分最终都半途而废了。

最近有人问我，不确定自己是应该在一个细分领域坚持下去还是应该横向发展，我的答案是所谓一专多能，一专是关键。狭义的木桶原理在游戏研发这么复杂的工作面前是失效的，当然如果你想做的是独立游戏，自己一个人兼顾程序、美术、策划，那另当别论，你的短板决定了你能走多远。但如果你是在一个大型的游戏研发团队，想在大型商业化游戏上获得成功，就得把整个团队当作一个整体的"木桶"去看，你只需要把自己的长项做得足够优秀就行了，因为只有在某个领域足够专精，你才能配得上你身边同样在某方面足够专精的同事，你才能让自己配得上一个"最"专业的研发团队，你们每个人用自己的长板组成一个足够深的"木桶"，一起研发出一个在各方面都足够优秀的精品游戏。

我一直认为，数值是大型游戏研发这个"木桶"中至关重要的一块板。如果数值设计有问题，游戏的系统、战斗、关卡设计得再巧妙，那也是中看不中用的，所以现在做得好的数值策划人员非常稀缺。

要做好数值策划，除了对数理基础有一定的要求，最重要的还是对游戏乐趣的理解，对玩家的理解，需要站在玩家和游戏整个生命周期的角度去思考问题。优秀的数值策划应该具备以从微观到宏观尺度来解释游戏乐趣的能力，只有这样才能让数值最终为游戏体验服务。这要求数值策划拥有丰富的游戏体验经历，拥有从本质开始思考举一反三的能力，拥有化繁为简将纷繁的玩家游戏行为抽象为具体的数理逻辑的能力。而这一切都需要时间，需要项目经验的积累，需要长期和玩家浸泡在一起，因此数值策划是个越老越吃香的职业，数值策划也是通向游戏制作人的非常理想的途径。

游戏数值策划的入门是所有策划类型中最难的。游戏数值策划在不同的公司体系下有不同的培养标准和培养路径。如果你在一个成熟公司的成熟项目中，有师傅带会容易很多。所谓师傅领进门，修行靠个人，领进门主要是靠规范行为、指明路径等行为来进行的。在我看来，兆阳这本书就是一位资深的师傅，对于那些没有人带，自己钻研的数值人来说是一个很好的引路之书。当然如果你已经是一位成熟体系下成长起来的数值策划，这本书也可以帮助你从不同的角度去思考数值的广度和深度，对数值策划知识的完善有很大帮助。

最后，也希望这本书可以如作者所愿，帮到那些对游戏有梦想的"新人"，让游戏这个行业更加成熟，让每一款游戏更加精彩，充满乐趣。

资深游戏制作人　田晓东

2021 年 6 月

其实，前不久被拜托为本书作序，我是诚惶诚恐的。从业时间和经历在很多大佬面前就是初出茅庐的样子，作品也算不得有多出众，总是担心我来写这本书的序言是个是"咖位"不太够。不过终究还是接下来了，在看稿子时也回想起了这些年的经历，涌现出了一些想法和感慨，今天就随便聊聊，希望可以起到一点抛砖引玉的作用。

我刚入行时，中国的游戏行业处在一个高速发展的良好状态，大量的人才涌入，各式各样的优秀作品层出不穷。直到前几年，行业遭遇了一些挫折和困境，才发现不论什么行业想要成长、成熟，都需要经历一些苦难，这个是必需的，也是必然的。

每个行业走到这一步都需要有人能站出来，带领大家走出困境，这就是所谓的先驱者。他们在所有人对游戏环境充满信心却又感到一丝迷惑的时刻，展现出自己对这个行业的思考和判断，给大家提供一种解决问题的方式。这样的人有很多，但我们还需要更多。而且并不是每一个从业者都能成为先驱者，先驱者需要有良好的基础、良好的成长环境和良好的从业经历。这个良好不代表客观上的优越，而是在主观上能帮助他人成长的东西。

本书就在试着给我们这群从业人员一个良好的学习环境，整本书每个点都从基础开始，结合实际项目中遇到的问题和困难，还有应对的方法，进一步精细到描述想法的细枝末节，之后是可能遇到的拓展，面面俱到。看的过程中不禁让我想起自己刚刚加入这个行业时的情况，游戏是玩过一些，想法也有一些，热情也有一些，但总是不知道自己应该怎么做才能把这些转化成工作上的技能，去解决实际问题。随着工作时间的推进，我渐渐陷入迷茫，刚开始还是对自身的怀疑，后面上升到了对整个行业的怀疑，其实这些都是因为入行时没有一个好的开始和学习环境造成的，没有指路明灯，我就只能在迷雾之海中随风漂流，凭着运气漂出这片困顿之域。

对我而言，那时就是需要一些启蒙的知识，万事开头难，开了一个好头，后面的事情确实就会简单一些。当时的我也渴望过有这样的契机，去学习一些东西，完善自己的知识架构和专业技能。现在看来，如果有一本这样的书在当时出现在我的面前，那么我可以省下很多花在互联网上苦苦寻找先驱者经验和思考的时间。从某种意义上来说，这是不是一种捷径呢？

当然，收集和整理这些思考是一件非常辛苦的事情。书中的内容更多偏向教学性质，而不管在任何一个时期，任何一个社会，从事教育方向的事业都是非常辛苦的。

随着这样的作品越来越多，游戏业的从业环境也会慢慢变得更加成熟，更加稳重。新入行的后辈们也会有更多的条件和机会去了解自己，了解行业，在其中更好地发挥出自己的优点。

若是能达成这样的愿景，我想作者也会感到无比欣慰吧！

资深游戏数值　朱元晨
2021 年 6 月

前　言

数值策划从游戏策划中分离出来，并独立成为一种专职工种，是时代发展的产物，也是行业更加成熟的标志。笔者创作此书的本意是试图为游戏行业的成熟化、游戏质量的精品化道路提出一套比较可行的数值研发流程化方案，一种解读数值架构的方法和一份模块化生产游戏数值的思路，帮助那些想要制作精品游戏的人了解游戏数值，读懂数值架构，为那些奋斗在一线的游戏研发者提供一些具体的、"有可行性"的数值方法论。

其实，这也是笔者多年来从事游戏研发工作的经验总结。

本书首先介绍游戏数值流程化的 5 个步骤：准备工作、战斗数值、经济数值、数值复盘、商业化。然后使用数值可视化的方式解读游戏数值带给玩家的游戏体验。最后重点描述数值模块化对于游戏数值的重要意义。

如果你是刚入门或期望转职为游戏数值策划的从业人员，本书的前 6 章内容可以帮助你快速入门，了解游戏数值的制作流程，完成游戏数值层面的所有工作；如果你已经有了一定的数值策划从业经验，第 7 章数值可视化则可以帮助你更清晰和直观地了解不同游戏数值所带来的差异化游戏体验；第 8 章数值模块化主要讲述笔者对游戏数值的一些认知和经验，也希望可以为数值策划的未来带去一些新的设计思路和拓展方向。

在阅读本书时，可以选择一款自己比较熟悉的游戏，利用书中所描述的各种方法亲自尝试制作游戏的数值体系，通过实际操作加深对游戏数值的理解。你也可以选择一些当前市场上比较成熟的游戏模块，为这些模块构建一套属于自己的数值架构，汲取他人成功的经验，为后续游戏数值的制作提供一份宝贵的数值资料。

诚望本书可以帮助每一位有梦想的"游戏人"——让游戏数值不再成为制作游戏的瓶颈，让美好的构想可以完美落地，最终成功制作出真正的"精品游戏"。

最后，感谢父母和家人的支持和陪伴！感谢好友吴郁君、黎湘艳、刘震方、段延明、田晓东、朱元晨、刘帅、李鑫为本书作序和写推荐语！感谢张慧敏、石倩等编辑对内容的建议及帮助完成全书校对和修改！感谢盛趣游戏培训师团队为创作本书所提供的契机！

如果您对本书有良好的建议或有所疑惑，欢迎加入本书 QQ 群：2380572进行探讨和咨询，期待您的光临。

作　者

2021 年 6 月

读者服务

微信扫码回复：

- 加入本书读者交流群，与作者互动
- 获取【百场业界大咖直播合集】（持续更新），仅需 1 元

目 录

第 1 章

数值流程化

记得有一次去一家游戏公司面试，面试官问了笔者这样一个问题："如何做一款游戏的数值？"那时的笔者虽然已经从事游戏数值工作多年，并且完整参与过几款游戏的研发过程，但是面对这样的问题，仍然有点发蒙。当时笔者从没想过，也并不知道如何从全局的角度准确地回答这个问题。从工作阅历来谈也只能回答做了一些游戏功能的数值，完成了一套又一套系统的数值，而没有系统性地衡量过游戏数值的工作包括哪些方面？具体需要完成哪些内容？所以最终也只是零碎地回答做了什么，结果可想而知，既不能成功地展示自己，又不能成功地说服别人。

现在看来，这个问题对于经验不够丰富的人还是很有难度的，游戏数值策划都会经历这一步，A 功能需要数值，就去做 A 功能的数值，B 玩法需要数值，就去做 B 玩法的数值，此时的数值是作为被动需求方而存在的，需求方可能来自研发内部，也可能来自外部发行方或运营方。而这些无止境的需求最终会导致数值策划从项目立项开始直到游戏不删档测试阶段，也并不知道自己做了哪些内容，所有数值之间的关系是什么样的，数值策划的工作成果仅仅是一个又一个的"验收通过"。

回过头来展望整个游戏研发的流程、温习数值策划方案时才逐渐发现，其实制作游戏的数值与工厂的流水线非常相似，完全可以按照固定的流程和方法，将内容逐步展开，各个数值模型间环环相扣，历经多次改良和优化，接受多轮实践检验，最终成为一款优秀的产品。

也许，游戏的数值制作可以不再成为游戏制作的痛点，游戏数值可以通过

"流水线"操作，而游戏也可以成为"好莱坞式"的流水线化产品。

如果我们对标现在标准的流水线，那么一套完整的数值策划流程应该是这样的。

主要包括 5 个步骤：准备工作、战斗数值、经济数值、数值复盘、商业化。通过数值复盘和商业化反复打磨战斗数值和经济数值这口"铁锅"，最终创造出一件完美的艺术品。下面具体介绍。

1.1　第一步：准备工作

"工欲善其事，必先利其器。"

游戏数值策划的前期准备工作主要对标游戏的战略规划，分别是游戏类型、游戏题材、游戏三维和目标产品（见图 1-1 ）。

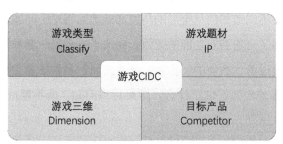

图 1-1　游戏的 CIDC

- **游戏类型**是区分不同游戏的一种分类方式，不同的游戏类型往往决定了游戏数值的设计方向。比如"角色扮演类游戏"需要突出角色的成长体验，"动作类游戏"需要突出游戏的战斗体验，两者在数值的设计上也会天差地别。

- **游戏题材**决定了游戏背景和风格。不同题材的游戏，玩家认可和想要体验的内容有所不同，比如，"三国题材游戏"，玩家希望扮演或收集名将；"武侠题材游戏"，玩家看重江湖侠义，希望有更多的社交体验。题材的不同，玩家希望体验的内容也不同，游戏数值所需要设计的数值架构也会有所不同。

- **游戏三维**则是从设计者角度对游戏进行全局规划，也汇总了游戏数值层面的整体规划，比如游戏中所需要包含的养成模块有哪些，每一个养成模块自身的定位和养成感受是什么样的，这些都需要设计师在制作游戏之前尽可能地展开想象，去描绘游戏最终的样貌。

- **目标产品**是游戏的标杆，这里的目标产品可以是同种类型题材的竞品游戏，也可以是有相似部分的同类型产品，目标产品直接决定了游戏的制作标准，也为游戏数值提供了一整套已经过验证的数值框架。

1.2 第二步：战斗数值

"战斗是游戏的核心体验，是游戏外在的表现，决定了游戏的高度，也就是游戏可以达到的艺术高度和成就高度。"

游戏中的战斗数值主要是对属性、战斗框架、能力和人工智能（AI）的设计，也对应了战斗数值的 4 个步骤，分别是属性定义、战斗框架、能力量化和人工智能（AI）设定。通俗一些讲，就是我们需要为游戏中的主角定义一些有意义的属性，使用战斗框架让这些属性串联起来，设计出各种不同的职业和成长模块，作为主角属性成长的载体，最后根据主角的成长阶段构想不同强度的敌人，以此来检验主角成长的效果（见图 1-2）。

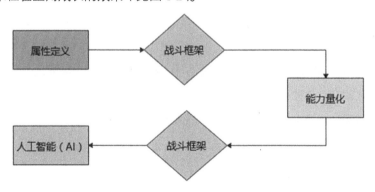

图 1-2　战斗数值的关系

- **属性**是游戏的根基，既影响了游戏战斗，又决定了游戏的养成，是游戏能力具象化的一种数字表现形式。
- **战斗框架**是游戏的连接器，建立了游戏中各种属性的关系，构筑了属性与战斗之间的桥梁，让游戏战斗中的各个要素紧密地联系在一起，从而形成一套严密的战斗逻辑闭环。

- **能力**是游戏的内核，主角能力的提升是游戏所带来的最直接的体验反馈，也是玩家所追求的目标。
- **人工智能（AI）**是游戏的反馈，能力的提升需要 AI 的衬托，也需要 AI 的鞭策。

战斗数值是围绕"用户体验"这个重心去展开的。这里的"用户体验"是广义上的用户体验，不能因为部分用户的体验而损害另外一部分用户的体验，如何平衡不同用户的"用户体验"是战斗数值中最需要关注的，也是战斗数值反复优化、调整的最主要原因。

1.3 第三步：经济数值

"经济是游戏的润滑剂，是游戏内在的逻辑，决定了游戏的深度，也就是游戏的持久力和趣味深度。"

游戏中的经济与现实中的经济既相似又不同。相似在原理相同，都涉及宏观经济和微观经济，使用的经济模式也类似；而不同在两端不同，产出端和消耗端不同，现实社会的需求是不足的，货币是硬通货，而游戏社会的消耗是不足的，能力是硬通货。经济数值主要关注游戏的经济模式、货币和资源、经济框架、价值体系。

- **经济模式**决定了游戏的宏观经济和微观经济，从一定意义上影响了游戏的交互体验。
- **货币和资源**共同创造了游戏经济体系下那些符号化的内容。
- **经济框架**演绎了所有货币和资源流动的过程，打通了从玩法到养成之间的通道。
- **价值体系**衡量了所有货币和资源的价值，构筑了虚拟世界的价值标杆，也为游戏的商业化提供了基准的数据指标。

经济就是围绕产出和消耗两个端口展开的，理论上最完美的经济是永恒的产出等于无尽的消耗。如果产出端变小，就会引起链条缩小，从而带来通缩；如果消耗端变小，就会引起资源堆积，从而带来通胀。这与现实经济相同，经济数值所要做的就是平衡产出和消耗之间的关系，让整个循环过程平稳且持久（见图 1-3）。

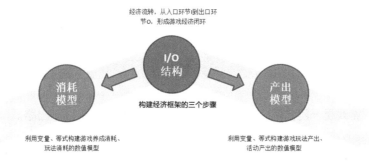

图 1-3　I/O 结构

1.4　第四步：数值复盘

"数值复盘是证明理论的重要方法，也是优化体验的重要支撑。"

完成了游戏的战斗数值和经济数值两大模块后，设计层面的内容也可以告一段落了。那么问题来了，如何检验它们的平衡和联通就成为这个阶段最重要的工作。一般我们会进行成长复盘、战斗复盘和经济复盘，以检验战斗数值和经济数值是否达到了设计的预期，也通过这些步骤去扮演玩家模拟玩家游戏时所遇到的"战斗体验"，以及这个虚拟世界中玩家所面临的"生存压力"。通过这些方式对游戏的数值进行检验，再对那些不良的体验进行相应的优化和调整，让游戏变得更"好玩"和"耐玩"。

- **成长复盘**是模拟游戏成长的过程，让成长体验更加平滑，为核心战斗提供数据载体。
- **战斗复盘**是模拟游戏战斗的过程，让战斗结果趋于平衡，为游戏成长提供成长反馈。
- **经济复盘**是模拟游戏经济流转的过程，为游戏成长带来资源，为游戏战斗提供奖励。

完美的游戏数值需要不断对内容进行优化和迭代，对体验进行打磨和调优，没有一款游戏数值生来就无懈可击。数值复盘为这个过程提供了客观的数据支持，而不同的"用户体验"也是数值复盘后优化得来的，这一步没有完美的答案，只有每一位游戏人为自己所做的游戏所赋予的"用户体验"，也是游戏高度和深度的最终展现。

1.5 第五步：商业化

"游戏是一门艺术，也是一件商品，商业化是游戏最好的出路。"

商业化是每一个游戏最终的目标，虽然"可耻"，但是"不丢人"。游戏的商业化与产品的商业化相似，不过游戏数值在商业化中主要考虑商业定位、商业策略和商业化复盘3个方面。

- **商业定位**是实现游戏收益最大化的战略构想，决定了游戏的收入规模。
- **商业策略**是基于商业定位所产生的实质性策略，可以有效地带动玩家付费。
- **商业化复盘**是模拟不同的用户付费，为商业策略提供一些数据支持。

商业化对于游戏而言是一把双刃剑，合理的商业化方式虽然可以提升游戏的"用户体验"，但会改变游戏的体验节奏，从而导致玩家对游戏的热情快速下降，加速游戏的死亡。如何做好游戏的商业化，保障游戏收入最大化是数值策划所需要持续思考和探索的。

第2章

构建数值的准备工作

数值策划就像写作长篇小说，选择类型，列好大纲，梳理故事的主线脉络，枚举主要角色，编纂角色之间的关系网，设定好故事的脉络。这样一套下来，就可以做到心中有数，再去评估完成小说所需要的时间，合理安排时间，完成整本小说指日可待。

将写作长篇小说对标游戏数值策划工作，准备步骤大概包括选择游戏类型、游戏题材，梳理游戏的核心战斗，枚举游戏的核心成长，编纂战斗和成长之间的关系网，设定好游戏的经济脉络。这些可以概括为游戏类型、游戏题材、游戏三维，也是本章所述内容。而我们在 1.1 节介绍时加入了目标产品，是为了帮助我们学习和了解同类型游戏产品的制作方法，站在前辈的臂膀之上进行创作，也能让自身的游戏更优秀、更精致。

2.1 游戏类型

不同的游戏类型偏重的设计方向不同，玩家追求的体验不同，收获快乐的方式也不同。目前已知的游戏类型大致分为角色扮演游戏（RPG）、动作游戏（ACT）、冒险游戏（AVG）、格斗游戏（FTG）、体育游戏（SPT）、竞速游戏（RAC）、策略游戏（SLG）、射击游戏（STG）、音乐游戏（MSC）、卡牌游戏（CAG）、美少女游戏（GAL）、成人游戏（H-Game），休闲游戏（C-Game），多人竞技游戏（Moba）这 14 大类（见图 2-1）。

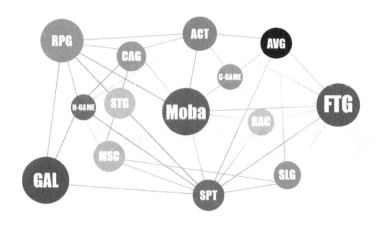

图 2-1　不同的游戏类型

1．角色扮演游戏

角色扮演游戏（RPG）主要分为传统角色扮演游戏和大型多人在线角色扮演游戏（MMORPG），由玩家扮演游戏中的一个或数个角色，有完整的故事情节，多采用回合制、即时或半即时制战斗，强调剧情发展和个人成长体验。比如《仙剑奇侠传》《剑侠情缘》《魔兽世界》《暗黑破坏神》等。

2．动作游戏

动作游戏（ACT）以"动作"为游戏的主要表现形式，重点考验玩家的反应能力（QTE）。游戏往往会采用引入格斗游戏（FTG）的浮空、硬直、碰撞，以及动作游戏特有的子弹时间等物理或魔法规则，使用连击（Combo）作为奖励去改变战斗过程的体验。此类游戏不刻意追求故事情节，强调战斗过程中紧张刺激的操作方式。比如《鬼泣》系列、《猎天使魔女》系列等。

3．冒险游戏

冒险游戏（AVG）是由玩家控制游戏人物进行虚拟冒险的游戏。与角色扮演游戏（RPG）不同的是，冒险游戏的特色是故事情节往往以完成一个任务或解开某些谜题的形式展开，而且在游戏过程中着意强调谜题的重要性，纯粹依靠解题拉动剧情的发展。

随着游戏的不断发展，当前冒险游戏逐步向个体生存、开放世界的方向发展，以如何保障自身生存、探索开放世界而展开。

冒险游戏往往不会以单独的形式出现，通过引入其他类型，比如动作游戏（ACT）、第一/第三人称射击（FPS/TPS）、解密游戏（PAG）等，逐步融合其他类型游戏的要素而变为新的游戏类型。比如融合角色扮演游戏和世界元素的《上古卷轴5：天际》、融合角色扮演游戏的《古墓丽影》系列、融合第三人称射击（TPS）游戏的《生化危机》系列等。

4. 格斗游戏

格斗游戏（FTG）是由玩家操纵各种角色与电脑或另一玩家所控制的角色进行格斗的游戏，强调游戏技巧以及战斗节奏。比如《拳皇》系列《街头霸王》系列、《铁拳》系列等。

5. 体育游戏

体育游戏（SPT）是模拟现实中各类竞技体育运动的游戏，强调模拟现实，主要应用于主机游戏，而随着硬件的不断发展，主机游戏也引入了诸多器材来增强这种运动体验。比如 FIFA 系列、NBA 系列以及 Switch 平台上比较热门的《健身环大冒险》等。

6. 竞速游戏

竞速游戏（RAC）是模拟各类赛车进行竞速的游戏，主要包括拟真或卡通两种风格。拟真风格通常是在真实街道、山道等真实场景中进行，非常讲究图像、音效技术，强调驾驶乐趣以及极速的快感，比如《极品飞车》系列；卡通风格则主要在特定的比赛场景中进行，并加入互动道具，既讲究娱乐性，又保留了加速、漂移的乐趣，比如《跑跑卡丁车》《QQ飞车》《马里奥赛车》等。

7. 策略游戏

策略游戏（SLG）强调运用策略与电脑或其他玩家较量，以取得各种形式的胜利。遵循 4X 或 4E 标准（探索 eXplore、扩张 eXpand、开发 eXploit、征服 eXterminate），多以战争策略或战斗策略为主。主要分为 4 大类，分别是战棋类策略游戏、回合/半回合制策略游戏、即时战略类策略游戏和模拟类策略游戏。

战棋类策略游戏是在地图或场景中按格子移动角色进行作战的游戏，因为类似下棋而得名。战棋类策略游戏既侧重战术，又讲究战略，节奏较慢，比如《三国志》系列、《火焰纹章》系列。

回合制策略游戏是指在游戏中的战斗遵循"回合"的概念，只有在自己的回合才能进行相应的战斗操作。而加入了速度概念（速度可以影响回合持续时间）的回合制游戏则属于半回合制。回合/半回合制策略游戏在战斗过程中没有位置的改变，更偏重于站桩战斗，讲究战前策略和战术这两个维度，节奏较快，比如《大话西游》《梦幻西游》《阴阳师》等。

即时战略游戏（RTS）不同于回合制游戏中重回合的概念，而采用实时的战斗方式。多是模拟战争，重战略、轻战术，讲究微观的局部战争，强调战斗的操作体验，比如《帝国时代》系列、《星际争霸》系列、《魔兽争霸》系列等。

模拟类策略游戏（SIM）主要以模拟经营或模拟战争为主，强调模拟经营战争玩法，重在模拟现实元素。如模拟现实生活的《模拟人生》、模拟商业经营的《商业大亨》、模拟城市经营的《模拟城市》、模拟游戏研发的《游戏发展国》、模拟海岛经营的《动物之森》、模拟恋爱的游戏《青涩宝贝》、模拟育成的《美少女梦工厂》《明星志愿》、模拟王国战争的《列王与纷争》等。

8. 射击游戏

射击游戏（STG）是玩家控制各类射击器具进行远距离射击的游戏。射击器具可以是枪械、飞行物、坦克、战舰等，强调子弹命中、弹道及躲避的体验。射击游戏的分支和旁支比较多，通过不同的射击体验也延伸出非常多优秀的游戏，以不同角度又分为以下几种。

以游戏视角进行划分

□ **第一人称射击游戏（FPS）**：以模拟主角为核心的射击体验，强调模拟现实，注重射击准备，比如《使命召唤》系列、《半条命》系列。

□ **第三人称射击游戏（TPS）**：以查看主角为核心的射击体验，强调环境营造，注重射击过程，比如《生化危机》系列、《战争机器》系列、《绝地求生》和《堡垒之夜》。

□ **俯视射击游戏**：以半上帝视角为核心的射击体验，强调弹药效果，注重射击结果，比如《孤胆英雄》系列。

□ **平视射击游戏**：以横轴或纵轴为核心的射击体验，强调敌方弹幕，注重躲避子弹，比如《合金弹头》系列、《魂斗罗》系列、《东方 Project》。

以射击器具进行划分

□ **枪械射击游戏**：以枪械为主要器具，注重模拟枪械的射击原理，会要求玩家考虑枪械的一些特性，如后坐力、弹道等。

□ **载具射击游戏**：以机械为主要器具，根据不同的射击视角注重的方向也会不同，比如《坦克世界》等。

□ **拟物化射击游戏**：常见于卡通类射击游戏，主要注重弹道的预判，比如以鸟儿为器具的经典游戏《愤怒的小鸟》。

9. 音乐游戏

音乐游戏（MSC）重在培养玩家的音乐敏感性，增强音乐感知。强调音乐表达及模拟表演，部分音乐游戏也强调社区概念，比如《太鼓达人》《劲乐团》《节奏大师》等。

10. 卡牌游戏

卡牌游戏（CAG）是一种以卡牌为表现形式的游戏，主要有**非集换式卡牌游戏**和**集换式卡牌游戏**两种类型。

非集换式卡牌游戏：玩家**随机选择**、指定牌组中一定数量的卡牌与其他玩家进行对战，重在随机应变，讲究临场发挥，不容易被玩家复制学习，上手难度较高，比如常见的扑克牌游戏、《三国杀》等。

集换式卡牌游戏：玩家**主动选择**、指定牌组中一定数量的卡牌进行对战，重在套路，也讲究临场发挥，套路很容易被玩家复制学习，上手更为简单，比如《炉石传说》《万智牌》等。

11. 美少女游戏

美少女游戏（GAL）属于极端的游戏类型，仅强调剧情以及人物塑造。经常是将一种要素融合进其他类型的游戏中，以二次元题材居多。比如融入动作和角色扮演游戏的《崩坏学园 3》、融入集换式卡牌和策略游戏的 *Fate*、融入集换式卡牌和塔防游戏的《明日方舟》等。

12. 成人游戏

成人游戏（H-game）一般是以性为核心的游戏，如《欲望之血》等。

13. 休闲游戏

休闲游戏（C-game）以简单的娱乐形式为主，可以是各种类型游戏的缩小版。简单、直白且目标性非常强，用于训练技能和学习。主要包括消除类、塔防类、跑酷类、益智类等游戏类型。

消除类休闲游戏的核心玩法就是消除，主要分为**合成消除、堆积消除、位移消除**和**连线消除**。比如，以合成消除为核心的《2048》《求合体》等；以堆积消除为核心的《俄罗斯方块》等；以位移消除为核心的《天天爱消除》《糖果粉碎传奇》等；以连线消除为核心的《连连看》等。

塔防类休闲游戏是通过建设防御塔来防御入侵的游戏，主要有**固定塔防**和**自定义塔防**两种方式。一种是在固定的位置摆放防御塔，强调防御塔的搭配和布局；另一种是在随机的位置摆放防御塔，强调怪物行进距离和总输出能力。比如《植物大战僵尸》《保卫萝卜》等。

跑酷类休闲游戏的核心是跑酷过程中的**随机应变**（QTE），通过躲避障碍、收集奖励等形式完成跑酷的历程，是竞速类游戏的一种简化体验形式。比如《神庙逃亡》《天天酷跑》《元气大冒险》等。

益智类休闲游戏的范畴非常广，主要以**训练大脑、增强学习能力**为主，通过益智形式进行游戏，目前多以人与人之间的交互为主要方式，比如《你画我猜》等。

14. 多人竞技游戏

多人竞技游戏（Moba）是近年来产生的新游戏方向，不一定区分游戏类型，但讲究个人操作和团队配合，游戏类型可以是**射击竞技、策略竞技、格斗竞技、推塔竞技**等，强调竞技精神，多以赛季推动。比如《魔兽争霸3》的黄金赛季、《英雄联盟》的全球总决赛、《王者荣耀》的职业联赛等。

以上14种即为当前游戏行业主要的游戏类型。当然，具体的游戏类型划分方式并不局限于以游戏的体验方式为主，我们可以通过游戏的核心玩法把游戏分为策略游戏、动作冒险游戏、动作游戏、放置类游戏、格斗游戏、角色扮演游戏、解谜游戏、竞速游戏、卡牌游戏、恋爱游戏、冒险游戏、模拟游戏、平台游戏、沙盒游戏、射击游戏、养成游戏、音乐节奏游戏、战棋游戏这 18 种类型。游戏的分类并不强调准确性，具体的分类方式可以根据自身的理解来进行，我们主要是为了了解不同游戏类型的定位和游戏的特征。

在游戏立项时，不一定已经确定了游戏类型。一般游戏的立项是通过一个想法、PPT 或者一个程序示例（Demo）去匹配游戏的类型，甚至决策者的一句话"去把某个游戏换个皮好了"，就决定了游戏的类型。

在选择游戏类型时也并不一定只选择某一种游戏类型。上文所提到的 14 种游戏类型都属于类别，我们在选定或判定类型时可以把这些类别细化为一种体验元素，一款游戏可以是多个元素的合集。当前游戏的发展趋势是大融合，一个游戏会融合一种或多种元素，比如现在很流行的卡牌游戏既属于策略游戏（SLG），又属于角色扮演游戏（RPG），甚至还有点美少女游戏（GAL）的元素。这种我们可以混称为 SRPG 或 GRPG。多一种类型的加入就可以多一种游戏的体验，可以吸引到的玩家也就越多，而且游戏体验也更丰富。

比如《梦幻庄园》这款风靡全球的游戏。它是一款模拟游戏（SIM），游戏的主旨就是玩家继承了一栋庄园，通过不断努力来修复自己的庄园，从而使庄园朝着越来越大、越来越漂亮和个性化的方向发展；同时它又是一款休闲游戏（CG），玩家需要通过"三消"去完成目标，收获奖励，从而解锁庄园中不同的区域。那么这样一款游戏，我们可以称为 SCG 游戏。我们在策划这款游戏的数值时就要抓住模拟游戏（SIM）和休闲游戏（CG）的特点，去朝着这个方向努力。

了解游戏类型，只是策划游戏数值的开始，在确定了游戏类型后，我们就可以规划出游戏很多要素，玩家所期望的是什么，我们所需要重点设计的方向是什么，而数值也会尽可能地服务这些要素。比如，角色扮演游戏（RPG）重养成体验，需要重点关注成长模块的数值设计；策略游戏（SLG）重战斗体验和经济流转，需要重点关注战斗模块的数值和经济模块的数值设计。

只有"多体验、勤思考"，探索不同类型的玩家诉求，才能真正掌握游戏数值的重心，做出真正符合玩家所期望的游戏数值。

2.2 游戏题材

游戏题材决定了游戏的内容要素，每一种题材可以提炼的内容要素是不同的，所带来的游戏体验也是不同的。比如常见的游戏题材可能是魔幻、玄幻、武侠、三国、穿越、宫斗、战争、二次元等，而这些题材中，玩家想要体验的内容也不同，数值的整体架构也会有差异。

针对数值而言，了解游戏题材是为了提取题材中的核心要素。不同的题材适合什么样的战斗方式？可以拥有什么样的属性？如何去量化能力、给玩家创造什么样的敌人？题材下的货币是什么？搭配哪些资源和道具？道具有什么作用，等等。

还有一个至关重要的因素就是要清楚这种题材下玩家最期待的是什么，玩家最在乎的是什么。我们可以通过"**巴图模型**""**凯尔西气质类型**"或者"**群体游戏设计模型**"来建立一套统一的模型区分不同的玩家类型，以枚举不同题材下玩家所期望的内容。

巴图模型是游戏《多使用者迷宫》（*Multi-User Dungeon*，*MUD*）的联合创始人理查德·巴图（Richard Bartle）在他的论文《红心，梅花，方块，黑桃：MUD 中的玩家》（*Hearts, Clubs, Diamonds, Spades: Players Who Suit MUDs*）中，首次提出的 4 种玩家类型，后来在他本人的著作《设计虚拟世界》中，玩家类型被扩展到 8 种。这 4 种玩家类型分别是杀手、成就者、探索者、社交家（见图 2-2）。

- **杀手**：乐于干扰游戏世界的运作或其他玩家的游戏体验。
- **成就者**：乐于克服游戏世界中的各种挑战，积累成就。
- **探索者**：乐于探索游戏世界的运作规律。
- **社交家**：乐于与其他玩家分享游戏世界中的故事，建立社交关系。

凯尔西气质类型是心理学家大卫·凯尔西（David Keirsey）从迈尔斯 - 布里格（Myers-Briggs）以其名字命名的 MBTI（Myers-Briggs Type Indicator）的 16 种个性模型中总结的 4 种通用气质类型。在和另一位心理学家玛丽莲·贝特（Marilyn Bates）共同编写的著作《请理解我》（*Please Understand Me*）中，凯尔西详细描述了 4 种气质类型，分别是技艺者、护卫者、理性者和理想主义者（见图 2-3 ）。

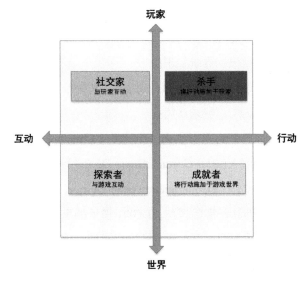

图 2-2　巴图模型的玩家类型

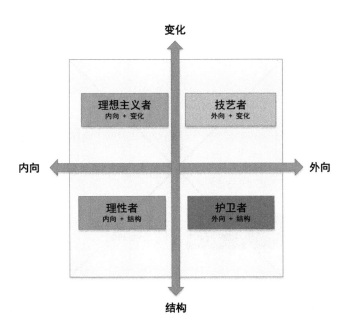

图 2-3　凯尔西气质类型

- **技艺者（感知＋获取）**：现实主义、重策略、善控制（对象为人或物）、实用主义、冲动、关注行动、寻求刺激。

- **护卫者（感知＋判断）**：务实、重逻辑、重阶层、组织性、注重细节、好占有、关注过程、寻求安全感。
- **理性者（直觉＋思考）**：创新、重战略、重逻辑、喜好科学／技术、前景导向、关注结果、寻求知识。
- **理想主义者（直觉＋感情）**：富有想象力、善外交、情感丰富、关系导向、戏剧性、关注人文、寻求认同。

群体游戏设计模型是克里斯多夫·贝特曼（Christopher Bateman）在其编写的《21世纪游戏设计》（*21st-Century Game Design*）一书中提出的关于游戏风格偏好的群体游戏设计（Demographic Game Design，DGD1）模型，这个模型有效地补充了凯尔西和巴图的模型。DGD1模型的重点不在于匹配以上两种模型的每种玩家或气质类型，而是形成了次级类型，填补了主要类型之间的空白地带（见图2-4）。

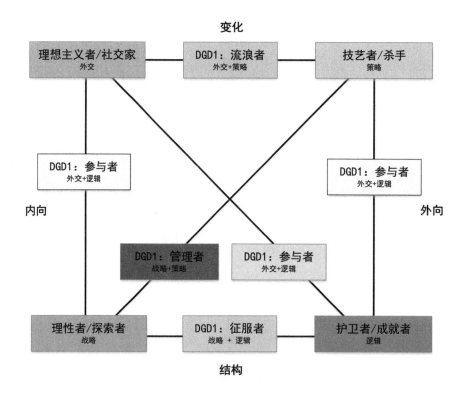

图 2-4　群体游戏设计模型

关于玩家类型这里不做过多引述，详细的统一理论可以去查看 UXRen 所编译的《游戏玩家的经典心理模型：个性与游戏风格的统一模型》这篇文章。

我们所需要做的就是为不同类型的游戏玩家匹配题材所需要包含的要素。比如我们使用巴图模型来对玩家进行分类，以"三国背景"作为游戏题材。

- 成就者可能更偏向于收集名将、神兵、积累财富积分、建设城池等。
- 探索者可能更想成为君主或化身为一名武将加入剧情。
- 社交家则更期望与其他君主之间结盟，共同御敌。
- 杀手可能更喜欢恢宏的战场、武将单挑、城市破坏等。

游戏在内容的设计上会尽可能地满足以上 4 种类型的玩家需求，在这里我们可以提前规划好游戏中可能或可以出现的要素，至少我们要知道在这个题材下哪些是我们需要重点关注的要素，了解了这些要素，在后续进行数值设定时就可以充分地发挥，尽最大可能让游戏变得更精彩。

2.3 游戏三维

游戏三维一般有广义和狭义两种分类方式。广义的游戏三维就是游戏题材、游戏美术和游戏深度。狭义的游戏三维则是游戏广度、游戏深度和游戏难度，也有另一种说法是游戏战斗、游戏成长和游戏玩法。作为游戏的发行方，从商业的角度更关注的是广义的游戏三维，而从玩家的视角和游戏策划的视角则更需要关注狭义的游戏三维。

这里我们重点描述如何通过玩家的视角和策划的视角来了解狭义的游戏三维。

2.3.1 玩家视角的游戏三维

通过玩家视角观察，游戏三维主要由**游戏广度**、**游戏深度**和**游戏难度** 3 部分构成（见图 2-5）。

图 2-5　游戏三维的关系

游戏广度就是游戏中所引入的游戏类型量级，所包含的养成、玩法量级以及这些养成或玩法所覆盖的 DGD1 模型中玩家种类的规模。也正是我们上文中游戏类型、游戏题材所需要梳理的内容。

游戏深度也叫作游戏性，主要包括游戏的可玩性和游戏的耐玩性。其中，游戏的可玩性主要是指游戏战斗的可玩性和游戏玩法的可玩性；游戏的耐玩性则是游戏养成的耐玩性和游戏玩法的耐玩性。这里的可玩性和耐玩性并不一定适用于任何类型的游戏，比如模拟类（SIM）游戏的耐玩性可能就是经济数值的耐玩性。

游戏难度主要包括玩家上手难度、游戏玩法难度和玩家成长难度 3 部分。玩家上手难度主要体现在玩家对游戏类型的理解、对题材的熟悉和对操作的熟练程度上。游戏的玩法难度主要集中在玩家对技巧的掌握、对策略的运用和游戏内生存的难度上。玩家成长难度则是玩家通过不断地体验游戏以降低上手难度和游戏玩法难度的过程是否符合付出即有所得。游戏难度一般需要遵循"易于上手，难精通"的原则。

2.3.2　策划视角的游戏三维

策划视角的游戏三维主要包括**游戏成长**、**游戏玩法**和**游戏战斗**。这种三维定位主要以游戏成长和游戏玩法作为两极，形成游戏的生态闭环。通过游戏玩法产生资源用于游戏的成长，而通过游戏的成长可以更安全高效地体验游戏的玩法。游戏战斗主要作为游戏玩法的延伸，这类游戏的出发点不在于核心战斗，而在于成长和玩法的循环。这样设定也有一种好处，就是可以把游戏战斗作为一种模块，也就意味着可以套用任何形式的游戏战斗作为核心的战斗体验。

游戏成长主要是游戏中角色属性的成长，游戏角色会通过多种养成途径来提高角色的属性，而这些养成途径则需要差异化地区分它们的**养成收益**、**养成深度**、**养成难度**和**养成表现**。

- □ **养成收益**就是养成所带来的实质性属性收益。比如，角色体系可以带来 500 点攻击属性，装备体系可以带来 1000 点攻击属性，那么这两者就会有追求优先级的体验差异。

- □ **养成深度**就是养成次数的数量区间。比如角色升级可以是 100 级，而装备有 10 套，这两种不同的数量级则会产生养成快慢的差异。

- □ **养成难度**就是不同养成内容的提升难度。提升不同成长模块所需要消耗的资源数量，以及资源获得的难易度，都可以作为养成难度的具体形式。比如角色升级需要经验即可，参与游戏所有的玩法都可以获得，而装备则需要通过一些有难度的玩法才可以获得，养成难度的不同往往对应了收益的不同，也极大地增强了游戏的体验。

- □ **养成表现**就是养成所带来的自身或其他玩家在视觉上的差异。比如玩家在使用不同的装备时会有不同的角色形象，装备强化到一定等级后会有粒子特效等。养成表现是在游戏中炫耀的一种方式，也是对玩家不同养成阶段的一种奖励形式。

游戏玩法主要是游戏中玩家体验的所有游戏内容。游戏玩法带有强烈的目的性，常以**玩法类别**、**周期次数**、**开启要求**、**玩法时长**、**玩法产出**、**玩法形式**和**特权差异**为主要内容。

- □ **玩法类别**主要用于区分玩法的属性，包括福利性玩法、打卡式玩法、挂机玩法和手动玩法。福利性玩法主要是游戏中的一些福利活动，为玩家设定目标，玩家完成目标即可领取一定的游戏奖励，比如日常活跃奖励等。打卡式玩法是玩家通过点一点的方式直接获得奖励，比如每日签到、公会签到等。挂机玩法主要是使用游戏内挂，采用挂机的形式即可完成的游戏玩法，比如自动每日任务、自动挂机刷怪等。手动玩法则是需要玩家动手完成的游戏内容，比如挑战副本、团队副本等。通过玩法类别的整理，可以了解玩法的类别分布，用于后续玩法的优化调整（见图2-6）。

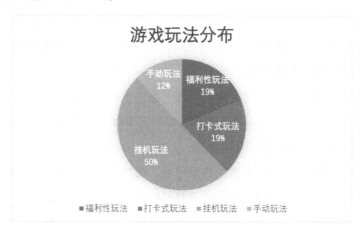

图2-6　游戏玩法分布示意图

□ **周期次数**主要用于区分玩法的间隔周期，在游戏中比较常见的主要包括一次性、日常、周常、双周、月、季，甚至年。比如游戏中的主线/支线任务、成就、关卡挑战等都是一次性的体验；日常副本、日常活动等每日重置次数的玩法归属为日常玩法；竞技场、比武大会等每周开启一次的玩法归属为周常玩法；双周任务、14天目标等每两周重置一次的玩法为双周玩法；而月度目标、联赛、赛季等具有更长周期的玩法则根据实际时长定义。一般以目标为导向的游戏会为玩家制定详细的课程表，而周期则是课程完成的时间周期。通过周期次数的梳理可以判断玩家日、周、月目标的数量，提前了解玩家对游戏的黏性（见图2-7）。

□ **开启要求**就是玩法开启的条件，游戏中玩法的开启条件以任务开启、等级开启、周期开启为主，当然也有战力条件（战力常指游戏中玩家的战斗力，主要用于衡量游戏中角色的综合能力）等。开启要求的不同可以为玩家建立目标，也可以作为一种门槛限制玩家过快地消耗游戏内容（见图2-8）。

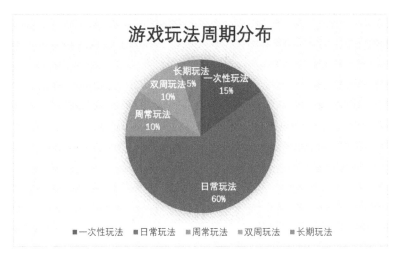

图 2-7 游戏玩法周期分布示意图

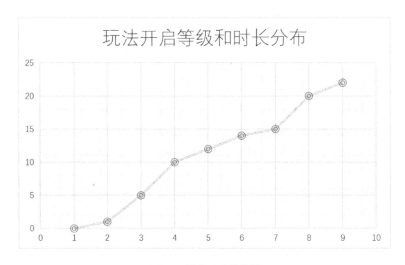

图 2-8 玩法开启曲线图

□ **玩法时长**就是各种玩法所需要占用的游戏时长，常常以日为单位，以类别进行区分。比如打卡式玩法共消耗 1 分钟，挂机玩法共消耗 15 分钟，手动玩法共消耗 30 分钟，通过玩法的时长可以判断玩家的疲劳程度，以便在优化游戏时确定是需要减负还是增加内容时长（见图 2-9）。

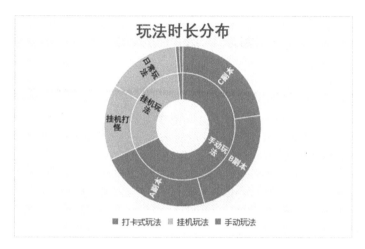

图 2-9 玩法时长分布

- **玩法产出**就是玩法的主要奖励内容，玩法产出往往会重点对标游戏中相应的成长模块，也就是 A1 玩法的产出主要用于 A1 养成线。通过产出的规划梳理可以清晰地了解玩法数量是否足够或过多，而通过产出的量级可以了解对应养成的养成难度。

- **玩法形式**主要包括单人 PVE、单人 PVP、多人 GVE、多人 GVG 和综合玩法，多人状态下玩家之间的关系又可以区分为合作或竞争。通过对玩法形式的汇总，可以判断游戏的生态，玩家的核心体验是人机体验，还是人人体验，而人人体验中主要是合作关系还是竞争关系（见图 2-10）。

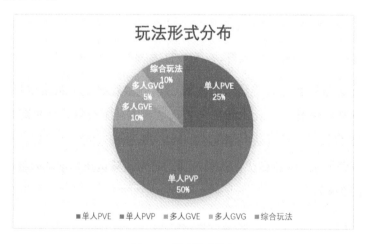

图 2-10 玩法形式分布

□ **特权差异**主要是不同付费玩家在不同玩法中对次数、追求和体验上的差异。在道具收费游戏中，特权差异很常见。比如部分副本免费玩家只能进入一次，而付费玩家可以再进入一次的次数差异；公共场景玩法中免费玩家只能在外围区域，而付费玩家可以在中间区域追求差异；相同的副本中免费玩家需要缜密操作，而付费玩家可以挂机通关的体验差异，等等。特权差异在道具收费游戏中普遍存在，而这些差异也正是促使玩家付费的真正源动力。

游戏战斗作为单独的模块出现，主要是表达游戏中战斗的形式。比如传统实时战斗《魔兽世界》、动作游戏《崩坏学园3》、半回合游戏《阴阳师》、塔防游戏《明日方舟》、弹幕射击游戏《爆裂魔女》，等等。这些类型的游戏战斗会更注重核心战斗要素，而数值则侧重在职业的平衡性上，关于职业的平衡性后文会详细描述，这里不再赘述。

2.4 目标游戏

了解目标游戏最好的方法，就是对目标游戏进行反向推导（研发游戏是从过程到结果正向推进，游戏反推则是从结果到过程，反向推论设计意图），也就是我们常用的"游戏反推"。游戏反推就是将游戏以策划的角度还原出来，从而了解整个游戏架构，梳理游戏脉络。这一步，读者最好去尝试做一下。

如果不知道从何入手，则建议从**一个目标**、**三个系统**和**商业化**去系统性地反推，如果精力允许则可以适当反推游戏数值的设计规划（见图2-11）。

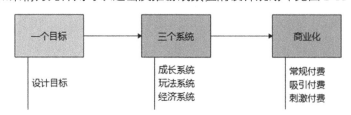

图2-11　游戏反推

● **一个目标**就是游戏的设计目标，我们可以从玩家角度和设计者角度推理游戏的设计目标，比如三国类游戏，从玩家的角度出发，目标是收集名将，攻城略地，成就一番伟业；从设计者的角度出发，目标是玩家每天获得一名武将，每三天获得一名名将，游戏保持三个月热度，三个月中大额付费需要消费 2000 元。

- **三个系统**分别对应了游戏的成长系统、玩法系统（核心系统）和经济系统，从游戏核心的三个模块拆分，推理整体游戏的设计思路和设计方法。比如，目标游戏中成长系统包含了哪些种类，不同成长系统是如何设计的，成长体验是怎样的，设计这个系统的目的是什么。

- **商业化**可以采用常规付费设计、吸引付费设计和刺激付费设计去做分类，根据不同的付费策略和付费方式，了解游戏如何实现最大商业化价值，比如目前最流行的卡牌游戏，设计者期望玩家消费多少金额才可以获得相应的卡牌，设计者为核心卡牌预留了多少的付费空间。

我们可以通过准备工作的 3 个部分来完成游戏的反推。这里不再展开介绍如何去做游戏反推，游戏的反推过程其实也是个人经验积累的过程，了解其他游戏的设计方法、设计思路以及玩家实际体验，可以更好地帮助我们认识游戏。事物有一种发展规律，就是模仿、总结、超越、创新。模仿、总结的过程就是学习的过程，而超越和创新则需要储备足够的经验。

第3章

游戏的战斗数值

　　要了解游戏的战斗数值是什么，就需要先了解游戏的核心战斗是什么。游戏的核心战斗包括且不局限于战斗方式、战斗表现、战斗节奏、战术和战略（策略）等一些复杂的与战斗相关的设定集。其中大部分需要游戏战斗策划人员来设定，也有部分需要战斗策划人员和数值策划人员来协商设定。

　　战斗方式就是战斗的主要形式和过程，根据游戏类别，战斗可以区分为实时战斗、回合／半回合战斗等形式，而战斗过程则关乎技能、伤害，胜负等一些逻辑流程。战斗方式决定了数值所需要完成的属性定义、公式定义两部分核心内容。

　　战斗表现就是战斗的主要表现方式，大部分战斗的表现形式与数值策划无关，但一些讲究战斗过程和战斗技巧的游戏需要数值策划关注表现层面的参数。比如包含动作游戏类要素的游戏，数值策划需要了解角色战斗中每次攻击间隔的时间、攻击后摇的持续时间。

> **注**：角色在进行攻击或释放技能时会进行相应的释放动作，以保证表现层面的连贯性，比如在攻击时会强制执行抬手或举起武器这个动作，此为攻击前摇；在攻击结束或释放技能结束时，收回姿势，此为攻击后摇。

　　战斗节奏主要是单场战斗的持续时间和单场战斗中需要调动玩家精神集中的程度。战斗节奏也和游戏类型有一定的关系，有些游戏类型需要战斗中你来我往多个回合，讲究战斗的过程博弈，而有些游戏则一枪定输赢，注重游戏的紧张刺激。这两种游戏有着截然不同的战斗节奏。战斗节奏往往决定了游戏数值的量化能力。

战术和战略（策略）主要是战斗过程中的战术和全局战斗中的战略博弈，比如注重个人战斗的游戏一般更讲究战术，而兵团作战类游戏更注重全局的战略。战术和战略（策略）是战斗博弈的过程，更注重数值的平衡性。

通过对游戏核心战斗主要特征的理解，我们可以把游戏核心战斗所需要构建的战斗数值分为4个步骤，分别是属性定义、战斗框架、能力量化和人工智能。对4个步骤依次展开，即可获得完整的游戏战斗数值，为游戏战斗提供相应的数据支持。

3.1 属性定义

属性作为游戏的根基，影响了游戏战斗和游戏养成两个方面的设定。战斗数值工作的第一步就是对属性的定义，要明确游戏中核心战斗模块的属性是什么。在准备工作阶段，我们已经明确了要做什么类型、什么题材的游戏，这里就需要针对不同的游戏类型和题材去定义不同的属性。

我们可以根据应用范围区将游戏属性分为**通用属性**和**非通用属性**两种类别。其中，通用属性就是可以带入任何游戏类型的游戏属性，而非通用属性则是只能应用于特定游戏类型的游戏属性。比如攻击属性、防御属性和生命属性就属于通用属性范畴，任何游戏类型都可以使用。而诸如格斗游戏的硬直、浮空，射击游戏的弹道、射速，美少女游戏的年龄、爱好等属性类型则属于非通用属性，只能应用于特定的游戏类型。

一款游戏中一定会包括通用属性，而不一定包括非通用属性。非通用属性的设定完全取决于游戏核心战斗的需求，以及我们想要在游戏中加入的特色，用于增强游戏的娱乐性。

3.1.1 通用属性

游戏通用属性的分类方式有两种：多级分类和效用分类。**多级分类**主要包括一级属性、二级属性、三级属性，**效用分类**主要包括攻击属性、防御属性和生存属性。这里对属性的划分主要是为了便于我们定义属性，并不一定会成为实际展示给玩家的属性（见图3-1）。

> **注**：由于游戏本身需要简单、易上手，而游戏又需要有深度、耐玩，所以在设计游戏时会定义很多属性以增强游戏的耐玩性。但实际展示时需要降低玩家的理解成本，就会隐藏一些较难理解的属性，所以会区分属性是否展示给玩家，是否展示没有强制性，可以根据自身游戏的特征选择是否隐藏部分属性。

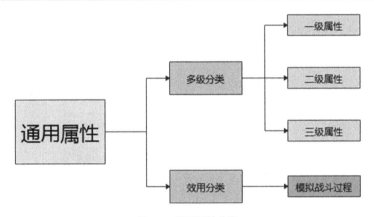

图 3-1　通用属性分类

多级分类和**效用分类**都是以结果为导向的，通过设计目标反向填补内容作为方法的属性定义方式。两种属性的分类方式只有个人偏好的差异，实际效果两者偏差不大，我们可以根据自己的喜好去使用不同的分类方式，最终确定下来游戏战斗所需的属性即可。

1. 多级分类方法

目前最常见的游戏类型大多以**多级分类**来定义游戏属性，相对于**效用分类**，多级分类更加容易上手，也更便于通过属性的层级把属性的作用梳理清晰。使用**多级分类**最多可以把属性分为三个层级，即**一级属性、二级属性**和**三级属性**（见图3-2）。

一级属性是直接参与战斗的底层属性，主要包括攻击、防御和生命，遵循最简单的逻辑关系，攻击和防御共同作用产生了伤害，生命和伤害共同作用决定了游戏角色的胜负。攻击、防御和生命是最简单的一级属性，也被称为"攻防血铁三角"，以此为基础，我们还可以让一级属性更复杂一些，让游戏体验变得更加多样性。

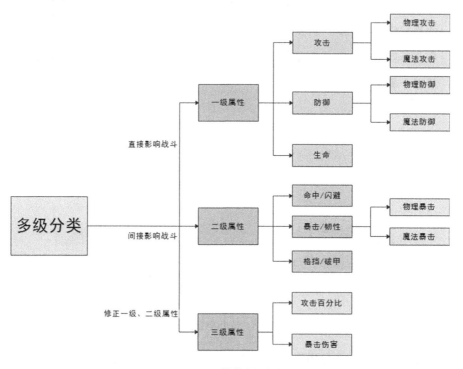

图3-2　属性的多级分类

- 攻击属性可以根据攻击类型分为物理攻击、魔法攻击等不同的攻击类型，这样我们就拥有了多种攻击形式，可以更方便地让不同类型的角色追求不同类型的攻击方式，也就产生了角色之间的差异化。

- 我们定义了"矛"，自然也要相应地给"盾"，对应防御也会有物理防御、魔法防御等。不同角色追求不同的攻击属性，与追求不同防御属性的其他角色进行对抗，物理防御应对物理攻击，魔法防御应对魔法攻击，玩家对不同攻击和防御成长的倾向而产生了对抗的策略性。游戏也从简单地追求攻击或防御转变为有选择地追求物理攻击或魔法攻击，这也是游戏"好玩"的一个重要原因。

□ 生命则作为通用结算属性，不适合进行拆解，所以，游戏中不论什么类型的攻击属性和防御属性，都会使用生命进行结算，以确定单场战斗的胜负。

攻击/防御属性的种类并不是越多越好，攻击种类越多，相应的防御种类就会越多，游戏的平衡性设计就会变得复杂，而且玩家的上手难度和游戏中角色的成长难度也会等比提升。一般情况下，攻击和防御属性根据游戏的题材和类型拓展出 1~3 种即可。

二级属性是建立在一级属性之上，可以直接影响单次伤害计算的战斗属性，均为百分比数值，经常以一"矛"一"盾"的形式出现，比如游戏中常见的命中/闪避、暴击/韧性等。也会有独立偏向于攻击或防御的二级属性存在，比如攻击向的暴击伤害、防御向的格挡等。相较于一级属性的确定性特点，二级属性最大的特点就是随机性。这种随机性也造成了如果触发二级属性，那么玩家的战斗收益就会变高，这也正是数值策划的乐趣所在。

三级属性一般是用于修正一级属性或二级属性而存在的属性，在游戏设计的初期可以不需要设定。后续在不断探索完善的过程中，我们需要一些数据去修正不合理的地方，在增加平衡性或纯粹增加全新体验时，再对属性进行增减。比如在《魔兽世界》中，攻击强度/法术强度/法术治疗是为了区分伤害和治疗而产生的属性，根据职业差异和养成差异，玩家会追求不同类型的属性方向，也正是这种属性的复杂性，《魔兽世界》在后期的版本中把这些属性统一并入"伤害"这个属性中。我们可以根据实际需求去创造全新的三级属性，但是一定要找准属性在游戏中的定位，要有目的地新增属性，否则只会使游戏更复杂，增加玩家的上手难度。

2. 效用分类方法

效用分类就是根据模拟单次游戏战斗的过程而使用的分类方法，单次战斗的过程主要是攻击、防御和扣除血量，而效用分类就是建立在此基础之上，来定义攻击、防御和扣除血量的过程分别需要什么属性（见图 3-3）

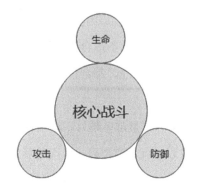

图 3-3　效用分类的 3 个基础方向

效用分类更适合从正面围绕攻击、防御和生存这 3 个角度分级展开游戏属性的定义。比如在游戏核心战斗中，对攻击方向这个属性，参与攻击的最基础属性为攻击力，那么攻击力则可以定义为"基础攻击属性"。在丰富游戏中的职业时，我们会引入物理攻击、魔法攻击等针对不同职业的攻击方式，此时"基础攻击属性"被展开为物理攻击和魔法攻击两个方向，这两种攻击类型均由攻击属性延展而来，我们可以将其定义为"二级攻击属性"。

应用以上方法，我们对"二级攻击属性"再次展开。把影响攻击效率的属性细分为物理命中属性、魔法命中属性；把影响攻击数值波动的属性细分为物理暴击属性、魔法暴击属性；把影响攻击效率的属性细分为物理穿透属性、魔法穿透属性。我们可以将以上第三次拆分的属性定义为"三级攻击属性"。

后续，还可以根据实际设计的需求对三次攻击属性进行再次拆分，比如影响"暴击属性"数值大小的物理暴击伤害、魔法暴击伤害，影响"穿透效率"的穿透伤害，穿透效果加成等。

对防御和生存这两个角度，依然可以使用以上方法进行拆分，最终即可获得游戏中所有需要的属性。通过攻击角度拆分所获得的属性统称为"攻击向属性"；通过防御角度拆分所获得的属性统称为"防御向属性"；通过生存角度拆分所获得的属性统称为"生存向属性"。

效用分类的分类原理与多级分类比较相似，相对而言效用分类更加形象一些，更注重实践的体验，但实用性比多级分类要低（见图 3-4）。

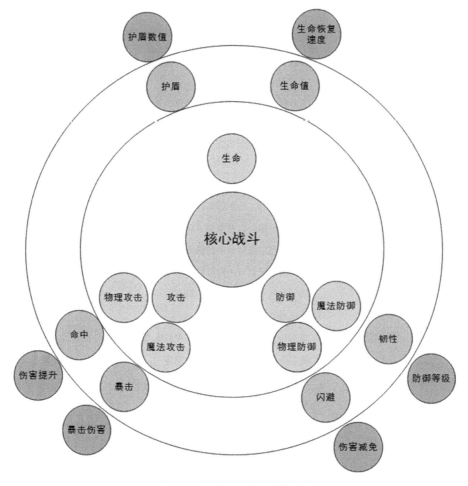

图 3-4 使用效用分类的属性定义

多级分类和**效用分类**都是建立游戏通用属性的方法，我们在设定游戏的属性时可以把一些已经非常成熟的属性套用进游戏的架构中，并不需要刻意去创造新的属性。游戏中常见的通用属性如表 3-1 所示。

表 3-1　游戏中常见的通用属性

属性分类	名称	描述	作用于属性	类型
基础属性	力量/智力	可以转化为攻击属性，每点力量转为 1 点攻击	攻击	数值
	耐力	可以转化为生命属性，每点耐力转化为 5 点生命和 0.05% 韧性	生命、韧性	数值
	敏捷	可以转化为防御属性，每点敏捷转化为 0.5 防御和 0.05% 暴击	防御、暴击	数值
一级属性	攻击	角色攻击力，影响伤害计算流程		数值
	防御	角色防御力，影响伤害计算流程		数值
	生命	角色生命值，生命值为 0 角色死亡		数值
二级属性	命中	增加角色攻击时命中的概率		数值
	闪避	增加角色受到攻击时躲闪的概率		数值
	暴击	增加角色造成暴击伤害的概率		数值
	韧性	降低角色被暴击的概率		数值
	格挡率	增加角色受到攻击时抵消伤害的概率		百分比
	格挡值	增加角色受到攻击时抵消的伤害		数值
	暴击伤害	增加角色暴击时伤害的倍数		百分比
	暴击抵抗	降低被暴击时伤害的倍数		百分比
	卓越一击率	百分比提高造成卓越一击的概率		百分比
	卓越抵抗率	百分比降低受到卓越一击的概率		百分比
	卓越一击伤害	百分比增加造成的卓越一击伤害		百分比
	卓越抵抗伤害	百分比降低受到的卓越一击伤害		百分比
三级属性	命中率	百分比增加命中敌人的概率	命中	百分比
	闪避率	百分比增加闪避攻击的概率	闪避	百分比
	防御穿透	攻击时降低目标的防御属性	防御	百分比
	暴击率	提高造成暴击伤害概率百分比	暴击	百分比
	免暴率	降低受到暴击伤害概率百分比	韧性	百分比
	无视防御	攻击时候可以无视对方防御的一定百分比	防御	百分比
	伤害加成	百分比增加角色攻击时所造成的伤害	最终伤害	百分比
	伤害减免	百分比降低受到攻击时的伤害	最终伤害	百分比
	伤害反弹	角色反弹伤害的比例	最终伤害	百分比

属性分类	名称	描述	作用于属性	类型
三级属性	神圣攻击	增加角色神圣攻击能力，神圣攻击为无视防御	最终伤害	数值
	神圣精通	百分比提升神圣攻击的效果	最终伤害	百分比
	神圣抵抗	百分比降低受到神圣攻击的效果	最终伤害	百分比
	最终免伤	固定减少角色受到攻击的最终伤害，玩家只有40%效果	最终伤害	数值
特殊属性	速度	增加角色的移动速度		数值
	减速	增加减速效果的命中概率		数值
	抗减速	减少减速效果的命中概率		数值
	定身	增加定身效果的命中概率		数值
	抗定身	减少定身效果的命中概率		数值
	麻痹	提高造成麻痹效果概率百分比（3.5秒麻痹）		百分比
	麻痹抵抗	降低受到麻痹效果概率百分比		百分比
	金币掉落	增加杀怪时掉落金币的概率		百分比
	变身伤害加成	百分比提升变身后技能伤害的效果		百分比
	变身伤害抵抗	百分比降低受到变身后技能伤害的效果		百分比

3.1.2 非通用属性

非通用属性就是那些只能应用于特定战斗、特定游戏内容的游戏属性，非通用属性主要分为**基础属性**和**特殊属性**两大类。

基础属性一般用于修正通用属性中的属性，比如，力量属性可以用于提高角色的物理攻击能力，使用基础属性可以增强角色的真实感，因游戏题材的不同而不同。游戏常采用"三围"或"五围"作为基础属性，五围属性分别为力量、敏捷、智力、耐力、精神；三围属性主要为力量、智力、耐力。如果题材不是魔幻类型，则可以使用其他更接近题材的命名去定义。比如三国题材游戏更倾向于使用武力、智谋、统御、兵法、体质这样的五围去设定基础属性，而武侠题材游戏更倾向于使用体质、根骨、力道、身法、元气这样的五围去设定基础属性。

特殊属性是基于游戏类型而引入的一些特殊属性，是游戏战斗的一种补充，运用得当可以大大提升游戏的体验、反之会成为平衡的负担。比如移动速度这个属性，在手机游戏《王者荣耀》中作为一个重要的战斗属性而存在，甚至其中"关羽"这个英雄还需要把移动速度作为一种战斗机制；在一些回合制游戏，比如手机游戏《阴阳帅》中，移动速度属性就没有存在的意义，在这款游戏中玩家需要重视的属性是攻击速度，攻击速度越快，出手的频率也就越高。对于这些特殊属性进行适当的投放可以增加战斗的节奏，过量的投放则会毁掉整个游戏的战斗平衡。

基础属性和**特殊属性**作为非通用属性，在设定初期，我们需要多思考它们在游戏中的定位和作用，可以多借鉴一些同类型游戏的基础属性和特殊属性。在明确引入它们进入自己所设计的数值体系之前，一定要清楚地理解这些属性会为游戏带来什么样的体验。选择自己可以驾驭的属性，深度发掘这些属性的应用环境。不要让这些基础属性和特殊属性成为一种负担，玩家难以理解，作为设计师又不能很好地使用它，最后成为属性中的"鸡肋"，既增加了游戏数值设计的难度，又影响了游戏的体验。

在设计游戏的通用属性和非通用属性时，一定要注意不要"**出圈**"。目前，游戏属性的种类已经相当完善，如果拿捏不准就选择最简单的方法，借鉴一些同类型游戏的属性，加入一些自身游戏特色的属性，最终确定下来游戏的基础架构模块。这里补充一点，属性的种类数量并不是不能更改，在游戏的制作过程中，如果加入新的属性可以极大提升游戏的体验，那么也可以大胆地将其加入游戏的架构中。还有一种情况，就是有些属性很早就设定了，但是一直到游戏完成也没有很好地应用定位，我们在玩游戏时也偶尔会见到一些比较"鸡肋"或莫名其妙的属性，也正是由这种原因导致的。

大胆地假设，小心地论证，定义属性这件事只要不嫌麻烦，尽可能地去探索、去验证，但是一定要当心，不要让"过量"的属性成为游戏设计者的一种负担，成为玩家追求的一种负担。

3.2 战斗框架

战斗框架是游戏中战斗的全局结构，一般由战斗策划牵头设计，负责框架的内容。数值策划辅助搭建框架和内容的连通，通俗一些说，就是数值策划需要负责**战斗流程**和**公式定义**这两块内容的构建。

战斗流程是游戏中一场战斗从发起到结束的循环过程，我们需要把其中所有的可能性枚举出来，把整场战斗的逻辑梳理清晰。根据游戏的类型不同，战斗逻辑也会有所不同。一般情况下，战斗流程主要由**基础流程**、**技能流程**和**伤害流程**3部分组成。其中，基础流程是定义单场战斗从发起到结束的完整过程；技能流程是定义技能从发起到结束的完整过程；伤害流程则是判断伤害从发起到结束的完整过程。

技能流程和**伤害流程**可以被理解为封装好的模块，**基础流程**的核心就是调用这些模块去做运算，将结果输出到基础流程中，通过基础流程的循环来完成整个战斗流程。而这3个流程，则需要特定的公式来运作。

公式定义就是使用各种公式把游戏中所有属性带入战斗流程，通过带入属性数值运算得到结果以完成整场战斗。游戏中的公式是战斗与属性的连接器，也是属性与属性的连接器。连接战斗与属性的过程，是实现属性价值的过程；而连接属性与属性的过程，则是将松散的属性体系紧密地打包在一起的过程。

战斗框架中所需要的公式主要包括**属性计算公式**、**技能计算公式**和**伤害计算公式**，也对应了战斗流程中的**基础流程**、**技能流程**和**伤害流程**。属性计算公式是所有属性汇总的方法，主要用于基础流程中角色的初始化；技能计算公式是使用技能时所造成的叠加伤害计算，主要用于技能流程中的技能结算；伤害计算公式则是基础伤害的计算方法，主要用于伤害流程中的基础攻击结算。

公式定义中还包括一些零碎的其他公式，在后续研发的过程中不断增补即可。

3.2.1　战斗流程

任何游戏的战斗都可以基于"回合"的方式来表述，这里的回合不是传统意义上的回合制。实时战斗和回合战斗游戏的差异就是回合战斗公平地定义了每个人攻击的频率，而实时战斗则根据攻击间隔或攻击速度定义了每个人攻击的频率，战斗过程也更加自由。实时战斗依靠玩家主观来决定先手，战斗的过程中允许敌人反击，更加拟真；而回合制游戏则需要速度或其他属性来判断先手，回合制中的先手相比实时战斗中的先手更重要一些。如果是相同属性的两方势力，那么首先出手攻击的一方就会比另一方多一次攻击频率，在战斗中享受了先手优势，胜利的可能性也会大大提高。回合制中也有一种拟实时战斗的进化版回合制，每个人的速度决定了每个目标的攻击频率，在同一个基准速度下，速度越快可攻击的次数也就越多。

我们一般会采用"回合"这种形式去定义战斗流程，即每一个回合都是一次战斗流程。基于这种设定，战斗流程也被差异化为 3 个步骤，分别是**基础流程**、**技能流程**和**伤害流程**。

1. 基础流程

基础流程的全称为基础战斗流程，就是一场战斗的规则和计算方式。不论是回合制游戏，还是即时类游戏，单场战斗都可以使用多个"回合"的形式展现。从进入战斗开始，敌我双方经过多"回合"较量后结束或离开战斗，就是一套完整的基础战斗流程。在一些大型角色扮演游戏中，结束战斗不一定代表基础战斗流程的完结，从"结束战斗"到"脱离战斗"这个状态，"回合"这个概念依然存在，部分属性的运算也会以战斗的状态进行结算。比如，《魔兽世界》中单场战斗结束后仍然需要等待 3 秒才能进入脱离战斗的状态，职业的五回属性（每 5 秒恢复魔法值数量），在战斗状态下五回属性和脱离战斗后的计算方式也是不同的。

> **注**：游戏中的角色除了使用药品类、食物类道具进行恢复生命，还会加入一个自然恢复量，自然恢复就是随着游戏时间而恢复的生命值或魔法值。通常游戏中会每 5 秒对角色进行一次自然恢复，每 5 秒一次的恢复就是五回属性，而恢复的数值会根据属性大小而定。

基础流程如图 3-5 所示，以进入战斗为起点，具体如下。

□ 首先，初始化角色的多级属性，为角色赋值。

□ 其次，执行一些被动技能、光环技能或一些战斗中出现的状态。

□ 再次，进入"回合"状态，大多数情况下"回合"状态就是角色施放技能的流程。

□ 循环"回合"状态，直到战斗结束，并输出结果。

□ 战斗结束后，一些状态继续执行，直到脱离战斗，结束整个基础战斗
流程。

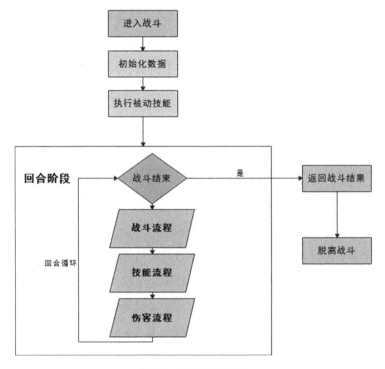

图 3-5　基础流程逻辑图

　　游戏中的基础流程会随着游戏战斗复杂度的不同而不同，有些复杂的游
戏对于战斗定义比较复杂。比如，《魔兽世界》对战斗状态有具体规范，在不
同的战斗状态下玩家可以进行的游戏操作不同，在战斗中有些物品是无法使用
的，如坐骑无法召唤。对于脱离战斗的条件也很严格，也从一定层面避免了玩
家因在副本中脱战而产生的体验问题。有些游戏的基础流程会很简单，这类游
戏可能并不强调游戏的战斗体验。至于游戏战斗流程的复杂程度，数值策划
不必过分关心，只要了解其中的道理，在流程的设定上尽量全面考虑，不同的设
定对于玩家的体验一定是不同的，这方面也需要数值策划来评估不同的战斗流
程对于游戏战斗所带来的直接影响。

2. 技能流程

技能流程就是单个技能释放的完整过程。在游戏中，技能的完整流程会被

封装为一个独立的模块，所有的技能流程处理都会调用这个模块。技能根据类型可以分为主动技能和被动技能。被动技能在基础流程的"进入战斗"环节进行统一运算，这里的技能流程主要是主动技能的释放流程。

游戏中的技能流程在数值层面主要由**伤害**和**状态**（Buff）两部分组成。其中，伤害是提升基础伤害的百分比或固定值，而状态则是为目标新增一个自带持续周期的状态。有一些状态是正向的，比如攻击目标后，目标的流血状态会持续 3 秒，即目标在未来的 3 秒会不断被扣血；而有一些状态则是反向的，比如在攻击拥有反弹护盾的目标时，目标会对自身造成一定的伤害。

在进行游戏数值运算时，技能流程的伤害部分，直接调用下面"3. 伤害流程"所述去做运算，而状态则并入基础流程进行处理。

技能流程如图 3-6 所示，以进入释放技能为起点，具体如下。

- □ 首先，选择目标，目标可能为单体，也可能为群体，不同的目标数量需要对最终的伤害进行一些修正处理。
- □ 其次，执行伤害部分的运算，这里需要使用伤害公式，引入敌我双方的属性进行运算。这一步会判断目标是否死亡，如果目标死亡则会返回基础流程，如果目标存活则进入下一个流程。
- □ 再次执行状态操作，为目标或自身附加相应的状态。
- □ 最终以技能释放结束为终点，结束整个技能流程。

技能流程是整个战斗流程中最具有多样性的一种流程，甚至可以说每一款游戏的技能流程都不相同，除非使用了相同的底层架构。正因为每一款游戏的技能流程都是不同的，所以我们要以不变应万变，以一套基础的流程模式去适应自身的游戏。

有些游戏的技能流程完全基于状态的改变。比如，在执行伤害部分的运算时，先一步为玩家增加持续 1 个回合的攻击百分比，若玩家的技能伤害为造成攻击力 130% 的伤害效果，在释放技能时，则先使用状态机制为玩家提高 30% 的攻击力，此时攻击目标不需要再带入技能的增伤效果。对于设计者而言，过程也许并不重要，重要的是结果能够按照自身的预期去实现。只有掌握基础的技能流程，才能保障游戏的战斗数值规范且合理。

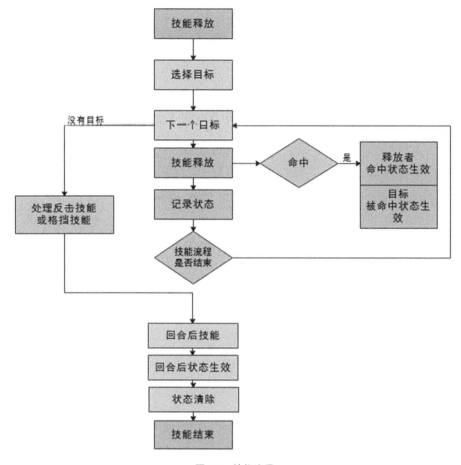

图 3-6　技能流程

3. 伤害流程

伤害流程就是最终伤害值（程序根据 3.2.2 节中公式所定义的计算方法，计算而获得最终伤害数值，在玩家角度就是本次攻击所造成的伤害数值）的计算过程，伤害流程的复杂程度主要基于属性的数量级。如果属性中只有攻击和防御，那么伤害流程会非常简单，但是游戏的战斗过程很枯燥。也正是因为二级属性中存在各种以百分比数值计算的属性，特殊属性中存在各种独特的效果才使伤害流程变得复杂，但也让游戏的战斗过程变得丰富和精彩（见图 3-7）。

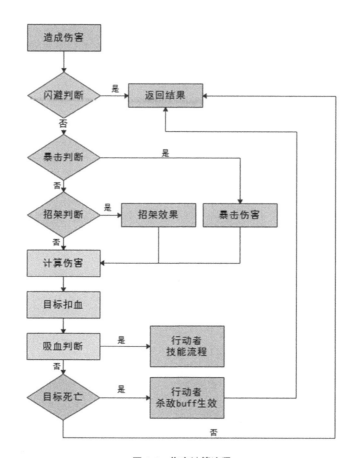

图 3-7　伤害计算流程

　　二级属性中一般有多种以百分比数值计算的属性。我们在设定伤害流程时需要考虑这些随机变量的优先级，比如命中和致命一击这两个百分比属性（以百分比数值计算的属性），如果优先计算致命一击，再计算命中，那么未命中状态下，计算是否"暴击"似乎就没有意义了。而如果有了优先级这个概念，对于属性的真实价值也会有一定影响。若目标的命中为 80%，目标的致命一击为 5%，属性在运算时会优先计算是否命中，其次计算是否致命一击，数值上致命一击 5% 的概率在实际计算中，就需要先乘是否命中的 80%，也就是 80% × 5 ％ = 4 ％，真实致命一击会小于原始数值。

　　也正是基于此，伤害流程也被分为两种类型，一种为**概率论算法**，另一种为**圆桌理论算法**。某些设计师坚持游戏的伤害流程应该使用**概率论算法**，认为这样更加公平；而某些设计师坚持游戏的伤害流程应该使用**圆桌理论算法**，认为这样更加准确。笔者认为两者不存在谁对谁错的问题，两种方案都有各自的优势，也都有各自的劣势。我们不评价哪一种更好，只需要知道各自的优势、劣势，以及它们对二级属性值域的影响即可。

（1）概率论算法

概率论算法就是把二级属性按照我们设定好的优先级依次排序，程序会根据二级属性的概率依次判定这些二级属性是否生效，最终选择一种攻击方式完成伤害流程。比如我们设定好的二级属性为命中/闪避、致命一击、破甲攻击，那么就可以定义这些属性的优先级顺序为命中＞破甲攻击＞致命一击，程序运算时就会依次按照这样的顺序进行判定。

概率论算法最主要的劣势就是会导致**优先级低的属性实际生效概率会低于显示的概率**，从而导致实际属性收益的下降。

假设游戏中角色的命中为 70%、破甲攻击为 30%、致命一击为 5%，分步计算，我们得出结果，70% 概率可以命中目标，30% 概率无法命中目标。在可命中目标的 70% 概率中，有 21%（70%×30%）概率对目标进行破甲攻击、2.45%[（70%-21%）×5%]概率对目标进行致命一击、46.55%（70%-21%-2.45%）概率对目标进行普通攻击。

通过对比，我们可以知道优先级越低的二级属性，实际收益也就越低。不论如何设定优先级权重，优先级越低的属性都需要去考虑优先级传导所带来的收益递减，优先级越低的属性实际收益会小于这些属性的数字概率，这对于优先级低的属性就造成了不平衡。

概率论算法最主要的优势就是可以让**每一个属性都参与伤害流程的计算**，对于属性的不公平我们可以通过对属性评分进行调整。另一个优势就是**二级属性投放的值域可以更宽泛**，比如我们可以使角色的命中为 70%、破甲攻击为50%、致命一击为 50%，逐个计算，可以得到命中目标概率为 70%、破甲攻击目标概率为 35%（70%×50%）、致命一击目标的概率为 17.5%（（70%-35%）×50%）、对目标进行普通攻击的概率为 17.5%（70%-35%-17.5%）。这样也就变相地增加了属性的培养深度，对于道具收费游戏是首选算法。

（2）圆桌理论算法

圆桌理论来源于"一个圆桌的面积是固定的，如果几件物品已经占据了圆桌的所有面积，那么其他物品将无法再被摆上圆桌"。《魔兽世界》中关于攻击的判断就是采用圆桌理论算法，即如果属性中优先级高的各部分之和超过100%，则会把优先级低的各种结果挤出"桌面"，程序会根据100%总值中各个属性的占比进行判定。

圆桌理论最大的劣势就是会因为一些优先级高的属性之和超过100%，而导致优先级低的属性无法发挥作用。

同样，假设游戏中角色的闪避为30%、破甲攻击为30%、致命一击为5%，如果使用圆桌理论，那么实际上角色的各个属性概率都会与原始概率相同，也就是闪避30%、破甲攻击30%、致命一击5%、普通攻击35%。而如果角色的属性调整为闪避50%、破甲攻击50%、致命一击5%，那么实际的概率就会变为闪避50%、破甲攻击50%，致命一击0%，致命一击也就失去了作用。显而易见，圆桌理论中对于属性的值域会有比较严格的要求，固定投放时需要避免因某些属性过高而导致优先级低的二级属性无法发挥价值。

相对于概率论算法，在保持属性数值一定的情况下，圆桌理论算法可以保障各个二级属性的公平性，不存在因优先级而造成的属性衰减。也正是基于这种设定，圆桌理论算法是以一种近似于统筹的方法来平衡各种二级属性使之合理的，而不是依靠单纯的概率理论来维持其合理性。

对于概率论算法和圆桌理论算法的争论依然存在，使用这两种算法的游戏也非常多，并不存在绝对的正确和错误。相信每一个了解两者之间优劣的数值策划都会为自己的游戏选择最适合的做法。

3.2.2 公式定义

战斗框架中战斗流程为游戏的战斗提供了规则和逻辑，但这样的框架是不完整的，我们需要使用各种公式，为战斗流程提供各种内容的桥接，各种公式也主要为战斗服务，从一定角度也可以称这些公式为**战斗公式**。如果说游戏的属性为战斗提供了基础数值，那么游戏的公式则为战斗提供了数值的计算方法。通过属性带入战斗，使用公式在一套战斗流程规则下输出结果，也正是一个完整的战斗框架所需要实现的数值意义。

由于公式服务于战斗流程，所以游戏中的公式定义与战斗流程几乎相同，从功能上主要包括**属性计算公式**、**技能计算公式**和**伤害计算公式**，恰好对应了战斗流程中的基础流程、技能流程和伤害流程 3 个部分。

1. 属性计算公式

属性计算公式就是针对各种属性的计算方法，这些计算方法通常会以公式的形式展现出来。属性计算公式主要服务于战斗的基础流程，角色在基础流程的开始阶段需要初始化所有角色的属性，而这些属性就是由属性计算公式计算而来的。

通常，游戏中会有很多种加成属性的渠道，比如角色升级可以增加角色的力量、敏捷、智力属性；角色穿带装备可以增加角色的攻击、防御、生命属性，我们统一称这些属性为**养成属性**，称这些属性投放的方式为**养成渠道**。在一款完成度比较高的游戏中，养成渠道的数量可能会非常多，比如某平台要求的游戏发布的标准之一就是养成渠道需要达到几十种。**属性计算**的一种就是需要把所有养成渠道所获得的角色属性，通过公式计算汇总为一个总值，也就是**养成数值**，这个公式我们可以称为**属性汇总公式**。

（1）属性汇总公式

简单的属性汇总公式如下所示。

属性汇总 =（角色初始属性 + 角色升级属性 + ∑装备属性汇总 + ∑技能或效果属性汇总）×（1+ ∑百分比属性汇总 + ∑技能或效果百分比属性汇总）

我们把上式中的属性替换为任意想要的属性名称，即可获得单个属性的汇总公式，例如，如下所示的装备属性汇总公式。这里所列举的都是最基础的养成渠道，如果游戏拥有更多的养成渠道，就需要使用更多的公式进行分步处理。

∑装备属性汇总 =（装备基础属性汇总 ×（1 + 装备基础百分比属性汇总）+ 装备强化属性汇总 + 装备洗练属性汇总 + 装备升星属性汇总）

作为数值策划，在设定公式时，一定要注意**百分比属性在公式中的位置**。如果百分比数值在**大公式**（大公式是指计算最终结果的计算公式，小公式是指计算某一步骤时所使用的公式）中，那么投放这个属性时一定要小心，属性增长 10% 可能会带来最终攻击增长 10%；如果百分比数值在**小公式**中，那么100% 的属性增长相对于最终攻击也仅仅带来了 5% 的增长。10% 和 100% 的效果，哪一个对玩家的冲击更强烈呢？

一款游戏在进行初始设定时，并不能完全规划出游戏中具体的养成渠道，所以仅需要按照大类去定义，比如游戏初创时期，属性的养成渠道只有角色和装备两块，那么在定义属性汇总公式时，就只需要按照角色和装备定义即可。当然，这里数值策划可以提前一些进行设定，在准备工作这一步中我们已经通过游戏三维和游戏反推大致了解了游戏未来可能会新增的一些养成渠道，这里就可以提前把未来可能出现的养成渠道规划进大结构中。

通过 3.1 节"属性定义"，我们知道属性分为**通用属性**和**非通用属性**两种类型。在属性汇总公式中，我们需要把所有的通用属性和非通用属性以**属性汇总**的方式定义和梳理清楚。因为不同属性的汇总方式在游戏中是相同的，所以我们可以采用通用的属性汇总公式来描述某一个属性的汇总方式，其他的属性复用这个属性汇总公式即可。

在游戏的战斗流程中，并不是所有属性都会直接参与战斗，比如**通用属性**中的三级属性、**非通用属性**中的基础属性和特殊属性，这些属性存在的意义就是为了修正某些属性或提升战斗的体验。比如，非通用属性中的武力、智谋和精神，在单场战斗过程中这些属性并不直接参与战斗流程，而是会转化为其他形式的属性参与战斗。

当然这也并不绝对，笔者曾经做过一款三国题材的手游，为了提升武力、智谋和精神的重要性，特意在战斗流程中引入了通用属性中的三级属性、非通用属性中的基础属性和特殊属性，作为伤害参数，最终攻击数值 = 基础伤害数值 × (1 + (武力值或智谋值或精神值 ÷ 常量))。通俗地说，就是游戏中角色的武力值、智谋值或精神值越高，该角色所造成的伤害就呈现等比递增效果。最终游戏的体验也很不错，每一个武将基于属性的不同，也都有了非常好的伤害表现。

以上只是游戏设计过程中的一种方式，大多数情况下，**通用属性**中的三级属性、**非通用属性**中的基础属性和特殊属性都不会直接参与战斗流程，我们对于这些修正某些属性的**通用属性**和**非通用属性**的处理，就需要引入下面的**属性转化公式**，去实现这些属性的价值。

（2）属性转化公式

属性转化公式如下所示。

属性 A 数值 ＝ 属性 B 数值 × 常量

属性 A 数值 ＝ 属性 B 数值 ÷（属性 B 数值 ＋ 常量）

属性 A 数值 ＝ 属性 B 数值 ÷（属性 B 数值 ＋ 常量 ＋ 常量 × 角色等级）

属性转化公式也就是数学中的函数，"凡此变数中函彼变数者，则此为彼之函数"是李善兰在《代数学》一书中对于函数的描述。属性转化公式也正是基于一个数字随着另一些数字的变化而变化的函数特征而设定的。既然属性转化公式是通过函数计算的，那么我们就可以充分利用函数的种类去定义游戏中属性的转化。属性转化公式所使用的函数，主要包括**多项式函数**和**基本初等函数**两种。

①多项式函数

多项式函数是游戏数值计算中最常用的一种函数，主要包括**常函数**、**一次函数**、**二次函数**、**三次函数**等。其中，常函数和一次函数使用最频繁，二次函数使用次数略少，三次函数则几乎不会使用。多项式函数不仅在属性转化公式中会被广泛使用，而且在后续养成体系的构架中也会频繁使用，为一些特殊的养成渠道提供独特的数值成长方式。（多项式函数中可以加入一些特殊的变量，使用这些变量调控数值的成长曲线，相应地改变不同养成模块的成长节奏。比如常用角色等级、成长等级作为变量，让成长的节奏随着周期而发生改变，丰富成长的体验。）

常函数的数学表达式就是 $y = c$，不论 x 取任何值，y 永远等于 c。在游戏中主要应用于一些角色初始属性或规则属性的设定，比如角色初始的致命一击伤害 ＝ 150%、角色的初始命中 ＝ 80 %、角色的移动速度 ＝ 100 点等一些常量的设定，这些属性中的绝大多数不需要我们进行设定，而一些需要设定的常量可以按照约定俗成的常量数值或目标产品的初始值进行设定。

一次函数的数学表达式是 $y = ax + b$，是游戏转化公式中最常用的转化函数，游戏中几乎所有的转化公式都会使用一次函数。表达式右侧的 a 也可能不只是一个常量，a 也可以是另一个一次函数，表达式中的 b 也如此。比如，在《魔兽世界》中：

生命值 ＝ 常数 × 耐力值【常数 ＝ 10】

近战攻击强度数值 ＝ 职业常数 × 力量值【战士、萨满、德鲁伊、圣骑士的职业常数为 2，其他职业为 1】

以上都是常规的一次函数，不论常数是使用固定值，还是使用职业常数，都是简单的属性转化设定。我们在进行属性转化设定时，同样可以引用一些游戏中角色的变量来作为这些函数的常数，比如角色等级、角色性别、角色职业、角色年龄等。

游戏中某些属性的值域由于计算原因需要严格控制在 0~1 之间，所以会使用一些进化版的一次函数，这些进化版的一次函数既可以保障属性的最终值域在区间内变动，又可以保障数值的变动随角色的成长而改变，最终使属性成长与角色成长之间产生联动性，从而提高游戏内容之间的关联度。进化版的一次函数如下。

伤害减免率 ＝ 护甲数值 ÷（护甲数值 ＋ 常数 1 × 角色等级 ＋ 常数 2）【常数 1＝ 85，常数 2 ＝400】

格挡率 ＝ 常数 ＋（防御技能点数 － 玩家等级 × 常数 1）× 常数 2【常数 ≈ 0 到 0.1，常数 1＝5，常数 2＝0.04】

属性转化公式中还会有另一种形式的函数常被使用，那就是分段函数。分段函数中自变量的取值范围会随着某些条件的改变而改变，游戏中常常用等级或属性数值作为自变量，也就是在不同等级或不同数值区间内，常量的数值会有所改变。分段函数常用于某些特定的属性转化中，比如某游戏中的属性转化公式如下。

致命一击率 ＝ 常量 × 敏捷值

常量 ＝ 0.03【敏捷值 ＜ 100】

常量 ＝ 3 ＋ 0.02 ×（敏捷值 －100）【敏捷值 ＞100，＜ 500】

常量 ＝ 3 ＋ 8 ＋ 0.01 ×（敏捷 －500）【敏捷值 ＞ 500】

二次函数的数学表达式为 $y = ax^2 + bx + c$，在游戏中常扩展为 $y =（ax+b）x +c$，主要被运用于一些较复杂的转化关系中，二次函数的使用方法和规则也都与一次函数相同。唯一的区别就是在游戏属性快速膨胀时，使用二次函数的属性成长曲线走势会比较陡。二次函数适用于一些特殊设定的属性转化中，比如，我们期望游戏中主角的武力值随着数值的提高可转化的攻击力也越高，这样可以强调武力值对于主角的影响。以三国题材的游戏为例，华雄的武力值为 85，而关羽的武力值为 95，两个角色的武力数值相差不大，但为了强调两个角色的武力值差异，我们可以对武力值进行二次函数处理，这样两个角色的战斗结果就会存在非常明显的差异。当然，二次函数可以带来更优秀的游戏体验，但也会提高相应的数值平衡性风险，我们在使用二次函数时仍然需要谨慎和多一些思考。

② **基本初等函数**

基本初等函数主要包括幂函数、指数函数、对数函数、三角函数、反三角函数和常数函数。相对于多项式函数曲线平滑的走势，基本初等函数的曲线往往呈现出边际效应。在游戏中最常用的是对数函数，其次是幂函数和指数函数，其他函数几乎不会使用。

对数函数又被称为 log 函数，表达式为 $y = (a>0)$，对数函数在游戏数值中一般不会单独出现，常常作为自变量的形式而存在于其他函数中。

幂函数的表达式为 $y=x^a$，其中 a 为常数。在游戏的属性中，如果某些属性需要体现强大的作用，就可以使用幂函数，比如某游戏中物理攻击 = 武力值 ^{2}，那么每提升 1 点武力值就可以使物理攻击属性呈倍率提升，我们可以通过调整常数 a 来继续增大这个属性的价值。

指数函数的表达式为 $y=a^x$，其中 a 为常数。在幂函数中 y 值会随着 x 值的变大而呈现倍率增长，在指数函数中 y 值则会随着 x 值的变大而呈现指数增长。幂函数和指数函数的主要区别就是属性膨胀的速度不同，幂函数的走势更加平稳，而指数函数则更加粗放（见图 3-8）。

不论使用什么类型的函数，我们最需要关注的就是左侧 y 值和右侧 $f(x)$ 的值域变化。如果我们期望两侧数值成线性递增，那么就使用多项式函数；如果我们对值域的变化有特殊需求，则可以使用进化版一次函数，或者使用常规一次函数和对数函数。

不同的函数最终的走势曲线是不同的，对属性有哪方面期望，就尝试使用哪一种类型的函数。在使用函数时，**一定要模拟数据进行测算**，要提前了解 y 和 $f(x)$ 这些属性带入了具体数值后的表现如何，也就是需要了解 $f(x)$ 中每

一个数值的值域和 y 结果的值域，这些值域都会对游戏的设定产生非常深远的影响。

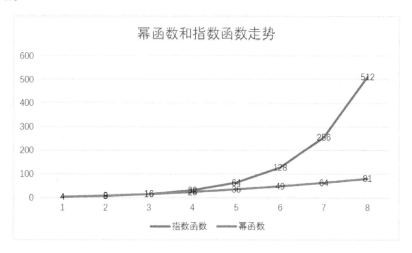

图 3-8　假设 $a=2$，x 从 2 自增长，两种函数的走势曲线

函数中经常会出现一些常量，常量的定义在前期需要通过模拟测算获得。我们通过带入不同的常量查看 y 值的变化，最终确定一个符合设定的常量，也可以通过对比目标游戏去设定。在游戏的初始状态下，这些常量很多都是临时的，在后面的步骤中，随着游戏养成体系的建立，我们会对之前设定的常量进行修改，以达到所期望的游戏数值体验。

在属性转化公式的设定中，我们需要对**通用属性**中的三级属性和**非通用属性**逐个进行设定，最终一定要让每一个属性都进入公式的运算，让每一个属性都具有意义。当我们完成这一步时，就需要重新修正第一步所做的属性汇总公式。

（3）调整属性汇总公式

非通用属性和**通用属性**中的三级属性，在使用属性转化公式后，获得了通用属性中的一级属性和二级属性。我们将第（1）步中的一级属性汇总公式和二级属性汇总公式进行调整，如下所示。

属性汇总 =（角色初始属性 + F（∑属性 A）+ 角色升级属性 + ∑装备属性汇总 + ∑技能或效果属性汇总）×（1+ ∑百分比属性汇总 + ∑技能或效果百分比属性汇总）

最终的生命值计算公式如下。

生命值 =（角色初始生命值 +∑耐力值 × 10 +∑装备生命值汇总 +∑技能或效果生命值汇总）×（1 +∑百分比生命值汇总 +∑技能或效果百分比生命值汇总）

我们对所有需要调整的属性进行二次修正后，属性计算公式的定义也就告一段落了。在后续的数值设定中，我们依然可以反复调整这些基础设定，但是一定要注意，当我们完成的功能越多时，属性投放的数量也会越多，而这些公式的调整所影响的范围也就会越大。

2. 技能计算公式

技能计算公式就是技能流程中所需要使用的公式。技能计算公式相对于属性计算公式会简单一些，而且在很多游戏中并没有技能计算公式这一个单独的类型，技能计算大部分被融合进了属性计算公式和伤害计算公式中。技能计算公式主要分为主动技能计算公式、被动技能计算公式和状态计算公式。

主动技能计算公式如下。

技能效果数值 = 基础伤害数值 ×（1 + 技能效果百分比率 +∑角色状态百分比率 +∑目标状态百分比率）

技能效果数值 = 基础治疗数值 ×（1 + 技能效果百分比率 +∑角色状态百分比率 +∑目标状态百分比率）

在游戏中，技能的效果需要区分对玩家本身产生效果还是对目标产生效果，而且有的技能是减少血量，有的技能则是增加血量。如果游戏中区分了这些类型，而又希望使用某些属性参与技能流程，那么把这些属性加入技能计算公式即可。

被动技能计算公式如下。

技能产生的护盾值 = 生命值 × 常量【常量 = 0.5】

格挡吸收伤害数值 = 力量值 × 常量【常量 = 0.1】

被动技能产生的效果一般不是属性，而是以特殊表现形式而存在的，比如某游戏中有这样一种装备，玩家装配后就会为玩家增加一个护盾，护盾可吸收的伤害数值就是角色生命值的百分比或者某个固定值。这些被动技能效果，都需要被动技能计算公式去定义。

技能附加的状态计算公式如下。

流血效果数值 = 基础伤害值 × 常数【常数 = 0.02】

灼热效果数值 = 基础生命值 × 常数【常数 = 0.02】

状态大多是临时性的，会在短期内为玩家或目标产生一种效果，而这些效果的数值则需要使用状态计算公式去设定。

技能计算公式主要在技能流程中起到一定的辅助作用，相对于属性计算流程和伤害计算流程简单很多，在初始设计时可以不用专门去设定，在技能需要时再进行设定即可。

3. 伤害计算公式

伤害计算公式是战斗流程中最重要的基础设定之一。公式会带入通用属性中一级属性的攻击和防御进行计算，最终输出伤害数值。在生命数值相同的情况下，伤害数值的大小直接决定了战斗中双方的胜负。在游戏中，我们还需要使用生命和伤害数值的比值来获得有效生命周期或者角色生存周期，有效生命周期配合生命恢复数据形成了游戏的战斗节奏，游戏的战斗节奏是"魂斗罗模式"，还是"大战三十回合模式"，都是基于伤害数值和生命存量而获得的。

几乎每一个游戏的伤害计算公式都不相同，这与伤害计算公式所使用的函数不同有关，也和公式中不同的常量设定有关。使用不同的函数公式，右侧带入相同的数值时左侧结果的数值也会大为不同。目前公认的伤害计算公式主要分为3种，分别是**减法公式**、**除法公式**和**乘法公式**。

基础的减法公式原型如下。

伤害数值 = 攻击数值 − 防御数值

在早期的游戏中，伤害公式多采用基础减法公式，而随着游戏的进步，这个公式的弊端也就显露出来了。公式中如果防御数值大于攻击数值，则伤害数值为0，也就是游戏中所说的"不破防"，此时游戏的平衡就会被打破。目前最常见的减法公式是在此之上的改良版，使用属性转化公式，把防御数值转化为真实防御数值，具体如下。

伤害数值 = 攻击数值 − 真实防御数值

真实防御数值 =（攻击数值 × 防御数值）÷（常数 + 防御数值）【常数 = 700】

通过属性转化公式，让防御数值和攻击数值进行关联，这样就永远不会出现攻击数值小于防御数值，而导致攻击无法造成伤害的问题。减法公式依然是目前最常用的伤害计算公式，通过设计不同的防御转化公式，也就得到了各种改良版减法公式，这也正是每一个游戏的伤害数值的计算公式不同的原因。除减法公式外，另一个比较常见的伤害计算公式是乘法公式，如下所示。

伤害数值 = 攻击数值 × （1- 伤害减免率）

伤害减免率 = 护甲值 ÷ （护甲值 + 常数 1 × 角色等级 + 常数 2）

乘法公式类似于改良版的减法公式，都是通过属性转化公式把防御数值转化为公式中的数据，减法公式中的真实防御数值是一个自然数，而乘法公式中的伤害减免率则是一个小数。乘法公式经常应用于大型多人角色扮演游戏中，《魔兽世界》就采用了乘法公式。而暴雪旗下另一个经典作品《暗黑破坏神》则采用了比较少见的除法公式。除法公式如下。

伤害数值 = 攻击数值^2 ÷ （攻击数值 + 防御数值）

除法公式就是使用攻击数值除以对应的防御数值。一般游戏中，攻击数值的属性投放量级会大于防御数值的属性投放量级。通过公式可以发现攻击属性在伤害收益的计算过程中呈倍率增长，所以在游戏中的表现就是随着玩家攻击数值的不断增长，伤害效果也会呈倍率增长。线性成长的攻击数值和呈倍率增长的伤害数值相互作用，不断刺激玩家进行追求，从而形成了良性的成长闭环，这也正是除法公式的魅力所在。除法公式经常被使用于"单机割草类"游戏，由于公式的一些特性，除法公式对于玩家与玩家之间的战斗体验很不友好，会导致有效生命周期极不稳定，从而导致玩家竞技的不平衡问题。

在选择使用不同的伤害公式前，我们需要知道 3 种公式的优缺点。下面通过**伤害收益、防御收益**来进行对比说明。

（1）伤害收益

伤害收益就是游戏中玩家攻击目标后所造成的最终伤害数值。相同的攻击和防御属性代入不同的伤害计算公式后，所获得的伤害收益是不同的，作为游戏的设计师需要考虑不同属性的权重及投放量级，而作为玩家则需要关注哪一种属性更实用。

我们可以通过一些简单的模拟数据来了解不同的伤害计算公式所带来的实

际游戏表现。假设游戏中角色的攻击数值等于 100 点，角色的防御数值等于 80 点，攻击数值呈指数增长（见表 3-2）。

表 3-2　角色等级和一级属性

角色等级	攻击数值	防御数值
1	100	80
2	200	80
……	……	……
30	3000	80

将以上属性带入对应的减法公式、减法公式（改良版）、乘法公式和除法公式后，就可以获得不同的伤害数值（见表 3-3）。

减法公式伤害数值 ＝ 攻击数值 － 防御数值

减法公式（改良版）伤害数值 ＝ 攻击数值 -（攻击数值 × 防御数值）÷（常数 + 防御数值）【常数 = 1200】

乘法公式伤害数值 ＝ 攻击数值 ×（1 － 护甲值 ÷（护甲值 + 常数 1 × 角色等级 + 常数 2）【护甲值 = 防御数值，常数 1 = 50，常数 2 = 200】

除法公式伤害数值 ＝ 攻击数值^2 ÷（攻击数值 + 防御数值）

表 3-3　角色等级、一级属性和不同公式的伤害数值

角色等级	攻击数值	防御数值	减法公式伤害数值	减法公式（改良版）伤害数值	乘法公式伤害数值	除法公式伤害数值
1	100	80	20	93.75	75.76	55.56
2	200	160	40	176.47	130.43	111.11
……	……	……	……	……	……	……
30	3000	2400	600	1000	1243.90	1666.67

通过对比不同公式计算所获得的伤害数值，就可以了解不同的伤害收益曲线，以此判断攻击数值和防御数值在伤害计算公式中的作用，也从一定角度判断玩家在不同阶段对不同属性的追求程度（见图 3-9）。

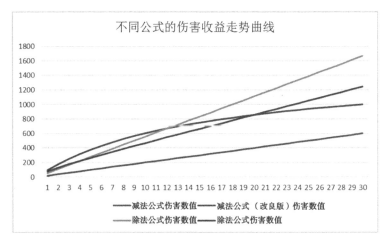

图 3-9　伤害收益走势

　　游戏中的伤害收益主要以 PVP（玩家对战玩家）环境下，查看两个不同玩家间的伤害收益进行判断。由于玩家的在线时长和消费能力的差异，不同玩家虚拟角色的属性数值也会随着游戏时长的变化而不断扩大，我们可以通过模拟两种极端类型的玩家数据（休闲玩家和重度玩家的攻击数值、防御数值、生命数值），代入不同的伤害计算公式计算即可获得不同公式所带来的伤害收益信息。

　　□ **减法公式**在前期的伤害收益并不明显，随着攻击属性和防御属性数值逐渐扩大和属性差距逐渐拉开，实际伤害收益才逐步变大。在游戏中的表现就是边际收益递增，随着付费玩家的游戏能力越来越强，这些玩家的攻击收益也会被快速扩大，比如，《征途》游戏中曾有一个高端玩家占领了敌对目标一座城池。

　　□ **减法公式（改良版）**和**乘法公式**相对比较稳定，随着属性的膨胀，伤害收益并没有呈现加速上涨走势。

　　□ **除法公式**在伤害收益方面呈指数增长，玩家在游戏中每提高 1 点攻击就会获得高于 1 点的收益。随着属性的膨胀，伤害收益更加不可控，比如，在《暗黑破坏神 3》中，可以轻易打出上万亿点伤害。

　　笔者认为，对于数值的稳定性，减法公式（改良版）≈ 乘法公式 > 减法公式 > 除法公式；对于伤害收益，除法公式 > 减法公式 > 减法公式（改良版）≈ 乘法公式；对于玩家的综合体验，减法公式（改良版）≈ 乘法公式 > 减法公式

> 除法公式；对于数值的设计难度，除法公式 > 减法公式 > 减法公式（改良版）≈ 乘法公式；对于数值的容错性，减法公式（改良版）≈ 乘法公式 > 减法公式 > 除法公式。

伤害收益会从另一个角度影响游戏的角色生存周期，角色生存周期关系到游戏的战斗节奏，我们在设计游戏时需要尽可能使角色生存周期变得稳定。假如我们期望游戏中的标准战斗保持在 10 回合左右，随着属性的膨胀，伤害收益也会随着公式的不同而呈现出不同的走势，此时就需要根据伤害收益去安排角色生命的投放。如果伤害收益呈现指数增长，要保持角色生存周期的稳定，则势必需要投放大量生命，这会加大玩家之间的不平衡，从而使游戏走向衰败。

（2）防御收益

防御收益就是在攻击恒定的情况下，基础防御属性所带来的免伤效果。在游戏中随着角色防御属性的不断增长，防御属性所带来的减少率会根据伤害公式的不同呈现出不同的收益走势，也就是在游戏前期防御属性收益高，而在游戏中后期防御属性的收益降低。这种收益的变动往往决定了玩家在不同阶段时对防御属性的追求程度。

这里我们同样使用简单的模拟数据，来了解不同的伤害计算公式中，防御属性的收益变化趋势。假设角色的攻击数值 = 1000，防御数值 = 100，防御数值随等级等比增长。减法公式（改良版）中常数为 400，乘法公式中常数 1 为 30，常数 2 为 400。我们把攻击数值和防御数值带入减法公式、减法公式（改良版）、乘法公式和除法公式中，就可以得到相应公式的免伤比例（见表 3-4）。

表 3-4　角色等级、一级属性和不同公式的免伤比例

角色等级	攻击数值	防御数值	减法公式免伤比例	改良减法免伤比例	乘法公式免伤比例	除法公式免伤比例
1	1000	100	10.00%	20.00%	18.87%	9.09%
2	1000	200	20.00%	33.33%	30.30%	16.67%
3	1000	300	30.00%	42.86%	37.97%	23.08%
……	……	……	……	……	……	……
15	1000	1500	100.00%	78.95%	63.83%	60.00%

通过对比不同公式计算所获得的免伤比例，就可以了解不同的防御收益曲线，以此判断防御数值在游戏不同周期的作用，也从一定角度判断玩家在不

同阶段对防御属性的追求程度（见图 3-10 ）。

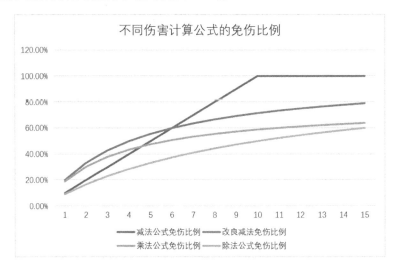

图 3-10　不同伤害计算公式的免伤比例

□ **减法公式**中的免伤效率（防御对最终伤害的减免效率）最直接，每点防御都会
具有实际价值，而且当防御 = 攻击时，游戏中的角色甚至不会受到伤害，玩家
对于防御属性的追求动力极强。

□ **减法公式（改良版）** 和**乘法公式**中防御属性所带来的免伤效率主要受到常量设
定的影响，走势曲线呈现出边际效应递减的趋势，随着防御属性的递增，免伤
效率下降。相对除法公式，防御属性在游戏角色成长初期对玩家帮助更大，玩
家也更愿意追求。

□ **除法公式**与乘法公式、减法公式（改良版）的免伤效率比较相似，都呈现边际
效应。但除法公式有一个特点，就是对方攻击数值越高，自身免伤效率越高，
这种情况会导致防御实际收益的下降，玩家对属性的理解会变得困难。

从防御收益角度来看，减法公式 > 减法公式（改良版）≈ 乘法公式 ≈除法
公式；从玩家对防御的重视程度（玩家对防御的追求）来看，减法公式 > 减
法公式（改良版）≈ 乘法公式 > 除法公式；从玩家对防御属性的理解程度来看，
减法公式 > 减法公式（改良版）> 乘法公式 > 除法公式。

在减法公式（改良版）和乘法公式中，防御属性的收益会呈现边际效应递
减的趋势，也就是随着防御属性的膨胀，实际防御收益也会大幅下降。我们在
设计游戏时一定要知道防御属性的临界值范围，在这个范围之间玩家对防御属

性的追求会很强，而越过这个范围，玩家对防御属性的追求就会急剧下降。防御属性临界值是由伤害公式中的常数决定的，常数越大临界值也就越大，通过常数的设定，我们可以了解游戏中可投放的防御属性量级。如果随着版本的迭代需要继续投放属性，那么我们会直接通过投放攻击和生命来保障游戏战斗节奏的稳定。

在选择伤害计算公式时，我们可以通过基础方向来判断使用什么类型的公式。对于有挑战难度的游戏，防御属性更重要，可以使用减法公式；对于收割类型的游戏，攻击属性更重要，可以考虑使用除法公式；对于角色扮演类游戏，玩家的交互更重要，可以使用减法公式（改良版）或乘法公式。如果不好判断，则推荐选择减法公式（改良版）。

在一个游戏中可以混合使用多种伤害计算公式，让体验更加丰满。比如，一些游戏中会区分近战物理和远程法术两种攻击类型，此时近战物理可以使用减法公式，远程法术可以使用乘法或除法公式。在经典网络游戏《问道》中，物理伤害使用减法公式，魔法伤害使用乘法公式，同样实现了游戏的平衡和稳定，而且不同的伤害计算方式也促使不同职业的玩家对属性的追求不同，为游戏带来了正向的游戏体验，极大地丰富了游戏的策略性。

不同的伤害计算公式没有绝对的好和坏，有大量成功的产品用过这3种公式，我们最需要了解的就是不同公式之间的差异，不同公式所导致的伤害收益的走势。基于标准的角色生存周期，使用伤害计算公式，我们可以得到攻击、防御和生命的投放比例。

在选择了一种伤害计算公式后，一定要带入大量的数据研究伤害收益和防御收益，去推理这些曲线走势所带来的实际游戏影响，多多尝试，才能保证战斗流程不会因为数据的膨胀而崩溃，稳定的战斗框架也是一个游戏经久不衰的重要基础。

3.3　能力量化

能力量化就是为游戏中主要的作战单位属性具象化为能力属性的过程。游戏与现实世界有一个颇为相似的设定，就是现实中的人物会成长，游戏中的角色也会成长。人物成长的过程就是能力提高的过程，游戏角色成长的过程就是属性提高的过程。相对现实世界，在游戏中我们可以把能力具象化为数字，数字的提高则代表了能力的提高，游戏中的角色也会越来越强，这也正是游戏吸引人的一个重要因素。

能力量化在游戏中的实质就是构建游戏的角色养成体系，主要由**构建成长**、**切分成长**和**细化成长** 3 部分组成。

构建成长就是为游戏设定成长标杆，以此标杆来确定游戏中所有属性的增长节奏，最终获得游戏所有属性的具体数值。

切分成长就是对游戏中所有的**养成渠道**赋予一定的数值比例，数值比例的不同也会使玩家对于不同养成渠道的追求程度不同。玩家对养成渠道的认知度和培养次数的不同也导致了不同玩家之间属性的差异化，提升养成渠道的频率则形成了游戏的成长节奏。

细化成长就是针对每一个**养成渠道**进行细化，不同养成渠道可提升的次数有所不同，养成渠道之间的每一次提升所带来的属性加成也不同，从而导致养成渠道的属性成长走势不同。这一步就是细化所有的养成渠道，完成游戏的养成体系。

在进行**能力量化**之前，我们需要对战斗数值进行一次**平衡性设计**，这里的平衡性设计为我们量化能力提供了基础的战斗平衡保障，也为构建成长提供了属性增长的依据。

3.3.1 初探平衡性

"游戏不平衡"是导致玩家流失的重要原因之一，至于为什么游戏不平衡，相信大家都会有自己的理解。笔者认为游戏的不平衡主要是由战斗数值中**战斗的不平衡**和经济数值中**消耗收益比的不平衡**而导致的。其中战斗的不平衡主要受到**战斗框架**和**职业差异**两个因素的影响。所以我们对战斗数值的平衡性设计也会从**战斗平衡**和**职业平衡**两个角度来展开。

在战斗数值的设计搭建过程中，我们需要多次针对平衡性去做规划，这里就需要针对平衡性进行第一次构建，为 3.2 节"战斗框架"中的一些设计做一些平衡性规划，也为下一步养成体系的搭建指引平衡性的方向。

1. 战力平衡

战力平衡也就是战斗框架的平衡，在 3.2 节我们知道战斗框架主要包括**战斗流程**和**公式定义**两部分，公式定义的平衡是**底层平衡**，战斗流程的平衡是**上层平衡**。设计战斗平衡首先要解决底层平衡的问题，再解决上层半衡的问题。

公式定义是围绕属性而展开的工作。属性计算公式创造属性之间的联系，汇总属性的数值；技能伤害公式通过基础伤害来扩大属性的量级和对伤害的周期拓展；伤害计算公式利用不同属性而进行伤害计算。所以，底层平衡其实是不同属性之间平衡关系的设定。

（1）底层平衡

在处理不同属性之间的平衡关系时，我们会引入**价值平衡**这一概念。**也就是在一个标准的大前提下，为所有的属性设定价值，每点攻击等于多少生命，以此来确定属性与属性之间的价值比例，最终获得基础的数值比例，从而完成底层平衡的设计。**底层平衡的第一步就是要计算出伤害计算公式中攻击、防御和生命之间的数值关系，在 3.2 节 "战斗框架" 中我们知道，伤害计算公式是所有战斗框架的根基，直接影响了全局的战斗节奏，以及战斗流程的设计。平衡性的根基也是由攻击、防御和生命之间的关系所决定的，我们只要计算属性价值，获得基础平衡关系即可。

计算属性价值的第一步就是要拟定游戏的生存周期常数，也就是单场战斗的 "回合" 数，这个生存周期常数影响了游戏的战斗节奏，也就是我们所期望的 "魂斗罗模式"，或是 "大战 30 回合模式"。在游戏中比较常见的生存周期为 6~20 回合，所以我们可以在这个范围内选择一个数值，生存周期在后期也可以调整，所以不用担心是否合理。

假定角色生存周期常数为 10，也就是单场战斗持续 10 回合。通过这个常数，我们可以得到**角色生存周期 = 生命数值 ÷ 伤害数值 = 10**。对此公式进行最小数推论，可以进一步获得**生命数值 =10，伤害数值 =1**。再进一步反推，就是把伤害数值带入到伤害计算公式中。

如果我们采用的伤害计算公式为减法公式（**伤害数值 = 攻击数值 － 防御数值**），使用最小数推论，可以得到**攻击数值 =2，防御数值 =1**。上一步我们获得了**生命数值 =10**，由此可以获得基础的攻击、防御、生命的价值比例，也就是在保持生存周期常数为 10 的情况下，攻击属性、防御属性和生命属性的价值比例为 2 ：1 ：10。

我们也可以采用其他伤害计算公式。这里需要注意的是，其他伤害计算公式中的防御数值是通过属性转化公式得到的，所以我们需要先将防御数值设置为 0。使用最小数推论，可以获得公式"**伤害数值 = 攻击数值**"，也就是**攻击数值 =1，生命数值 =10**。

减法公式 (改良版)：伤害数值 = 攻击数值 -(攻击数值 × 0)÷(常数 + 0)，

乘法公式 : 伤害数值 = 攻击数值 × (1 − 0 ÷ (0 + 常数 1 × 角色等级 + 常数 2)。

下一步，我们将以上所获得的数据，代入减法公式 (改良版) 和乘法公式，以评估防御属性的价值。

减法公式 (改良版)：真实防御数值 = (攻击数值 × 防御数值) ÷ (常数 + 防御数值)

乘法公式 : 伤害减免率 = (1 − 护甲值 ÷ (护甲值 + 常数 1 × 角色等级 + 常数 2)【 护甲值 = 防御数值 】

在减法公式 (改良版) 和乘、除法公式中，防御属性会通过属性转化公式转化为真实防御和伤害减免的比例。防御最终的效果受到基础防御数值和一些其他因素的影响，我们在对待这两种公式时，需要提前测算，并设定两种公式对应的最终减伤范围区间，一般减伤区间为 20%~85%。随着防御属性的提升，减伤幅度也会逐渐提升。在边际效应下，达到临界点时减伤效果锐减，在减法公式 (改良版) 和乘、除法公式中，攻击和防御的属性价值是相同的，也就是每点攻击 = 每点防御。

这里我们需要利用伤害减免曲线边际效应的临界值，来评估生命的比例。带入伤害和攻击的关系公式获得伤害数值 = 攻击数值 × 80%。通过以上这些方法，我们最终可以获得攻击、防御和生命的价值比例为 1 ：1 ：8。

在获得了一级属性的属性价值后，还可以以此来反向计算与一级属性最密切的基础属性的价值。比如，**1 点耐力值 = 10 点生命值 = 1 点力量值 = 1 攻击值**。这里只是初步估算，由于基础属性所转化的数值可能不只是一级属性，所以我们在下一次进行平衡设计时会再次计算。

（2）上层平衡

在游戏中，玩家经常会面对不同的战斗规模，也就是"单挑"或"群殴"的战斗规模，而在卡牌游戏中，玩家也经常需要组成自己的小队与其他玩家的小队进行战斗。这种不同战斗规模下的平衡，就是**上层平衡**。

当玩家以个体存在，与另一个单位战斗时，除了技巧层面的因素，战力相近的角色在战斗层面是平衡的。当然职业的不同也会带来不同的体验，但这是职业平衡的问题，不属于上层平衡需要考虑的范畴。上层平衡所需要考虑的就是个体单位的玩家在面对多个目标同时战斗时所需要考虑的平衡。如果对方目标是人工智能（AI），那我们可以通过控制人工智能的攻击强度来实现平衡，而如果对方是玩家时，就需要考虑"群殴"所带来的影响。在有些游戏中会设定如果同时被多目标攻击，则会有一定的伤害衰减，但是在大多数游戏中并没有这样的设定，对于"群殴"本身而言，其实并不需要过多的干涉。唯一需要注意的是，如果**角色生存周期**被严重影响，在游戏过程中又会频繁出现这样的环境，那么我们就要考虑是否加入多角色伤害衰减的机制了。

在处理上层平衡时，我们可以借鉴**兰彻斯特方程**理论来研究游戏的上层平衡的设计。兰彻斯特方程是描述交战过程中双方兵力变化关系的微分方程组。因是 F.W. 兰彻斯特所创，故有其名。1914 年，英国工程师兰彻斯特在英国《工程》杂志上发表了一系列论文，首次从古代使用冷兵器进行战斗和近代运用枪炮进行战斗的不同特点出发，在一些简化假设的前提下，建立了相应的微分方程组，深刻地揭示了交战过程中双方战斗单位数（亦称兵力）变化的数量关系。

兰彻斯特方程主要有平方律和线性律两个层面，其中平方律最大的特征是双方战力会随着自身战斗减员而发生变化，线性律最大的特征是双方战力不会随着自身减员而发生变化，也就是双方在单位时间内对敌杀伤数恒定。在游戏中，单挑时我们可以使用线性率，而对于类似《帝国时代》这种多兵种作战的游戏，可以使用平方律。

在处理游戏的上层平衡时，建议读者使用最简单的方法，就是通过战斗模拟来实现上层平衡。游戏中的上层平衡会受到多种因素影响，理论平衡并不等于实际平衡，而理论平衡也只是帮助我们建立基础平衡，所以通过模拟更直接，也更容易了解游戏中实际的平衡性。

2. 职业平衡

职业平衡就是游戏中不同职业之间的平衡关系。根据游戏类型和题材的不同，游戏的职业也会各不相同。我们在处理职业平衡之前，首先要对游戏内职业的设计方向进行定位。当前比较主流的方法是使用**职业铁三角**的方式，职业铁三角也根据游戏玩法的不同分为**克制三角**和**合作三角**两种类型。

在**克制三角**中，职业均以输出为核心，职业以三角关系输出，存在一定的克制关系，从而使职业之间达到平衡。克制三角最经典的作品是由盛趣游戏公司所代理的网络游戏《传奇》。在该游戏中，职业被分为战士、法师和道士，其中，近战输出战士克制远程输出法师、远程输出法师克制召唤物输出道士、召唤物输出道士则克制近战输出战士，以此保持最基本的平衡。

在**合作三角**中，职业由输出、治疗和坦克3种类型构成，3种类型之间通过职业的不同作用达到平衡，而3种类型下的细分职业则通过价值实现平衡。合作三角中最经典的作品是由暴雪娱乐公司所研发的网络游戏《魔兽世界》。在该游戏中，职业被分为输出、治疗和坦克。输出被细分为法师、盗贼、术士、猎人等，治疗被细分为牧师，坦克被细分为战士，还包括一些混合型职业，比如德鲁伊、圣骑士、萨满，既可以成为输出类、治疗类职业，又可以成为坦克类职业。

在初始化职业平衡时，我们需要选择克制三角或合作三角作为游戏职业的基调，选择任意一种都将影响后续职业平衡性的设计。下面是笔者对职业定位的一些理解。

- 如果游戏重心偏向于单人冒险，注重个人体验和个人英雄主义，则优先选择克制三角类型，所有职业都是混合型输出，以输出效率和输出环境为核心，可以复合叠加一些特色向的设定。常见于一些动作游戏和网页游戏，比如《传奇》《地下城与勇士》《剑灵》等。

- 如果游戏重心偏向于团队协作，注重社交体验和团队协作，则优先选择合作三角，游戏中有明确的职业定位，坦克、治疗、输出。常见于大型角色扮演类游戏和卡牌游戏，比如《魔兽世界》《刀塔传奇》等。

当我们明确职业定位后，也就确定了平衡性的方向。职业平衡中最重要的两个平衡方向就是职业之间的**价值平衡**和**作用平衡**。在克制三角类型中，我们更需要注意职业之间的价值平衡，而在合作三角类型中，我们需要注意职业之间的价值平衡和作用平衡。

（1）价值平衡

价值平衡就是职业能力价值的平衡，也就是在同一个职业定位下，角色所应有的能力是接近相同的。比如，坦克类职业的平衡就是不同的坦克职业在面对同一个目标时，生存周期是接近相同的；输出类职业的平衡就是在单位时间内所造成的伤害量是接近相同的（秒伤）；治疗类职业的平衡就是在单位时间内所造成的治疗效果是接近相同的（周期恢复）。当然这里所说的是数值平衡，也就是抛开其他外部因素，比如反应慢、手速慢、网络卡顿等情况下所达到的价值平衡。

在本节"1.战斗平衡—（1）底层平衡"中，我们根据游戏的设计原理可以获得如下公式。

角色生存周期＝生命值 ÷ 伤害数值

伤害数值＝攻击数值 − 防御数值

根据职业的定位，我们知道坦克类职业的重心是提高生存周期（自身），输出类职业的重心是提高单位时间伤害，治疗类职业的重心是提高角色的生存周期（友方）。通过公式的设定，可以理解为：不同坦克类职业提高生命属性或降低受到的伤害，即可提高自身的生存周期（自身）；不同的输出类职业提高攻击属性或降低目标的防御属性即可提高自身的输出能力；不同的治疗类职业与坦克类职业相同。

我们在处理不同定位的平衡时就会以此作为价值平衡的依据，也就是所有坦克类职业需要保持相似的生存周期，所有输出类职业需要保持相似的伤害能力，所有治疗类职业需要保持相似的恢复能力。因为职业之间的技能循环不同，所以这里的相似不是指单次，而是在一定时期内。在不同的职业体系下，我们所需要处理的平衡内容是不同的。在克制三角类型中，只需要处理输出类职业的伤害，在合作三角类型中，则需要处理 3 种类别职业的不同方向。

在一些拥有详细"战力数值"的游戏中，我们还要为不同的职业类型去做战力的配平设计。这里我们需要引入战斗平衡中**底层平衡**的属性关系。假设游戏中标准职业的攻击、防御和生命之间的价值比例为 1 ：1 ：8。也就是 1 点攻击的价值等于 1 点防御的价值等于 8 点生命的价值，如果每 1 点生命的价值等于 1 点战力，通过换算我们可以获得每点攻击的战力为 8 点，每点防御的战力为 8 点。

在设计不同职业时，往往会为了强化不同职业的差异性而定义不同职业的属性倾向，比如坦克类职业更倾向防御和生命属性、输出类职业更倾向攻击属性，所以标准职业的数值比例并不能应用于所有的游戏职业。

这里我们一般会通过**等价战力**的方法来调整不同职业之间的数值比例。

假设游戏中治疗类职业的攻击、防御生命属性的数值比例为 1 : 1 : 8，治疗类职业属于基础职业。输出类职业的攻击相比治疗要高 0.5，那么在等价战力的方式下，我们就需要降低输出类职业的防御和生命的比例。通过换算即可获得输出类职业的比重关系为 1.5 : 0.75 : 6（通过标准职业的数值比例我们计算获得了不同属性的战力数值，每点攻击等于 8 点战力，每点防御等于 8 点战力，每点生命等于 1 点战力，对于不同职业的战力数值需要保持相同，所以标准职业的数值比例计算后的战力为 $1 \times 8 + 1 \times 8 + 8 \times 1 = 24$ 点，而输出类职业也需要遵循这个战力数值，则战力计算方法为 $1.5 \times 8 + 0.75 \times 8 + 6 \times 1 = 24$ 点）。

同理，我们也可以得到坦克类职业的攻击、防御生命属性的数值比例。通过等价战力的方法，实现战力的基础平衡，也就完成了基础的价值平衡设计。价值平衡在这一步仅需要完成职业之间数值比例的平衡即可，在后续战斗数值逐步完善后，再进行职业之间平衡性的深入设计。

（2）作用平衡

作用平衡就是不同职业在游戏不同场景、不同应用环境下的平衡，是一个比较泛的概念性平衡。比如，合作三角中玩家对抗怪物时（PVE），坦克类职业的作用是用于承担伤害、吸引仇恨，输出类职业的作用是用于造成伤害，辅助类职业的作用是用于治愈队友，提供增益状态。这 3 种职业分别有着自身清晰的定位，一定意义上，我们可以说不同职业的定位和作用是平衡的。再比如，在克制三角中玩家对抗怪物时，输出类职业战士的作用是用于减少敌方护甲，增加我方攻击输出类职业法师的作用是用于增加敌方受到伤害的效果，增加我方"暴击属性"，输出类职业辅助的作用是减慢敌方回血速度，增加我方"防御属性"，这 3 种职业的定位和作用也是平衡的。

作用平衡不仅仅局限于单一应用场景，凡是涉及游戏内容向的玩法都需要考虑不同职业之间的作用平衡，每个职业都需要有可以发挥自身价值的应用场合。暴雪官方曾在《魔兽世界》职业论坛上公布职业平衡性设计的原则，主要如下。

① 所有职业在 5 人组中都应该有合适的位置。

② 每个职业在 Raid（大型团队活动，在游戏中经常指大型团队副本）中都应当有重要地位。

③ 每个职业在 PVP 中都应当有竞争力，而且和其他职业有很大差异。

④ 在"5 VS 5"的对决中，每个职业都应当有自己的绝招。

⑤ 每个职业都应当有趣，可以依靠自身独立升级至满级。

这些其实就是作用平衡的表现，当然这些内容需要所有的策划共同参与，数值策划主要针对技能层面来完善作用平衡，让不同意义的技能达到或接近理论上的平衡。比如，法师职业可以冰冻目标、战士职业可以眩晕目标、辅助职业可以定身目标，冰冻和眩晕属于强控制技能，而定身则属于弱控制技能，我们在处理这两类技能时就可以利用状态持续时间的不同来完善强控制技能和弱控制技能的作用平衡。再比如，战士职业可以对目标造成流血效果、法师职业可以对目标造成灼热效果、辅助职业可以对目标造成中毒效果，这 3 种效果都是对目标造成持续性伤害，持续时间都为 N 秒，而为了让不同职业变得有差异性，我们可以通过调整不同职业的持续伤害和持续时间来差异化这 3 种技能状态的效果，这是通过最终效果来实现职业之间的作用平衡。

作用平衡是保障不同职业差异化体验的一种非常重要的平衡性手段，我们在设计不同职业的数值时，一定要尽可能地考虑如何让职业拥有差异，并且在不同职业之间达到作用平衡，这样不同的职业之间才会实现真正的平衡，每个职业也会变得更加有趣，游戏才能更加"好玩"。

3.3.2 养成体系

初步完善了游戏的战斗平衡和职业平衡后，这一步我们开始构建游戏的养成体系。游戏中的养成体系就是属性成长体系。在游戏中，所有的成长都会被转化为数字记录在玩家的虚拟角色身上。这些数字越大，玩家也就越厉害，我们消耗在游戏中的时间，最终收获的就是这些数字的增长。当然，这些成长并不包括玩家的操作技巧和策略。

数值策划在设计养成体系时，是需要站在"上帝模式"下开展的，跨越时间维度为游戏中的虚拟角色**构建成长**、**切分成长**和**细化成长**。通俗地讲，就是我们需要设定属性的值域，再按照一定的比例分配给每一个养成渠道，然后细化每一个养成渠道的养成步骤，最终游戏中的虚拟角色也会按照我们所设定的目标，逐步推进游戏内容。

1. 构建成长

想要成为某一个领域的专家，需要一万小时的锤炼，这是"一万小时定律"。在游戏的世界中，这条定律同样适用，只是我们会把时间缩短，或者把时间改为天。在游戏的世界中，玩家通过不断体验游戏内容，收获奖励用于提升自身的能力，再体验更高难度的内容，收获更多的奖励获得更高的能力提升，这是游戏的标准循环。若其中的某一个链条断了，那么游戏也就结束了。

在游戏的设计中，我们会以小时或天为单位，衡量玩家的成长。通常在单机游戏中多以小时为单位，在网络游戏中则多以天为单位。构建成长的第一步就是需要搭建**成长标杆**，也就是游戏中与时间最密切的成长方式。

一般我们会选择使用角色的等级作为成长标杆，也有些游戏会以其他形式作为成长标杆，比如《斗战神》把修炼年数作为成长标杆，《千年》把年龄作为成长标杆。在选择成长标杆时，应尽可能选择一条能与现实时间关联起来的养成渠道，不论使用什么样的养成渠道作为成长标杆，都需要为这个"标杆"度量其与时间的关系，而且其他的养成渠道都会以此作为基准进行属性的设定，包括养成体系后续的切分成长和细化成长。这里我们就以角色等级作为成长标杆，来构建成长的第一步。

（1）等级成长

通常意义上，玩家提升等级只需要获得足够的经验值即可，等级的成长就是升级所需经验值量级的递增，我们可以使用多项式函数或基本初等函数计算等级成长时所需要的经验值。不论使用什么函数，在变量值中一定会带入可以联系时间的变量，这里我们先来看一下网络游戏《魔兽世界》早期版本的经验值计算方法。

经验值 =（（ 8 × 角色等级）+ 难度系数（角色等级））× 基础经验值（角色等级）× 经验系数（角色等级）【适用于 1~59 级】

经验值 = 155 + 基础经验值（角色等级）×（1275 −（（69 − 角色等级）×（3 +（69 − 角色等级）× 4)))【适用于 60 级】

经验值 = 155 + 基础经验值（角色等级）×（1344 −（（69 − 角色等级）×（3 +（69 − 角色等级）× 4)))【适用于 61~69 级】

基础经验值（角色等级）= 45 +（ 5 × 角色等级）【怪物经验，适用于艾泽拉斯的怪物】

基础经验值（角色等级）= 235 +（ 5 × 角色等级）【怪物经验，适用于外域的怪物】

基础经验值（角色等级）= 626 +（ 5 × 角色等级）【怪物经验，适用于诺森德的怪物】

难度系数（角色等级）= 0【角色等级 <= 28】

难度系数（角色等级）= 1【角色等级 = 29】

难度系数（角色等级）= 3【角色等级 = 30】

难度系数（角色等级）= 6【角色等级 = 31】

难度系数（角色等级）= 5 ×（角色等级 − 30）【角色等级 >= 32, <= 59】

经验系数（角色等级）= 1【角色等级 <= 10】

经验系数（角色等级）=（ 1 −（角色等级 − 10）/ 100)【角色等级 >= 11, <=27】

经验系数（角色等级）= 0.82【角色等级 >= 28, <=59】

《魔兽世界》中使用了多项式函数计算经验值，将"怪物经验"作为变量。《魔兽世界》中玩家升级主要依靠打怪、做任务，而且玩家也可以不用做任务，纯粹依靠"打怪"获得经验以提高角色的等级。等级与时间的关联就是使用"打怪"的效率去做相应计算。在战斗平衡中我们知道游戏中角色标准生存周期的计算方法，这也同样适用于怪物，只是游戏中怪物的生存周期会低于标准生存周期，在 5.3.1 节"玩法复盘"中会详细讲解，这里不做阐述。

假设怪物的标准生存周期为 5，如果每次攻击的间隔为 1 秒，那么每消灭 1 个怪物的时间就为 5 秒，理论上我们每分钟可以消灭 12 个怪物。若再加上买药、休息等其他因素所带来的效率下降，那每分钟可以消灭的怪物数量为 6

个。这样我们可以获得每小时"打怪"的数量为 360 个，最终通过计算可以获得等级与时间的关系数值。

《魔兽世界》中经验值公式的设定是众多等级与时间关系中的一种，这是一种正向推论方法，通过设定经验成长函数来推导游戏时长。时间是成长最有效的衡量标准，游戏成长与游戏时长挂钩，通过游戏时长锚定游戏成长的节奏，也更方便我们评估和管理玩家的成长节奏。

"升到 30 级需要多少天？"

"第一天能升到多少级，一周升到多少级，一个月呢？"

在游戏研发过程中，我们经常会被问到上述问题，这些都是需要数值策划精确计算的。通过正向推论方法，可以解答以上问题，但是如果时间不符合预期，时长需要调整，那么需要改动的内容就会比较多，而且由于是正向推论，结果也会有一定的数据偏差。我们还可以使用反向推论方法，就是利用升级时长来推导升级所需要消耗的经验值，再来看《魔兽世界》的经验值计算方法。

经验值（每级消耗）= 单级时长 × 角色等级 ^2 × 修正值

经验值（每级消耗）= 单级时长 ×（基础经验 +（等级递增修正值 × 角色等级））+ 修正值

经验值（每级投放）= 基础经验 +（等级递增修正值 × 角色等级）

在这些经验值公式中，单级时长为重要变量，单级时长以外的数据就是对应该等级下，我们需要投放的单位周期内的经验值。比如，我们期望玩家在首日可提升的等级为 30，引导期在 20 级结束，那么玩家从 20 级成长到 30 级所需要的总时长就为 1，把单位 1 按照递增的数值均分到每一个等级中就可以获得 20~30 级阶段每一级所需要消耗的时长；再比如，玩家到达 40 级后，每一天可提升 2 级，那么 40~41 级的升级时长可以定义为 0.48 天，41~42 级的升级时长可以定义为 0.52 天。

在设计单级时长之前，我们还需要明确一个问题，游戏经验的获取方式是**开放式**的，还是**封闭式**的。开放式就代表多劳多得，游戏中经验的收益没有边际递减或锁死经验的设定，没有限制玩家每日可以获得的经验数量。封闭式则代表每日可获得固定的数量级，当玩家获得所有的经验后，当日不可再额外获得经验。开放式和封闭式各有优缺点，目前比较主流的做法是封闭式，我们会限制玩家每日可以获得的时间数量，以此减少玩家之间的等级差异，付费玩家则另外设计。

开放式的经验值在函数公式中的单级时长就是每一级所需要的升级时间，一般以小时为单位，从 0.01 小时（0.6 分钟）到 1 小时，再到几小时、几十小时不等。在函数公式中，**单级时长之外的所有数据就是玩家每小时可以获取的经验量级**，不论玩家是通过打怪、做任务，还是活动等玩法获得的，都以此数量级作为标准经验量级。

封闭式的经验值在函数公式中的单级时长与开放式的经验值获得方法相同，一般以天为单位，从 0.001 天到 0.01 天，再到 1 天、10 天不等。在函数公式中，**单级时长之外的所有数据就是玩家每天可以获取的经验量级**，我们可以更加有针对性地把这些经验分配给高效的玩法或低效的玩法，用于使不同玩法的产出差异化。

通过拆分，我们可以获得如图 3-11 所示的成长周期曲线。在设定单级时长时，需要特别关注一些时间节点的等级，比如首日等级、首周等级、首月等级等。这些关键节点一般会有一定的设计要求，可以根据运营需求进行设计。有时我们也会根据一些重要的游戏数据去设定成长周期，比如在游戏的首个版本中，角色等级开放至 50 级，共 10 套装备供玩家迭代替换。根据设计规划，这个版本需要拉动玩家 60 天的活跃度，也就是保障 60 个自然日内玩家均有成长的空间和参与游戏的动力。这时就需要按照一定的成长节奏，把 50 个角色等级，10 套装备分配在 60 个自然日中。另外一个需要注意的是，**等级成长曲线**从一定程度上代表了**游戏的生命周期**和**游戏成长节奏**，等级成长需要的时间就是游戏生命的时间，等级成长的节奏代表了游戏成长的节奏，对于等级成长曲线我们一定要谨慎处理，要做好随时调整的准备。

通过对游戏成长周期的定义，我们获得了游戏中两个重要的数据源，分别是**等级成长周期**和**经验量级**，在后续的工作中，也会频繁使用等级成长周期作为游戏中其他数据的支持数据。等级成长作为最基础的成长标杆，直接影响游戏的成长体验，也决定游戏的成长节奏。一般情况下，等级成长的节奏是游戏核心成员最关注的数据之一，需要多人共同协商确定。

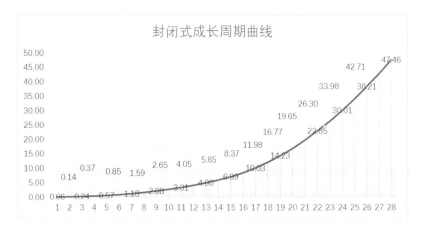

图 3-11　升级时间

（2）属性成长

在完成等级成长的数值设计后，这一步我们要为等级成长设计对应的属性成长。等级成长对应的经验值大多呈边际递减效应，随着等级的提升，玩家所需要的经验值变多。属性成长需要符合线性趋势，随着等级的提升，玩家可获得的属性呈线性走势。我们在设计属性时一定需要保持属性的恒定价值，从设计者角度而言，就是随着游戏内容的不断消费，属性的价值保持恒定，前期每点属性的价值与后期每点属性的价值是不变的。

在游戏后续的版本迭代中，属性有时会需要相应贬值，由于玩家能力的不断成长，前期 100 点攻击和后期 100 点攻击对玩家的刺激是不同的。在版本迭代过程中，属性出现的贬值，我们都会使用折扣的方式处理。也就是保持属性价值不变的情况下，对相应的属性进行打折，或者提高相应的性价比，这些都是经济层面的数值设计，后文我们会详细说明。

属性成长使用线性走势就是为了促使属性价值恒定，而如果属性有贬值需求，则可以更加有针对性地进行调整。属性的成长如果呈现指数递增状态，虽然符合自然属性贬值的需求，但是随着游戏版本的迭代，属性的实际价值就会变得不可控，属性的不可控对于战斗平衡性是毁灭性的灾难。

对于属性的成长我们需要注意的就是**属性价值的恒定**和**属性成长的线性走势**。

在平衡性设计中，我们已经计算出了攻击、防御和生命之间的数值比例，属性成长的设计就是对属性比例等比放大的过程。

假设游戏的等级为 100 级，攻击、防御和生命的数值比例为 1：1：10。首先我们为 1 级的角色设定一致属性数值，将比例等比放大 6 倍，就可以获得 1 级时角色的攻击为 6、防御为 6、生命为 60，这样继续等比放大，就可以获得 100 级时角色的一级属性（见表 3-5）。

表 3-5　角色的一级属性成长

等级	攻击	防御	生命	战斗周期（回合）
1	6	6	60	10.03
2	12	12	120	10.06
3	18	18	180	10.09
4	24	24	240	10.12
5	30	30	300	10.15
……	……	……	……	……
……	……	……	……	……
98	588	588	5880	12.94
99	594	594	5940	12.97
100	600	600	6000	13

注：属性成长一般呈线性走势，我们使用属性等比增长的方式对游戏中的属性进行放大。战斗周期的计算需要使用伤害计算公式来完成，使用公式：伤害数值 = 攻击数值 -（攻击数值 × 防御数值）÷（常量 + 防御数值）(常量为 2000），计算获得单回合的伤害数值，使用生命数值除以伤害数值即可获得对应等级的战斗周期。

当完成通用属性中一级属性的成长数值设计后，我们将会继续对二级属性和三级属性的成长数值进行设定。3.2.1 节 "3. 伤害流程" 中，不同的伤害计算流程，对二级属性的投放数量是有一定影响的。**使用概率论算法时，二级属性投放值域可以大一些，而且优先级越低的属性值域范围可以更大。使用圆桌理论算法时，二级属性的投放就需要保持克制。**这里需要根据我们所使用的算法对二级属性可投放的量级进行投放评估。

假设使用的是概率论算法，对于每一种百分比属性的投放量级都可以达到 100%，那么对应的二级属性等级的成长数值就是每一级 1%。不过鉴于后续迭代的关系，我们需要保留一定量的二级属性作为后续投放使用。这里我们可以设定 100 级只投放 50% 的属性量级，那么可以得到如表 3-6 所示的数据。

表3-6　角色的一级属性和二级属性成长

等级	攻击	防御	生命	暴击	破甲	战斗周期（回合）
1	6	6	60	0.50%	0.50%	9.96
2	12	12	120	1.00%	1.00%	9.91
3	18	18	180	1.50%	1.50%	9.87
4	24	24	240	2.00%	2.00%	9.83
5	30	30	300	2.50%	2.50%	9.78
……	……	……	……	……	……	……
……	……	……	……	……	……	……
98	588	588	5880	49.00%	49.00%	7.46
99	594	594	5940	49.50%	49.50%	7.44
100	600	600	6000	50.00%	50.00%	7.43

注：加入了暴击和破甲属性后，战斗周期需要引入这些属性重新计算。假设暴击会带来100%的伤害增幅，破甲可以带来50%的伤害增幅，对伤害数值进行修正即可获得最新的战斗周期数据。

在3.1节中，我们已经完成了游戏中所有属性的定位和细节设计，这里需要通过以上这些形式，对游戏中所有的属性进行成长设定。在设定过程中，如果属性为直接参与战斗的一级属性，就采用上述方式；如果属性需要通过属性转化公式，转化为参与战斗的一级属性，那么我们需要套用属性转化公式进行计算。

除了使用**一级属性自增长**来设计属性，我们还可以通过**基础属性自增长**的方式来设计游戏中的属性，基础属性自增长与一级属性类似，通过对三围属性或五围属性的自增长来获得游戏的属性成长，再通过属性转化公式获得一级属性的增长。比如，游戏中使用三围属性武力、智力、体力作为基础属性，三围属性初始值为10点，每级递增10点，在角色达到100级时对应的三围属性成长为武力1000点、智力1000点、体力1000点。假设1点武力等于2点攻击，1点智力等于2点防御，1点体力等于20点生命，通过属性转化公式依然可以获得角色的攻击为2000点，角色的防御为2000点，角色的生命为20000点。

当完成了游戏中所有的基础属性设计后，就需要开始有针对性地设计每一个职业的属性成长规划。在3.3.1节中我们探讨了职业之间的价值平衡，在**相**

克三角或合作三角类型的职业设计体系下，不同的职业方向决定了不同职业之间属性的差异。

假设游戏使用了合作三角作为职业分类方式，即职业分为坦克、输出和治疗3类。我们在差异化这3个职业属性时，需要单独为这些职业设定攻击、防御和生命数值，以保障不同职业实现"价值平衡"。比如，我们按照职业的类型，把职业属性的比值设定为如下所示。

治疗职业攻击数值：防御数值：生命数值 = 1 ： 1 ： 10

坦克职业攻击数值：防御数值：生命数值 = 0.5 ： 1.1 ： 14

输出职业攻击数值：防御数值：生命数值 = 1.5 ： 0.85 ： 6.5

通过保持不同等级的职业属性的"价值平衡"，我们可以获得不同职业的属性成长数值（见表3-7）。

表3-7　不同职业类型的属性成长数值

等级	治疗类职业				坦克类职业				输出类职业			
	战力值	攻击	防御	生命	战力值	攻击	防御	生命	战力值	攻击	防御	生命
1	180	6	6	60	180	3	6.6	84	180	9	5.1	39
2	360	12	12	120	360	6	13.2	168	360	18	10.2	78
3	540	18	18	180	540	9	19.8	252	540	27	15.3	117
4	720	24	24	240	720	12	26.4	336	720	36	20.4	156
5	900	30	30	300	900	15	33	420	900	45	25.5	195
……	……	……	……	……	……	……	……	……	……	……	……	……
……	……	……	……	……	……	……	……	……	……	……	……	……
98	17640	588	588	5880	17640	294	646.8	8232	17640	882	499.8	3822
99	17820	594	594	5940	17820	297	653.4	8316	17820	891	504.9	3861
100	18000	600	600	6000	18000	300	660	8400	18000	900	510	3900

注：这里的战力值计算没有区分职业，所有的职业战力计算均使用1点攻击等于10点战力，1点防御等于10点战力，1点生命等于1点战力。如果需要对不同职业的属性设定不同的战力权重，相应的成长数值则需要根据3.3.1节"职业平衡"中价值平衡的基本原则进行设计，而战力平衡的内容我们会在后续章节详细讲解。

2. 切分成长

在3.3.2节"1. 构建成长"中，我们构建了游戏养成体系中所需要的角色属性成长数值，这一步需要对全局属性这块"蛋糕"进行切分，通过属性的切分为游戏中所有的养成渠道分配对应的属性数值，而那些分得"蛋糕"越多的养成渠道也自然会成为游戏中玩家最热衷于追求的成长方式。

属性的切分并不是把属性均分给每一个养成渠道，不同的养成渠道玩家的认知度不同，成长次数不同，成长节奏也不同，所以我们需要更加清晰地判断每一种养成渠道的定位和价值，区分玩家喜好优先级可以使用以下公式。

有外显的养成渠道 > 认知度高的养成渠道 > 简单的养成渠道 > 随机的养成渠道

根据玩家对养成渠道的喜好程度不同，属性的投放权重也会有所不同，我们应该把更多的属性投放在玩家喜好优先级高的养成渠道，以强化这些养成渠道的价值。

对于属性的切分，可以使用**对标切分法**或**全局切分法**来完成。**对标切分法**就是以等级成长为标的，对比切分其他所有养成渠道的属性比例。比如玩家等级成长属性占全部属性的 5%，装备基础则对标等级提高 4 倍，也就是装备基础占比 20%，再以此对标游戏中所有的养成渠道，最终数值比例之和不一定需要达到 100%。**全局切分法**则是站在全局的角度对游戏属性进行两次切分，首先根据大类对属性进行切分，其次根据子类对属性进行切分，通过两次切分来细化所有养成渠道的属性投放比例。比如，游戏中装备、坐骑、伙伴这三大类的养成渠道，首先根据玩家认知度和追求程度的不同进行大类切分，我们把 50% 的角色属性分配给装备系统，把 15% 的角色属性分配给坐骑系统，把剩下 35% 的角色属性分配给伙伴系统；再根据这些养成渠道外显和难易度的不同进行二次属性切分，把 50% 的角色属性分配给基础装备系统（实际占比为 50%×50%=25%），20% 的角色属性分配给装备强化系统（实际占比为 20%×50%=10%），30% 的角色属性分配给装备升星系统（实际占比为 30%×50%=15%）。坐骑和伙伴系统的切分同理，通过全局切分法分配属性，最终数值比例之和一定要达到 100%。

上述两种切分方法在游戏前期分配属性时都可以使用。在游戏研发后期或版本迭代时，则主要使用对标切分法，通过选取之前类似的系统对属性进行分配能更方便地完成后续新增养成渠道的属性数值。在对属性进行切分时，尽可能采用百分比的计数形式，这样方便建立数值模型，在后续优化版本数值或调整不同养成渠道的属性权重时，只需要调整百分比即可。

（1）对标切分法

假设游戏中的养成渠道主要分为三大块，分别是**角色**、**装备**和**坐骑**。其中，角色细分为**角色升级**、**角色称号**和**角色丹药**；装备细分为**装备基础**、**装备强化**、**装备宝石**和**装备洗练**；坐骑细分为**坐骑基础**和**坐骑装备**。

假设角色升级属性占比为 5%，那么我们可以以角色升级属性为标的，对标游戏中其他成长模块的属性比例，以完成属性的分配总表，如表 3-8 和图 3-12 所示。

表 3-8 　使用对标法对游戏属性进行分配

分类		攻击	防御	生命	破甲	暴击	汇总
角色模块	角色升级	5%	5%	5%	0%	0%	15%
	角色称号	3%	0%	5%	10%	10%	28%
	角色丹药	3%	3%	3%	0%	0%	9%
装备模块	装备基础	10%	10%	10%	0%	10%	40%
	装备强化	10%	10%	10%	10%	0	40%
	装备宝石	20%	20%	20%	20%	20%	100%
	装备洗练	7%	10%	5%	10%	10%	42%
坐骑模块	坐骑基础	8%	8%	8%	10%	5%	39%
	坐骑装备	12%	12%	12%	5%	10%	51%
汇总		78%	78%	78%	65%	65%	364%

注：属性的分配比例可以根据玩家对不同模块的认知度或根据游戏的总体规划来进行设定，这一步分配设定也只是初步完成属性的分配，在后续细化属性成长时，可以回过头来对不合理的分配进行优化，以达到更优的游戏成长体验。

在属性切分时一定要尽量保持一级属性中的每个属性的总百分比例相同（比如攻击总比例为 80%，相应的防御和生命总比例也需要达到 80%），这样才能保持不同职业的底层平衡。二级属性和其他属性可以根据实际的养成需求进行分配，如果在初始时不好做判断也可以临时确定一个分配比例，后续在属性优化和平衡性优化中也会有更多的指标来帮助我们优化当前拟定的分配比例。

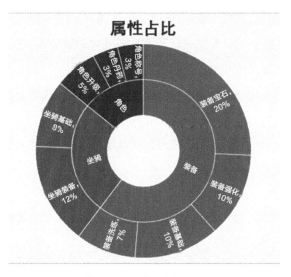

图 3-12　属性占比旭日图

（2）全局切分法

全局切分法与对标切分法原理相似，都是通过设定百分比例对游戏的属性进行切分。相比对标切分法，全局切分法对于属性的切分更加细致一些，在确定大类的属性后，可以细微地调整子类和细分后养成渠道的属性分配，对单个养成线属性量级的投放更平滑，也可以使养成大类下的细分属性种类集中，便于培养玩家对单个养成线的理解。

- 首次切分

首次切分就是对养成渠道大类进行切分，养成渠道大类的划分一般以养成的载体为分割方式。比如，装备大类就是对装备的养成，包括装备的强化、装备的升星、装备的突破、装备的改造等。再比如，宠物大类就是对宠物的养成，可以包括宠物的升品、宠物的合成、宠物的重生、宠物穿带的装备等。这里我们按照**装备对标法**对养成渠道进行首次属性切分，如表 3-9 所示。

表 3-9　养成渠道的首次属性切分

分类	攻击	防御	生命	破甲	暴击	汇总
角色	20%	20%	20%	0%	0%	60%
装备	50%	50%	50%	50%	100%	300%
坐骑	30%	30%	30%	50%	0%	140%
汇总	100%	100%	100%	100%	100%	500%

通过对游戏养成渠道大类的占比划分，我们也确定了游戏中核心的养成渠道，比如表 3-9 所示的分配方式，玩家在游戏中对装备线的追求就会非常高，装备的养成也会成为游戏最核心的养成目标。

下面进行二次切分，通过拆分大类对游戏进行二次属性分配。

- 二次切分

二次切分就是根据细化后的养成方式对角色系统、装备系统和坐骑系统进行再次切分（见表 3-10~ 表 3-12）。

表 3-10　角色系统二次切分

分类		攻击	防御	生命	破甲	暴击
角色	角色升级	30%	50%	20%	0%	0%
	角色称号	20%	0%	30%	0%	0%
	角色丹药	50%	50%	50%	0%	0%
汇总		100%	100%	100%	0%	0%

表 3-11　装备系统二次切分

分类		攻击	防御	生命	破甲	暴击
装备	装备基础	20%	20%	15%	20%	20%
	装备强化	20%	20%	15%	10%	10%
	装备宝石	50%	50%	50%	50%	50%
	装备洗练	10%	10%	20%	20%	20%
汇总		100%	100%	100%	100%	100%

表 3-12　坐骑系统二次切分

分类		攻击	防御	生命	破甲	暴击
坐骑	坐骑基础	60%	60%	40%	0%	0%
	坐骑装备	40%	40%	60%	100%	0%
汇总		100%	100%	100%	100%	0%

二次切分可以以百分之百的比例对首次切分的系统模块进行属性再分配，也可以以首次切分后的比例进行属性再分配。如果使用百分百数值进行切分，就需要把首次切分和二次切分中的属性进行关联，计算出实际的属性占比数据，以便后续对属性数值进行关联计算。

（3）养成细节切分

养成细节切分主要对那些拥有更加详细分类的养成渠道进行属性分配，比如，在装备体系中，装备可以按照部位区分为 4~10 种，不同部位的装备加成的属性也不相同，针对这些特殊的成长模块，我们需要再进行一次细节切分。细节切分的方法与之前相似，同样需要对具体的养成内容进行详细分类。

假设游戏中的装备按照可穿带部位的不同分为武器、衣服、头盔、腰带、手套、鞋子、项链、戒指；按照属性倾向的不同分为攻击装备、防御装备，其中攻击装备包括武器、手套、项链、戒指，防御装备分为衣服、头盔、腰带、鞋子（保持攻击装备和防御装备数量相同），那么我们可以按照这些装备的重要程度进行属性的分配，如表 3-13 所示。

表 3-13　装备细分后的各属性占比

分类	攻击	防御	生命	破甲	暴击	汇总
武器	40%	\	\	100%	\	140%
衣服	\	50%	25%	\	\	75%
头盔	\	20%	20%	\	\	40%
腰带	\	\	40%	\	\	40%
手套	25%	\	\	\	\	25%
鞋子	\	30%	15%	\	\	45%
项链	20%	\	\	\	50%	70%
戒指	15%	\	\	\	50%	65%
汇总	100%	100%	100%	100%	100%	

养成细节的切分尽可能使用游戏的通用做法，也就是约定俗成的一些设定。比如鞋子可以增加移动速度，武器可以增加破甲一击，我们需要尽量避免衣服增加移动速度、项链增加破甲一击这种感觉不符合常理的设定。具体设定的数值比例也需要尊重科学，比如武器增加的攻击要高于饰品，衣服增加的防御要高于其他防具，这样做也更能凸显出武器和衣服的价值和重要性。

通过构建成长、切分成长所获得的属性数值和分配比例，在战斗数值框架中都属于底层设计。底层设计的内容会作为战斗数值模型中的数据变量。在后续完成战斗数值模型后，我们所需要进行优化的数据大多是这些底层数据变量，而上层结构的模块数值则会通过这些底层数据加上相应的计算公式运算获得。

在完成了切分成长后，我们将会进入下一步细化成长。

3. 细化成长

细化成长就是对游戏中的每一个养成渠道进行细化，从成长次数到成长所获得的详细属性数值。这些数值就是游戏中角色属性的最终形态，体现在游戏的不同成长模块中。我们在游戏的体验过程中每获得一件装备，都会携带一些属性数据，每进行一次养成也会相应地提高某些属性数据。这些都是通过细化成长所获得的属性数值。

在进行属性细化之前，我们需要建立一个**养成模块总规划表**，以此来对所有养成线进行全面盘点，在后续游戏迭代的过程中，也需要不断地维护这份养成模块总规划表。这里依然使用"2. 切分成长"小节中我们所规划的养成模块进行举例，如表 3-14 所示。

假设游戏中的养成渠道主要分为三大块，分别是**角色**、**装备**和**坐骑**。其中角色细分为**角色升级**、**角色称号**和**角色丹药**；装备细分为**装备基础**、**装备强化**、**装备宝石**和**装备洗练**；坐骑细分为**坐骑基础**和**坐骑装备**。

表 3-14　养成模块总规划表

类别		次数	种类	养成策略	属性成长策略	备注
角色	角色升级	100	1	成长式	线性成长	成长间隔短、半付费
	角色称号	N/A	30	收集式	线性成长	一次性、荣誉向、付费
	角色丹药	40	5	混合式	线性成长	成长间隔中、半付费
装备	装备基础	N/A	8	收集式	边际效应递增	成长间隔中、半付费
	装备强化	50	1	成长式	线性成长	成长间隔短、免费
	装备宝石	10	5	混合式	边际效应递减	成长间隔长、付费
	装备洗练	∞	8	随机式	边际效应递减	成长间隔短、免费
坐骑	坐骑基础	N/A	10	收集式	边际效应递减	一次性、荣誉向、付费
	坐骑装备	N/A	4	收集式	边际效应递增	成长间隔中、免费

注：这里的成长间隔是指每次提升的时间间隔，有时我们会称为成长的颗粒度，颗粒度越大每次成长间隔越久，成长所带来的属性增量越高，对玩家的刺激也就越大。成长模块的成长颗粒度决定了这个养成渠道所带给玩家的成长节奏体验，不同颗粒度的成长模块共同组成了游戏的成长节奏。

在养成模块总规划表中，我们可以对每一种养成渠道进行初步的规划，包括养成渠道的养成次数、种类、养成策略和属性成长策略等，以此对游戏的成长模块进行一次较为全面的预估。

这里需要补充说明一点，当前主流游戏的养成策略主要有 3 种类型，分别是成长式养成、收集式养成和混合式养成。**成长式养成就是玩家对游戏中具体的模块进行养成，每一次养成均可提高一些固定属性数值。**比如，装备强化就是对装备个体进行养成，每一次养成都会提升一定的百分比属性数值或固定属性数值。**收集式养成主要通过对游戏中内容的收集而获得属性收益。如果这些内容不能被继续养成，则归属为收集式养成；如果这些内容可以继续被养成，则归属为混合式养成。**比如，一些游戏的图鉴系统，每收集一张"卡片"就可以获得一定的属性收益。如果这些"卡片"不可再次养成，则该养成属于收集式养成；如果这些"卡片"可以继续养成，则该养成属于混合式养成。不同的养成策略带给玩家的游戏体验不同，而且细化这些成长的方式也会有所不同。

对不同成长模块细化的过程就是对"1. 构建成长"中所设定的**属性成长数据**和"2. 切分成长"中所分配的**养成属性细分比例**进行关联和计算的过程。

游戏中所有成长模块的属性数值都通过以下公式计算获得。

养成属性数值 ＝ 属性成长数据 × 养成属性细分比例

比如属性成长数据，在 20 级时，我们投放了 100 点攻击属性、100 点防御属性、1000 点生命属性。根据属性的分配比例，可以计算获得 20 级装备的属性为 50 点攻击（100 × 50%）、50 点防御（100 × 50%）、500 点生命（1000 × 50%），再代入切分后的养成属性细分比例进行计算，就可以获得每一个装备的详细属性数值。

当然，游戏数值的实际计算方式要远比以上复杂，我们可以使用**对标等级法**或**百分比分配法**来细化游戏中的每一个养成渠道，计算并获得每一个系统所带来的属性数值。

（1）对标等级法

对标等级法就是把养成渠道的等级与属性成长的等级进行关联，通过索引对应等级的总属性数值，与养成渠道所分配的比例相乘，得到具体数值。在构建成长中，属性的成长是随着等级的提升而不断变化的，所以在细化成长时也需要通过对应等级下的属性总量来衡量单个养成线的属性数值。等级作为游戏的养成标杆，在设计自身属性和 AI 属性时都会作为重要的参照数值。这里我们以装备强化为例，进一步了解对标等级法的使用方式。

假设我们选择 3.3.2 节"1. 构建成长—（2）属性成长"中治疗职业的总属性成长作为数据源，通过对标属性成长等级，即可获得对应角色等级下的角色总属性数值（见表 3-15）。

表 3-15　总属性数值

强化等级	对应角色等级	攻击	防御	生命	破甲	暴击
1	2	12	12	96	1.00%	1.00%
2	4	24	24	192	2.00%	2.00%
3	6	36	36	288	3.00%	3.00%
4	8	48	48	384	4.00%	4.00%
5	10	60	60	480	5.00%	5.00%
……	……	……	……	……	……	……
46	92	552	552	4416	46.00%	46.00%
47	94	564	564	4512	47.00%	47.00%
48	96	576	576	4608	48.00%	48.00%
49	98	588	588	4704	49.00%	49.00%
50	100	600	600	4800	50.00%	50.00%

选择 3.3.2 节"2. 切分成长—（2）全局切分法"中首次切分和二次切分中对装备强化的切分比例数据，即可获得对应的装备强化属性比例（见表 3-16）。

表 3-16　装备强化属性占比

类别	攻击	防御	生命	破甲	暴击
装备体系	50.0%	50.0%	50.0%	50.0%	100.0%
装备强化	20.0%	20.0%	15.0%	10.0%	10.0%
强化实际占比	10.0%	10.0%	7.5%	5.0%	10.0%

下一步把**总属性数值**和**强化实际占比**进行相乘，即可获得每一次装备强化所带来的具体属性数值（见表 3-17）。（比如强化 1 级时对应角色等级为 2 级，索引获得总攻击数值为 12，强化实际占比为 10%，那么强化 1 级时可提升的属性为 12 × 10% =1.2 攻击数值）

表 3-17　强化属性数值

强化等级	对应角色等级	攻击	防御	生命	破甲	暴击
1	2	1.2	1.2	7.2	0.05%	0.10%
2	4	2.4	2.4	14.4	0.10%	0.20%
3	6	3.6	3.6	21.6	0.15%	0.30%
4	8	4.8	4.8	28.8	0.20%	0.40%
5	10	6	6	36	0.25%	0.50%
……	……	……	……	……	……	……
46	92	55.2	55.2	331.2	2.30%	4.60%
47	94	56.4	56.4	338.4	2.35%	4.70%
48	96	57.6	57.6	345.6	2.40%	4.80%
49	98	58.8	58.8	352.8	2.45%	4.90%
50	100	60	60	360	2.50%	5.00%

最后，由于该养成渠道涉及养成细节的切分，我们还需要根据具体的细节设定对属性数值再进行一次切分计算。这里以装备分类后的武器为例，计算武器强化的具体数值。在 3.3.2 节 "2. 切分成长—（3）养成细节切分" 中，我们已经通过武器的类别对其属性占比进行了分配，这一步调用相应的分配比例即可（见表 3-18）。

表 3-18　装备细分后的各属性占比（武器）

分类	攻击	防御	生命	破甲	暴击
武器	40%	0	0	100%	0

在本节 "3. 细化成长" 中，我们描述了不同成长模块细化的过程。

下面我们以武器强化为例，说明武器强化属性的计算过程。公式如下。

养成属性数值（装备强化）=属性成长数据 × 养成属性细分比例（装备强化）养成属性数值(武器强化)=属性成长数据 × 养成属性细分比例(装备强化) × 装备细分比例（武器）

注：比如表 3-2 中，我们提前预设 2 级时投放 12 点攻击属性数值（装备强化 1 级对应角色 2 级），这 12 点即为属性成长数据。在表 3-8 中，切分给装备强化的攻击比例为 10%，此为养成属性细分比例（装备强化）。在表 3-10 装备细分后的属性占比部分，武器被分配的攻击比例为 40%，此为装备细分比例（武器）。

通过以上公式带入相应的数据进行计算（武器强化 1 级属性为 12 × 10% × 40% =0.48），即可获得每次武器强化可获得的详细属性数值（见表 3-19）。

表 3-19　武器强化属性数值

强化等级	对应角色等级	攻击	防御	生命	破甲	暴击
1	2	0.48	\	\	0.05%	\
2	4	0.96	\	\	0.10%	\
3	6	1.44	\	\	0.15%	\
4	8	1.92	\	\	0.20%	\
5	10	2.4	\	\	0.25%	\
……	……	……	……	……	……	……
46	92	22.08	\	\	2.30%	\
47	94	22.56	\	\	2.35%	\
48	96	23.04	\	\	2.40%	\
49	98	23.52	\	\	2.45%	\
50	100	24	\	\	2.50%	\

我们可以使用以上方法对游戏中所有成长模块的属性数值进行计算，即可获得游戏所有的养成数值。

需要注意的是，游戏中所有养成渠道的详细数值都是通过公式计算获得的，由**战斗数值模型**输出而来。战斗数值模型中所有的常量、自变量尽可能地使用 Excel 自带的函数索引获得，减少人工填写的数据，后续优化游戏数值时会更高效。

另外，在构建属性成长数值时，如果属性的自增长呈线性走势，那么使用对标等级法选择等级时一定要注意对标的角色等级所形成的曲线会与分配后属性数值成长的曲线拥有相同走势，比如装备强化 1、2、3 级分别对标角色 2、4、6 级，每次强化可获得的属性数值曲线会与对标等级的数值曲线相同，也就是该养成渠道的成长体验呈线性走势。如果我们期望养成体验呈分段递增曲线走势，那么在选择对标等级时就需要对应地进行设计（见表 3-20 和图 3-13）。

表 3-20　使用不同对标等级索引计算后所获得的属性数值

强化等级	对应角色等级	攻击	对应角色等级	攻击	对应角色等级	攻击
1	1	6	1	6	1	6
2	4	24	11	66	6	36
3	8	48	21	126	16	96
4	14	84	31	186	22	132
5	22	132	41	246	35	210
6	32	192	51	306	42	252
7	44	264	61	366	60	360
8	60	360	71	426	68	408
9	78	468	81	486	90	540
10	100	600	91	546	100	600

对标等级**等比递增**：养成成长数值呈现**等比递增趋势**；

对标等级**分段递增**：养成成长数值呈现**分段递增趋势**。

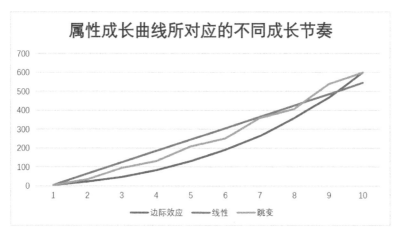

图 3-13　不同的对标等级属性数值所呈现的成长曲线

　　不同属性的成长趋势，会带来不同的游戏成长体验。在游戏中我们需要根据不同的养成方式设计不同的属性成长数值曲线。一般情况下，**成长颗粒度大的养成渠道适合使用分段递增的属性数值成长曲线**，在遇到成长节点时属性的提升会有飞跃感；**成长颗粒度小的养成渠道适合使用线性递增的属性成长曲线**，每一次成长都会带来一定的属性数值提升。不同的属性成长方式相互叠加，从而形成了不同的成长感受，也为玩家带来持续的成长体验，是游戏节奏感的重要组成部分。

（2）百分比分配法

百分比分配法就是使用百分比数值对总属性进行切割分配的方法。与"2.切分成长"中我们所使用的"全局切分法"有些类似，都是将单位数量以百分比的数值比例进行分配。

使用百分比分配法细化成长时需要注意不同养成渠道的**养成策略**。如果养成渠道是**成长式养成**，那么百分比分配比例需要累进式成长，也就是百分比例数值呈现成长态势；如果养成渠道是收集式养成，则百分比分配比例需要均分式成长，也就是根据养成内容均分百分之百的属性数值。

这里我们以装备强化为例，讲解如何应用百分比分配法，相应的养成条件与前文预设相同。

第一步，使用以下公式可以获得装备强化模块所需的详细属性数据（见表 3-21）。

装备强化属性数值 = 属性成长总量 × 装备体系比例 × 装备强化比例

表 3-21　装备强化属性

类别	攻击	防御	生命	破甲	暴击
属性成长总量	600	600	4800	50.0%	50.0%
装备体系比例	50.0%	50.0%	50.0%	50.0%	100.0%
装备强化比例	20.0%	20.0%	15.0%	10.0%	10.0%
装备强化数值	60	60	360	2.50%	5.00%

注：属性成长总值是"1.构建成长—（2）属性成长"中角色达到 100 级时我们所投放的属性总量；装备体系比例是"2.切分成长—（2）全局切分法"中装备模块的属性切分数值；装备强化比例是"2.切分成长—（3）养成细节切分"中装备强化模块的属性切分数值。

第二步，对装备强化模块进行百分比数值分配（见表 3-22）。

通过以上两步即可获得装备强化模块的属性总数值，后续还需要根据装备的分类进一步计算不同装备的属性数值，方法与上文"（1）对标等级法"相同，这里不再赘述。

表 3-22　装备强化属性总数值

强化等级	分配比例	攻击	防御	生命	破甲	暴击
1	2%	1.2	1.2	7.2	0.05%	0.10%
2	4%	2.4	2.4	14.4	0.10%	0.20%
3	6%	3.6	3.6	21.6	0.15%	0.30%
4	8%	4.8	4.8	28.8	0.20%	0.40%
5	10%	6	6	36	0.25%	0.50%
……	……	……	……	……	……	……
46	92%	55.2	55.2	331.2	2.30%	4.60%
47	94%	56.4	56.4	338.4	2.35%	4.70%
48	96%	57.6	57.6	345.6	2.40%	4.80%
49	98%	58.8	58.8	352.8	2.45%	4.90%
50	100%	60	60	360	2.50%	5.00%

　　在游戏成长模块中，我们也会遇到以收集式养成为成长策略的养成渠道。细化这一类养成渠道时，只能使用百分比分配法进行分配，因为我们无法评估等级与实际数值之间的关系，如果使用"对比等级法"来分配属性，则很容易导致属性数值的溢出。这里我们以游戏常见的收集类养成"坐骑"进行举例。

　　假设在游戏中拥有 10 种坐骑，根据品质分别为 1~5 级坐骑，坐骑的品质越高，属性的数值也就越高，坐骑的不同对角色加成的属性种类也不同。根据这些设定，我们可以优先对坐骑进行相应的属性分配，如表 3-23 所示。

表 3-23　坐骑细分后的各属性占比

名称	品质	属性倾向	攻击	防御	生命	破甲	暴击	汇总
追风	1 级坐骑	防御向	0%	2%	2%	0%	0%	4%
赤兔	4 级坐骑	防御向	0%	10%	10%	0%	0%	20%
的卢	2 级坐骑	防御向	0%	4%	4%	0%	0%	8%
绝影	4 级坐骑	全能	8%	8%	8%	8%	8%	40%
爪黄飞电	3 级坐骑	防御向	0%	5%	5%	0%	0%	10%
惊帆	3 级坐骑	攻击向	5%	0	0%	8%	15%	28%
天马	5 级坐骑	全能	20%	17%	15%	15%	15%	82%
象龙	4 级坐骑	攻击向	10%	0%	0%	15%	8%	33%
翠龙	4 级坐骑	全能	10%	10%	12%	10%	10%	52%

名称	品质	属性倾向	攻击	防御	生命	破甲	暴击	汇总
追电	5级坐骑	全能	17%	14%	14%	14%	14%	73%
汇总			70%	70%	70%	70%	70%	

注：右侧的"汇总"列数据可以了解坐骑数值总量的大小，以判断坐骑的优劣，也为坐骑的价格提供相应的属性参照；下方"汇总"可以了解总的坐骑模块所投放的属性比例。需要注意的是，下方不同属性的汇总数值需要相同。在对不同坐骑进行属性分配时，不一定要完全分配满百分之百的数值比例，可以适当地保留一些数值，为后续迭代版本所需要推出的新坐骑预留一些属性空间。

在完成了不同坐骑的属性分配后，我们开始制作坐骑系统的数值模型，细化坐骑属性的方法与上文"（2）对标等级法"相同。第一步，预设如下坐骑属性计算公式（计算结果见表3-24）。

养成属性数值（坐骑）＝属性成长数据 × 养成属性细分比例（坐骑）

表3-24　坐骑属性总量

类别	攻击	防御	生命	破甲	暴击
属性成长总量	600	600	4800	50.0%	50.0%
坐骑基础占比	8.0%	8.0%	8.0%	10.0%	5.0%
坐骑基础数值	48	48	384	5.00%	2.50%

注：属性成长总量是"1.构建成长—（2）属性成长"中角色达到100级时我们所投放的属性总量；坐骑基础占比是"2.切分成长—（2）全局切分法"中坐骑模块的属性切分数值。

第二步，根据如下坐骑属性的计算公式，即可获得对应坐骑的详细属性数值（见表3-25）。

养成属性数值（具体坐骑）＝属性成长数据 × 养成属性细分比例（坐骑）× 坐骑细分比例（具体坐骑）

表3-25　坐骑属性数值

名称	品质	攻击	防御	生命	破甲	暴击
追风	1级马	0	0.96	7.68	0.00%	0.00%
赤兔	4级马	0	4.8	38.4	0.00%	0.00%
的卢	2级马	0	1.92	15.36	0.00%	0.00%
绝影	4级马	3.84	3.84	30.72	0.40%	0.20%
爪黄飞电	3级马	0	2.4	19.2	0.00%	0.00%

名称	品质	攻击	防御	生命	破甲	暴击
惊帆	3级马	2.4	0	0	0.40%	0.38%
天马	5级马	9.6	8.16	57.6	0.75%	0.38%
象龙	4级马	4.8	0	0	0.75%	0.20%
翠龙	4级马	4.8	4.8	46.08	0.50%	0.25%
追电	5级马	8.16	6.72	53.76	0.70%	0.35%

注：小数部分可以通过四舍五入、向上取整或向下取整的方式运算，最终实际数值大多以整数形态展现。

百分比分配法与**对标等级法**选择了不同的参照系，对标等级法以等级为索引取得属性数据，而百分比分配法则直接以总量进行百分比数值分配，两者的思路和设计方法相同。通过使用**对标等级法**或**百分比分配法**，我们可以计算获得游戏中大部分养成渠道的详细数值。

游戏中不同养成渠道的养成策略除了**成长式养成**和**收集式养成**，还包括**随机式养成**。随机式养成就是养成属性随机获得，玩家可以根据自身需求或喜好进行属性的选择。比如游戏中装备的洗练，玩家可以从多种属性中选择一种或几种属性作为成长的属性奖励。

细化这些随机式养成的养成渠道，依然需要使用对标等级法或百分比分配法。在细化这些养成渠道时，需要先评估这类养成属性是否是目标向的，也就是我们期望玩家去追求什么类型的属性数值，或者哪一种属性数值收益最高。根据伤害计算公式的不同，属性的实际收益是有一些差异的，往往玩家在追求时也会更加倾向于实际收益高的属性。在处理随机式养成渠道时，也会以玩家更愿意追求的属性作为投放标的，即随机式养成会投放这些属性，而那些缺失的属性则会默认表示没有投放。在后续对数值进行全面复盘时，我们需要计算不同阶段玩家的成长数据。对于随机式养成渠道，也会把玩家更愿意追求或综合收益更高的属性默认为这些养成所投放的数值，用于模拟不同类型玩家的成长数据。

从构建成长，到切分成长，最后以细化成长完结，我们通过3个步骤完成了整个养成体系的初步设计。养成体系是战斗数值模型中的数据源，为整个战斗数值提供了数值支撑，在对养成体系进行规划时，一定要做好数据模型，在 3.4 节中我们将会设计游戏中所有的人工智能（AI），角色的能力将会成为一个非常重要的参照指标，养成体系的调整对应地也会是游戏人工智能数据的调整。如果这些数据都关联在一起，后续的数据调节将会非常方便。一个方便的数据模型对于战斗数值是必备的，对当前版本的优化和后续版本的迭代都有着不可替代的作用。

3.4　人工智能（AI）

虚拟世界是现实世界的延伸，遵守着类似现实世界的法则，在虚拟世界遨游的过程中我们会遇到和平的 NPC（Non-Player Character，非玩家角色），也会遇到敌对的 NPC。根据游戏剧情的设定，游戏中的主角可能需要消灭恶龙拯救公主，也可能需要帮助艾泽拉斯对抗燃烧军团的入侵。在游戏过程中遇到的好人或坏人，都是 AI 具象化的表现。如果我们（玩家自身）拥有可以量化的属性，那么这些 AI 也会拥有可以量化的属性，与这些 AI 进行对抗，获取"他们"的宝贝或者接受"他们"的奖励，都是游戏中重要的体验内容。

本节主要详细探讨数值策划如何量化所有 NPC 的属性能力。游戏中，玩家在不断成长的过程中也会面对各种强度的敌人，有些敌人比较弱小，有些敌人则很强大。通过胜利和失败这两种正负反馈，从而形成了游戏的战斗体验。这种战斗体验也是玩家成长的一种游戏反馈，玩家变强了，消灭怪物变得更加有效率了，这都会极大地提升游戏的乐趣，为玩家带来正向的游戏体验。

量化所有 NPC 的属性能力在游戏 AI 的设定中属于基础范畴，也就是**基础应用**。这些基础应用并不能满足游戏设计的需求。在部分游戏中，玩家对操作技巧的掌握程度往往会影响游戏的体验。那些熟练掌握游戏技巧的玩家可以轻松应对我们所设计的关卡，甚至会越过强度等级这个数值门槛。这样游戏的属性就变得无关紧要，玩家只需要练好技术即可，在动作类游戏中这种情况会经常出现。如果只使用基础应用，那我们只能通过增加怪物属性作为游戏内容的门槛，而怪物属性强度的增加又会使技术较差玩家的游戏体验变得更糟；如果使用硬指标，必须达到某些条件才可以参与相应的玩法，那么游戏的节奏又会变得生硬。

我们既希望属性有作用，又希望技巧不会过分影响游戏差距，还想以软性卡点作为内容的体验门槛，玩家只要达到预期的属性，就可以通过指定关卡。这时就需要加入一些特殊的游戏机制，而这些特殊的机制就是 AI 的**高级应用**。

这里，我们将会通过基础应用和高级应用两个层面，来探讨游戏中 AI 的详细设定方法。

3.4.1 基础应用

游戏中 AI 的基础应用就是量化所有 NPC 的属性。我们在 3.3 节中构建了一整套玩家的属性成长模板，NPC 的属性则会以此模板为基准，通过加入各种参数，来设定不同环境中、不同要求下游戏 NPC 的强弱。

在设定 NPC 属性时最重要的就是**对应等级下玩家的属性**如何去衡量，玩家在达到对应等级挑战 NPC 时是什么属性，将会直接影响关卡中怪物强度的属性数值。一般游戏中，玩家几乎不可能在对应等级下获得 100% 的属性投放，而且对应等级下所投放的属性总量也并不一定会达到 100%。衡量对应等级下的玩家属性就是数值策划需要思考的问题。

一般在游戏初始设计时，为了快捷地搭建游戏战斗数值模型，会以一定比例衡量玩家对应等级下的属性。首先会计算出不同等级下所投放的属性总比例，再对总比例进行一定的折扣，即可得到初版的**对应等级下玩家属性的数值比例**。比如，在游戏中一共有 10 种养成渠道，这 10 种养成渠道会在对应的等级或其他条件下开放，在未开放时就需要剔除这些养成的属性数值比例，最终可以获得等级所对应的实际属性投放比例，再以实际属性投放比例的 60%（及格数）作为参照比例，就可以获得对应等级下玩家的属性数值（见表 3-26）。

表 3-26　玩家属性数值模板

角色等级	属性投放比例	期望目标比例	攻击	防御	生命
1	5%	100%	0.3	0.3	3
2	12%	100%	1.44	1.44	14.4
3	20%	60%	2.16	2.16	21.6
4	30%	60%	4.32	4.32	43.2

角色等级	属性投放比例	期望目标比例	攻击	防御	生命
5	40%	60%	7.2	7.2	72
……	……	……	……	……	……
95	100%	60%	342	342	3420
96	100%	60%	345.6	345.6	3456
97	100%	60%	349.2	349.2	3492
98	100%	60%	352.8	352.8	3528
99	100%	60%	356.4	356.4	3564

注：以上数据是作为数据模板临时使用的，在后续我们需要对游戏中玩家的成长数值进行复盘。在完成数值复盘后，即可获得玩家的真实成长数据，届时再替换当前的模板数据。

通过计算获得了不同等级阶段的数值模板后，下一步将为不同的游戏内容设计不同的战斗体验节奏。

大多数游戏中，养成渠道提供角色成长属性，角色成长属性可以帮助玩家在玩法中获得更多的游戏资源，游戏资源再次通过不同的养成渠道消耗"成长—收获—消耗"闭环来构建游戏的正向体验生态。随着养成渠道数量变多，我们也会相应地提供更多的玩法渠道，这些"玩法渠道"都有对应的设计目的。有些玩法作为游戏体验或教学内容，怪物相对简单，比如大世界中的敌对 NPC，这些 NPC 往往以引导玩家为主；有些玩法则具有一定的挑战性，根据不同的挑战难度又可以区分出不同种类，或考验玩家综合能力，或考验玩家输出能力，或考验玩家生存能力，比如游戏中的爬塔、个人挑战副本等；有些玩法则需要组队或团队配合挑战，比如游戏中的 5 人副本、团队副本等。

数值策划需要根据不同的需求设计每一种玩法所对应的**难度**和**战斗节奏**。**玩法的难度由角色的生存周期决定**，角色生存周期越短，生存压力越大，玩法难度越高；**战斗节奏则由敌对 NPC 的生存周期决定**，敌对 NPC 生存周期越短，战斗节奏越快。

角色生存周期 = 生命值 ÷ 伤害数值

注：角色生存周期公式在 3.3.1 节 "1. 初探平衡性—（1）底层平衡" 中已进行相应说明，这里不再赘述。

角色生存周期受到生命属性和伤害数值影响。也就是玩家的生存周期受到玩家生命属性、防御属性和敌对 NPC 的攻击属性影响。敌对 NPC 的生存周期受到敌对 NPC 生命属性、敌对 NPC 防御属性和玩家的攻击属性影响。在 3.3.2 节，我们为**对应等级的角色构建了一套标准的属性成长数据**，在设计对应玩法的难度和战斗节奏时，只需要通过设定一些**底层参数**，通过底层参数与标准属性成长数据进行相应的拟合计算，即可获得不同玩法的怪物属性数值。下面我们以游戏主线任务为例，描述如何通过底层参数和标准属性成长数据，构建主线玩法所涉及怪物的属性数值。

假设主线任务中所遇到的 NPC 对于玩家来说都是简单的，这些 NPC 根据难易度区分为普通、稀有、精英和首领 4 档，相应的战斗节奏在 3~20 个回合。根据这些规则，我们可以设置如表 3-27 所示的底层参数。

表 3-27　怪物强度底层参数

标准生存周期		10			
怪物类型	NPC 生存周期	玩家生存周期	攻击系数	防御系数	生命系数
普通	3	20	50%	100%	30%
稀有	6	15	67%	100%	60%
精英	10	12	83%	100%	100%
首领	20	10	100%	100%	200%

注：玩家和目标的生存周期根据不同强度 NPC 的战斗节奏而定，不同类型目标的属性需要通过计算获得，攻击系数＝标准生存周期 ÷ 玩家生存周期；生命系数＝NPC 生存周期 ÷ 标准生存周期。

我们还可以根据不同游戏玩法的需求加入一些新的底层参数，比如对"二级属性"的设定，以及更具差异化的怪物强度分类等。在同一种怪物类型中往往也会有多种不同类型的怪物细分，有些怪物攻击高，血量少；有些怪物攻击低，血量多，针对这样的需求，只需要为底层参数新增怪物分类即可。通过公式计算所获得的属性数值都是理论上的数据，在后续调整时可以根据实际游戏体验手动优化这些底层参数，以匹配对应玩法的怪物强度数值。

通过对底层参数的设定我们完成了相应玩法的大结构规划，这样就可以进一步量化相应的怪物属性（见表 3-28）。

表 3-28　怪物属性模板

怪物ID	怪物名称	备注	怪物类型	怪物等级	输出修正	生存修正	攻击	防御	生命
1001	怪物1	适用1场景	普通	5	100%	100%	3.6	7.2	21.6
1002	怪物2	适用1场景	稀有	5	100%	100%	4.8	7.2	43.2
1003	怪物3	适用2场景	精英	5	100%	100%	6	7.2	72
1004	怪物4	适用2场景	首领	5	100%	100%	7.2	7.2	144
1005	怪物5	适用3场景	普通	10	100%	100%	18	36	108
1006	怪物6	适用3场景	稀有	10	100%	100%	24	36	216
1007	怪物7	适用3场景	精英	10	100%	100%	30	36	360
1008	怪物8	适用3场景	首领	10	100%	100%	36	36	720
1009	怪物9	适用4场景	普通	20	100%	100%	36	72	216
1010	怪物10	适用4场景	稀有	20	100%	100%	48	72	432
1011	怪物11	适用4场景	精英	20	100%	100%	60	72	720
1012	怪物12	适用4场景	首领	20	100%	100%	72	72	1440

注：怪物等级对应的怪物强度等级与玩家等级属于同一个概念，我们可以根据游戏的规则选择怪物强度等级，对标属性索引值类型。比如，《魔兽世界》中怪物的强度等级与玩家的装备评分等级相匹配，也有一些游戏会使用角色等级来匹配怪物强度等级。输出修正和生存修正主要用于特定怪物的属性修正，可以针对具体的怪物 ID 进行属性修正。攻击、防御和生命的属性数值使用以下公式计算。

攻击数值（怪物）＝玩家攻击数值（怪物等级）× 底层攻击参数（怪物类型）× 输出修正

防御数值（怪物）＝玩家防御数值（怪物等级）× 底层防御参数（怪物类型）× 生存修正

生命数值（怪物）＝玩家生命数值（怪物等级）× 底层生命参数（怪物类型）× 生存修正

使用怪物强度等级索引"能力量化"中我们所投放给玩家的属性数值，根据玩法设定相应的怪物强度底层参数，通过相应的公式算法，就可以获得对应怪物的属性数值。这些属性数值在游戏中被怪物继承，是游戏战斗的基础，也是检验玩家成长的重要方式。

在对玩法中 NPC 的属性数值进行量化时，我们也可以预设一些标准的属性模板。在一些难度相似的玩法中可以复用这些属性模板,而不需要重新设定。一定要清楚这些属性模板被套用在哪些场景下,在后续优化底层参数时,被重复引用的数据会被同步修改,要确认那些被同步修改的引用数据是否适用。如果不能适用,则一定要启用一些新的底层参数设定。

在量化 NPC 的属性数值时,一定不要害怕数据量变大。如果时间允许,则尽量对游戏中的每一个 NPC 都进行这样的底层参数定义。这些 NPC 都是数值策划所设计出来的虚拟角色,在游戏的世界中,NPC 种类越多,游戏内容也就越丰富,玩家的体验也会大不相同。

3.4.2 高级应用

基础应用在大多数情况下只能解决游戏中的基础问题,为游戏的 NPC 设定相应的属性数值,都属于游戏的数值因素。玩家在体验游戏时所运用的策略、技巧,还有一些游戏 bug,都属于游戏的外部因素。但往往这些外部因素会对游戏的体验产生一些超出预期的影响,击穿"数值"这个数据门槛。玩家越级打怪、职业失效等都可能会导致游戏的不平衡。我们在设计游戏时需要提前预测这种情况,对应地在游戏机制中加入一些**高级应用**。

1. 软性卡点

软性卡点是高级应用中最常用的设计。比如,游戏中为了突出职业之间的特点,防止职业机制失效而设计了受到护甲数值影响的减免伤害效率(简称减伤率),不同职业间的减伤率是不同的,只有坦克类职业的护甲数值较高,从而获得更高的减伤率属性,这样职业的特征就会被突显出来。减伤率的计算公式如下。

减免伤害效率 = 护甲数值 /(护甲数值 + 系数 1 + 系数 2 × 攻击等级)

再比如,游戏中为了避免玩家越级打怪,一般会设定伤害加深属性,当玩家挑战更高难度的 NPC 时,所受到的伤害会通过如下公式进行放大。

最终伤害数值(修正)= 最终伤害数值 + 最终伤害数值 ×(怪物等级 – 玩家等级)× 系数

在设计这些软性卡点时,我们一定要明确这样做是为了解决哪些潜在的体验风险。如果加入了软性卡点，又会带来哪些新的体验风险。千万要小心，不要为了修复"小问题"而带来"大问题"。

在游戏玩法的设计中，我们经常会对不同的玩法提出各种不同的能力要求，有些玩法需要考验玩家的输出能力，有些玩法需要考验玩家的生存能力，有些玩法需要综合考验玩家的战力。不论考验玩家什么样的能力数值，最终我们会根据玩家与目标之间的差值进行相应的惩罚，具体惩罚的内容则根据实际情况进行处理。

在计算玩家与目标之间的差值比例时，可以使用通用的计算方式，让差值与原值进行计算，如果我们期望这个百分比例呈等比增长，则可以用（**目标数值 − 玩家数值**）÷ **目标数值**，这个结果会在 0~100% 之间波动，我们可以根据这个波动范围设计相应的惩罚数值。

比如，在游戏中为了考验玩家的战力数值而设定的**伤害增益公式**，当玩家的战力大于或等于目标战力时，怪物对玩家造成的伤害使用正常的伤害计算流程；当玩家的战力小于目标战力时，怪物攻击玩家会对玩家造成额外的伤害，玩家与目标战力差值越大，造成的额外伤害数值越高。

通过下面的公式可以获得目标战力数值与玩家战力数值的差异比例，再根据常量 1 和常量 2 这两个参数对增益比例进行修正，即可获得相应的伤害增益比例。常量 1 和常量 2 参数将会直接影响最终的伤害增益比例。

最终伤害数值 (修正) = 最终伤害数值 + 最终伤害数值 × 伤害增益比例

伤害增益比例 = ((目标战力 − 玩家战力) ÷ 目标战力) × 常量 1 + 常量 2

常量 1 = 0.2，常量 2 = 0.5【当目标战力 > 玩家战力】

常量 1 = 0，常量 2 = 0【当目标战力 < 玩家战力时】

游戏的软性卡点在游戏中大多以"潜规则"的形式出现，而且软性卡点的存在大多是为了弥补游戏数值设定中一些难以解决的游戏体验需求，游戏的数值需要为体验服务，良好的游戏体验就是优秀的游戏数值。

2. 世界繁荣和玩家匹配

世界繁荣和玩家匹配是高级应用中另一个比较常用的 AI 应用，根据玩家类型的不同，玩家想要体验的游戏内容也不相同，这些不同类型的玩家在同一个游戏环境中会产生一些不和谐的因素。比如，成就型玩家厌恶对抗，而杀手型玩家则喜欢对抗，往往杀手型玩家会以成就型玩家为目标进行屠戮，这样就会使某些玩家的生存难度提升，因此改变了游戏生态。

世界繁荣和玩家匹配就是加入一些虚拟的玩家角色来满足不同类型玩家的需求。目前游戏中最常用的就是使用拟人化的虚拟角色替代玩家，"配合"不同类型的玩家体验游戏。这些拟人化的虚拟角色根据应用场景的不同，功能也会有所差异。分类方式与玩家类型的分类方式相同，都可以分为成就型、杀手型、社交型和探索型，其中成就型、社交型和探索型作为玩家的队友而存在，杀手型则作为玩家的敌人而存在。

这些"虚拟角色"会模拟玩家的行为，直接或间接地帮助、引导玩家参与游戏。比如，某些需要组队的玩法，引入这些队友，可以配合玩家共同探索副本；某些需要对抗的玩法，引入这些虚拟的敌人，可以帮助玩家熟悉游戏的战斗方式。在一些需要社交的场合中，这些"虚拟角色"还可以扮演玩家，在游戏世界中制造相应的虚假繁荣，这里暂且不讨论这些虚假繁荣的好与坏，但虚假繁荣可以显著提升游戏的用户体验。比如手机游戏《王者荣耀》，在游戏前期的排位赛中引入了大量虚拟角色引导玩家使用英雄，帮助玩家建立"成就感"，通过引入"虚拟角色"大大降低了游戏的入门门槛，这也是该游戏击败其他竞品游戏，成为"全民手游"的重要原因之一。

在量化这些"虚拟角色"的属性数值时，我们依然遵循基础应用中怪物强度的设计方法，这里不再赘述。

在当前游戏设计中，我们最常用的高级应用就是**软性卡点、世界繁荣和玩家匹配**，软性卡点用于解决游戏中潜在的风险，而世界繁荣和玩家匹配用于增强游戏的体验。随着游戏行业的不断发展，越来越多且越来越成熟的高级应用也会逐步参与到游戏的内容中。就像电影《头号玩家》所讲述的，游戏是一个宇宙，一个由人工智能所组成的宇宙，玩家作为游客，探索这个宇宙的秘密，体验这个宇宙的内容，这才是真正的"第九艺术"所应该带给我们的体验。

3.4.3 再遇平衡性

在定义游戏的属性，搭建游戏的战斗框架，量化角色的能力数值，设定人工智能的属性后，游戏的战斗数值架构也基本完结。将正式数据填入游戏之前，我们还需要对战斗数值进行一次新的平衡性验证。在初次进行平衡性验证时，我们确定了战斗平衡和职业平衡的标准，预设了游戏中基础的平衡性原则，这一步将对细化后的**职业属性能力**和**NPC 属性能力**进行平衡性验证，以检验不同职业在属性细化后，战斗数值是否平衡，战斗节奏是否符合设计预期。

我们可以通过模拟计算不同职业的战力数值和战斗的节奏数据来检验属性细化后的职业属性能力和 NPC 属性能力是否平衡，这其实就是游戏的**战力平衡和节奏平衡**。

比如，玩家对话如下。

"魔剑士肯定很厉害，战斗力都比战士高了好多。"

"为什么我（战士）打怪需要 5 刀，法师打怪只需要 2 刀？"

这些玩家对话其实就是**战力数值**和战斗的节奏数据所带给玩家的体验感受，职业的战力平衡和战斗的节奏平衡都会直接影响玩家的游戏体验，也是游戏是否平衡的重要评判原则。

1. 战力平衡

战力平衡就是不同职业的战力数值是否平衡，在处理**战力数值**平衡之前，我们需要设定用于衡量角色战力数值的**战力计算公式**。衡量角色战斗能力的方式有很多，比如网络游戏《魔兽世界》中使用装备等级衡量玩家的战力数值，《暗黑破坏神Ⅲ》中使用伤害衡量玩家的战力数值，手机游戏《天涯明月刀》中使用功力衡量游戏角色的战力数值。目前大部分游戏的战力计算公式都是由网络游戏《魔兽世界》经典装备等级公式改良而来的。公式不同，但原理相同。

《魔兽世界》的装备等级计算公式如下。

$$装备等级 = [\Sigma（属性数值 \times 属性系数）\frac{\log 2}{\log 1.5}]\frac{\log 1.5}{\log 2}$$

在这个公式中，属性数值就是装备所携带的属性数字，属性系数则根据属性的不同而不同，主要通过游戏的属性转化公式计算获得（见表 3-29）。

表 3-29　属性系数

属性	属性系数
力量	1
敏捷	1
耐力	0.667
智力	1
精神	1
防御等级	1
攻击强度	0.5
法术强度	0.857
5 回魔法	2.5

在《魔兽世界》的战斗框架中，所有装备投放的属性均为基础属性，这些基础属性可以使用**属性转化公式**转化为伤害计算公式中需要使用的各种属性数值。《魔兽世界》的装备等级计算公式有一个特点，就是装备单一属性加成越高，装备的最终等级也会越高，辅助加成属性会在一定基础上再次提高装备的等级。比如，两个相同部位的装备——"统御指环"和"力量指环"，加成属性分别为力量 50 点、敏捷 30 点和力量 60 点、敏捷 20 点，两者属性总量相同，均加成了 80 点角色的基础属性，但是两个装备的装备等级却为 61.32

$$\left(\left[(50 \times 1) \frac{\log 2}{\log 1.5} + (30 \times 1) \frac{\log 2}{\log 1.5} \right] \frac{\log 1.5}{\log 2} \right)$$ 和 65.21 $$\left(\left[(60 \times 1) \right. \right.$$

$$\left. \frac{\log 2}{\log 1.5} + (20 \times 1) \frac{\log 2}{\log 1.5} \right] \frac{\log 1.5}{\log 2} \right)$$。《魔兽世界》中的装备等级公式不太好理解，目前常用的做法大多以《魔兽世界》的装备等级公式为原型，根据自身游戏的特点进行改良，以确定战力计算公式。

战力数值 = $\sum$属性数值 × 属性系数

这种战力计算方式中的属性系数主要根据底层平衡中属性的价值权重来完成设定，也就是根据属性数值的投放占比来定义属性系数。

假设游戏中一级属性攻击、防御和生命的底层平衡比为 1∶1∶10，在游戏各个阶段这 3 种属性的投放数值均以这个平衡比例等比投放，那么游戏的战斗节奏就是恒定的，游戏的战力数值也是平衡的。根据属性的占比关系，我们可以定义每点攻击的战力为 1 点，那么每点防御的战力也为 1 点，每 10 点生命的战力也为 1 点。相应地就可以获得这 3 种属性的系数：攻击 =1 、防御 =1、生命 = 0.1。

对游戏中常见的二级属性（百分比属性数值）的战力系数，则根据 3.3.2 节中游戏属性投放的总数值进行设定。假设游戏中角色 100 级时属性投放总量如表 3-30 所示。

表 3-30　属性总量

等级	标准属性				
	攻击	防御	生命	破甲率	暴击率
100	600	600	4800	50%	50%

注：破甲效果——如果攻击时触发破甲，则目标的防御减少 30%，也就是最终的伤害提高"攻击 $-f$（防御 × 70%）"；暴击效果——如果攻击时触发暴击，则最终造成的伤害提高 100%。

减法公式（改良版）的伤害数值 = 攻击数值 $-$（攻击数值 × 防御数值）÷（常数 + 防御数值）【常数 = 1000 】

根据属性总量和伤害计算公式可以得到以下结论。

□ 50% 暴击 = 600 攻击 × 100% × 50% =300 攻击的收益

□ 50% 破甲 = 600 攻击 × 12.67% × 50% = 38 攻击的收益

假设每点攻击的战力为 1 点，根据上述推论，可以获得每 1% 暴击属性的战力为 6（300 ÷ 50），每 1% 破甲属性的战力为 0.76（38 ÷ 50）。游戏中所有的二级属性、三级属性都可以通过属性在战力计算公式中的实际收益来推算它们的战力系数。

还有一种算法，就是根据角色的攻击力推算暴击属性的实际收益，也就是暴击属性的战力收益随着攻击力的提高而提高。在游戏中并不推荐这种做法，因为如果暴击属性的收益跟随攻击力数值的提高而提高，那么玩家的战力数值会等比提升。游戏前期暴击属性收益低，战力低，中后期暴击属性收益高，战力数值相应等比提升。如果暴击伤害这个属性也可以提升，那么最终战力数值的浮动会非常大。在游戏中，玩家的成长充满了随机性和策略性，为了应对这种随机性和策略性，在设定属性系数时要尽可能选择波动小的战力计算方式，避免因战力失控而引起一些其他问题，比如人工智能高级应用中的软性卡点。随着游戏版本的迭代，那些战力系数波动大的战力计算方式也会直接影响后续版本中属性的投放，属性数值膨胀会导致后续战力数值急剧膨胀，最终使

"角色战力"这个衡量玩家能力的属性变为风险数据，成为数值层面的不可控数据。

游戏中大部分属性的"战力系数"主要依据实际收益而设定，我们在设定"战力系数"时可以通过带入之前设定的各种公式来比对收益，还可以加入一些主观的判断去修正这个数值，并不一定计算获得的收益就是真正的"收益"，有一些收益可以被技巧或策略放大，这些都是我们需要思考的。

另一个需要注意的是，不同职业之间的战力设计，比如"相生三角"体系中的坦克、治疗和输出类职业，这3类职业之间的战力系数可能是不同的。如果我们可以很好地处理它们的属性比例关系，那么这3类职业之间的战力平衡是可以相同的。

战力数值平衡中最重要的是比对不同职业之间的战力数值是否相同，我们为游戏设定了战力计算机制，就是为了能够计算不同职业之间的战力数值，再进行比对。

这里我们以一级属性为例，比对3类职业之间的战力数值，假设游戏中1点攻击 =1点战力，1点防御 = 1点战力，每 10 点生命 = 1 点战力。

3 种类型的职业的属性比例和战力权重如表 3-31 所示。

表 3-31　不同职业的属性比例和战力权重

定位职业	攻击	防御	生命	战力权重
治疗	1	1	10	3
坦克	0.5	1.1	14	3
输出	1.5	0.85	6.5	3

注：以上设定中，攻击的战力系数为 1，防御的战力系数为 1，生命的战力系数为 0.1，把不同定位的职业属性权重与不同属性的战力系数相乘并相加，即可获得不同职业的战力权重，此时不同职业的战力权重是相同的。

3 种类型的职业的属性成长数值如表 3-32 所示。

表 3-32　不同职业的属性成长数值

等级	治疗			坦克			输出		
	攻击	防御	生命	攻击	防御	生命	攻击	防御	生命
1	6	6	60	3	6.6	84	9	5.1	39
2	12	12	120	6	13.2	168	18	10.2	78

等级	治疗			坦克			输出		
	攻击	防御	生命	攻击	防御	生命	攻击	防御	生命
3	18	18	180	9	19.8	252	27	15.3	117
4	24	24	240	12	26.4	336	36	20.4	156
5	30	30	300	15	33	420	45	25.5	195
……	……	……	……	……	……	……	……	……	……
……	……	……	……	……	……	……	……	……	……
98	588	588	5880	294	646.8	8232	882	499.8	3822
99	594	594	5940	297	653.4	8316	891	504.9	3861
100	600	600	6000	300	660	8400	900	510	3900

通过带入战力计算公式，我们可以得到对应职业的战力数值，如表 3-33 所示。

表 3-33　带入战力系数后不同职业的战力数值

等级	治疗				坦克				输出			
	攻击	防御	生命	战力数值	攻击	防御	生命	战力数值	攻击	防御	生命	战力数值
1	6	6	60	18	3	6.6	84	18	9	5.1	39	18
2	12	12	120	36	6	13.2	168	36	18	10.2	78	36
3	18	18	180	54	9	19.8	252	54	27	15.3	117	54
4	24	24	240	72	12	26.4	336	72	36	20.4	156	72
5	30	30	300	90	15	33	420	90	45	25.5	195	90
……	……	……	……	……	……	……	……	……	……	……	……	……
……	……	……	……	……	……	……	……	……	……	……	……	……
98	588	588	5880	1764	294	646.8	8232	1764	882	499.8	3822	1764
99	594	594	5940	1782	297	653.4	8316	1782	891	504.9	3861	1782
100	600	600	6000	1800	300	660	8400	1800	900	510	3900	1800

3 类职业在相同等级下的战力数值是相同的，我们就可以说 3 类职业的战力是平衡的。在实际的数值计算中，需要带入更多数据，带入更多职业的属性数值去运算，可能还需要对一些原始的设定进行调整，最终只要不同职业之间的战力数值相似即可。

除了可以量化的部分属性的战力数值，游戏中常常还有一些不能或不好量化的战力数值，比如有些游戏会为技能、被动技能进行战力评定，这些技能或状态的战力数值，一般通过战斗过程的实际收益进行战力量化。一些控制类的技能效果，如减速、眩晕等则主要根据战力的区间和数值范围进行战力设定，例如，减速对应的战力加成为 200 点，眩晕对应的战力加成为 500 点。这些我们可以称为"拍脑门"。在设定这些"效果"类属性的战力数值时，应尽可能地采用实际战斗收益进行量化。如果实在不方便量化，则根据情况进行相应的战力评分。

2. 节奏平衡

节奏平衡就是游戏中战斗节奏的平衡，也就是我们常常所说的战斗体验平衡。在标准的职业框架中，功能相似的职业之间的战斗能力是否相同（不同坦克类职业的生存能力，不同输出类职业的伤害能力，不同治疗类职业的治愈能力），这些数据是否稳定、平衡、合理，都是通过"战斗结果"来进行评判的，节奏平衡的评判原则是不同职业间，战斗过程不同，但"战斗收益"相同。

我们可以通过检验战斗中相同职业定位的不同"收益效率"来验证游戏的战斗节奏是否平衡。比如，在网络游戏《魔兽世界》中，输出类职业有近战物理攻击的盗贼、远程魔法攻击的法师，坦克类职业有高格挡的战士、高血量的德鲁伊，治疗类职业有治疗效果强但施法速度慢的牧师、治疗效果弱但施法速度快的圣骑士。节奏平衡所需要衡量的就是这些输出类职业的综合输出效率，坦克类职业的综合生存效率和治疗类职业的综合恢复效率。下面我们以"输出效率"为例，描述如何平衡不同职业的战斗节奏。

数值策划在设定输出类职业时，往往会根据职业的特点去描绘不同职业的输出倾向，根据输出倾向的不同，属性倾向也会不同。比如，我们定义盗贼职业为输出类职业的标杆，使用近战物理攻击作为攻击方式，攻击时既需要破甲属性，又需要暴击属性，属性倾向中规中矩；法师职业注重爆发输出，使用远程魔法攻击作为攻击方式，攻击时没有破甲效果，注重暴击效果；猎人职业注重破甲输出，使用远程物理攻击作为攻击方式，攻击注重破甲效果。

根据以上职业定位，我们可以枚举获得如表 3-34 所示的不同职业的属性参数。

表 3-34　标准职业的属性参数

定位职业	攻击	防御	生命	破甲	暴击	破甲和暴击收益
盗贼标杆	1.5	0.85	6.5	39.50%	15.00%	1.688
法师爆发	1.5	0.7	8	0.00%	25.00%	1.688
猎人破甲	1.5	0.8	7	80.00%	4.80%	1.688

注："破甲和暴击收益"可以通过破甲属性和暴击属性所带来的最终伤害收益计算获得。通过计算不同职业的战斗收益，可以获得不同职业的属性偏向在什么数值范围内是平衡的，这些数据将会作为战力数据平衡的基础属性，为后续平衡的设定提供参考。

通过不同职业属性的参数设定，我们确定了战斗收益的标准数据，也就是当盗贼职业的破甲属性达到 39.5%、暴击属性达到 15%，法师职业的暴击属性达到 25%，猎人职业的破甲属性达到 80%、暴击属性达到 4.8% 时，任意数值的攻击、防御和生命属性，角色的破甲和暴击收益都是相同的。

为了保持节奏平衡，我们忽略了上文中所预设的战力平衡数值，如果把这些属性的战力系数带入，就可以得到如表 3-35 所示的战力数值。

表 3-35　节奏平衡后的战力数值

定位职业	攻击	防御	生命	破甲	暴击	战力数值
盗贼标杆	1.5	0.85	6.5	39.50%	15.00%	123.02
法师爆发	1.5	0.7	8	0.00%	25.00%	153
猎人破甲	1.5	0.8	7	80.00%	4.80%	92.6

注：攻击的战力系数为 1，防御的战力系数为 1，生命的战力系数为 0.1，破甲的战力系数为 0.76，暴击的战力系数为 6。在平衡性规划中，我们经常会遇到这种情况，这些都是正常的。如果出现"战力平衡"和"节奏平衡"不匹配，则优先考虑游戏的"战力平衡"。当然，我们也需要其他手段来弥补游戏的"节奏平衡"，可以通过增强技能效果来弥补"节奏平衡"所损失的属性收益，通俗地说，就是我们可以通过对技能效果的加强来提高这些职业的"伤害收益"。通过调整属性比例，可以获得如表 3-36 所示的属性权重，以保持游戏的"战力平衡"。

表 3-36　战力平衡优先的属性权重

定位职业	攻击	防御	生命	破甲	暴击	战力数值
盗贼标杆	1.5	0.85	6.5	31.58%	8.00%	75.00
法师爆发	1.6	0.8	6	0.00%	12.00%	75.00
猎人破甲	1.4	0.9	7	71.05%	3.00%	75.00

把前文中计算获得的标准职业的属性参数和战力优先的属性权重相减，即

可获得技能效果需要修正的属性，如表 3-37 所示。

表 3-37　技能修正属性

定位职业	破甲	暴击
盗贼标杆	7.92%	7.00%
法师爆发	0.00%	13.00%
猎人破甲	8.95%	1.80%

注：以上设定仅代表笔者的经验，并不一定完全准确。在设计战力平衡时，我们需要多思考如何
达到一定意义上的平衡，游戏的数值没有绝对的平衡，只有理论平衡和体验平衡。只要思路和方
向正确，通过运算结果可以印证设计目标，那么数值就是平衡的。

　　通过对不同职业**战力数值**和**战力收益**的数据计算，使游戏的战力数值和战
斗节奏达到一种平衡状态，也就完成了游戏平衡的基础设定工作，从一定意义
上实现了游戏的战力平衡。这只是"理论平衡"，游戏真正意义上的战力平衡
还需要经过实践的检验。随着游戏数值模型的搭建，后续会根据数值模型的设
定进行战斗数值复盘，使用战斗数值复盘所获得的数据进行战斗模拟，通过战
斗模拟完成"实践平衡"，这样才能达到真正意义上的游戏平衡，让游戏的战
斗过程充满乐趣，不同职业特色鲜明，让游戏变得更加"公平"。

第**4**章

游戏的经济数值

现实中的经济结构，生产是基础，消费是终点，经济是围绕价值的创造和转化而展开的，最终服务于人类生活；游戏中的经济与此同理，生产是基础，消费是终点，生产通过游戏行为产生资源，消费消耗这些游戏资源，最终服务于游戏体验。

相较于现实世界庞大且复杂的经济流转，游戏世界的经济流转在生产和消费环节比较简单。而且在不同的经济模式下需要关注的宏观经济和微观经济量级也不相同，如果游戏采用封闭经济模式，则不需要考虑宏观经济，只需要处理好微观经济。这其实也正是我们在处理经济数值时首先需要考虑的问题，这款游戏所采用的是哪一种**经济模式**。

在规划经济流转之前，我们还需要为这个流转过程加入相应的"媒介"，以保障经济流转顺利进行，游戏中流转的媒介就是那些可以被衡量的道具资源，这一步我们称为**货币和资源**。

在设定经济数值时，最重要的就是处理好生产环节和消费环节之间的关系，生产环节产出资源、消费环节消耗资源，通过生产和消耗形成经济的正循环结构。在游戏中，我们可以理解为游戏的玩法环节产出资源，游戏的成长环节消耗资源，在这种循环结构中，只需要处理好玩法和成长之间的关系即可。游戏的经济数值只要保障成长具有足够的深度，玩法持续产出资源，游戏的正循环结构就会非常稳固。

在以道具付费为商业模式的游戏中，"产出端"会新增现实货币这一生产环节，如果无节制地通过现实货币释放资源，那么消费端也必然会受到影响。

如果游戏又恰好使用市场经济作为游戏的经济模式，玩家生产的资源可以进行流通，"产出端"就会增加玩家交易渠道这个生产环节。最终游戏经济中的生产环节包括现实货币、玩家交易和游戏产出，游戏中的消耗环节为养成阶段。如何平衡"产出"和"消耗"之间的关系，是经济数值中最重要和最具复杂性的制作环节，这个环节的构建过程我们称为构建游戏的**经济框架**。

　　一般游戏中的产出和消耗会有多种渠道。玩家在体验 A 玩法时会产出 A 资源类型，玩家在体验 B 玩法时会产出 B 资源类型。看似玩家需要 A 资源时就通过 A 玩法获得，玩家需要 B 资源时就通过 B 玩法获得，其实 A 和 B 两种资源所对应的养成都是为了加成游戏角色的属性数值，玩家在体验游戏时也自然会做出相应的选择,选择那些性价比最高的玩法。如果玩家有这种对比诉求，不同的玩法就会产生优劣之分，而那些收益较低的玩法会成为"鸡肋"，从而无法达到最初设计的目的。

　　"这个玩法体验好差，比另外一个玩法差远了。"

　　"就出这点东西，没意思。"

　　这两句感慨就是玩家体验那些"收益较低"玩法时的真实感受，出现这种问题的根本原因就是由不同玩法的**性价比**差异而引起的。游戏中不同玩法之间的性价比差异、不同养成之间的性价比差异都会促使玩家去选择，选择那些收益更高的玩法或养成进行体验，而数值策划所要做的就是尽可能地让游戏中不同的养成模块和玩法模块，在统一的标准之下尽可能地保持稳定和平衡，这个统一的标准其实就是经济数值中的**价值体系**，是衡量游戏养成模块和玩法模块的重要参照依据。

　　设定游戏中的经济数值就是规划游戏的**经济模式**、枚举游戏的**货币和资源**、构建游戏的**经济框架**、确立游戏的**价值体系**。一款稳定且长久运营的游戏，合理的经济数值体系是必不可少的，相对于战斗数值的逻辑缜密性，经济数值更需要具有全局观，"战斗数值可以崩，但是经济数值一定要稳"。

4.1　经济模式

　　经济模式就是经济主体运行中带有总体性的特征总结，游戏世界中经济的总体性特征与现实世界中经济的总体性特征相似但又不同。现实世界的经济模式常常按照生产力和生产关系的标志进行划分，而游戏世界的经济模式往往以流通媒介（货币和资源）的流通状况进行划分。

根据不同货币和资源的流通状况，游戏世界的经济模式主要包括**封闭经济**、**市场经济和计划经济** 3 种类型。

如果游戏中没有直接的货币和资源流通（玩家之间），也就是玩家之间不能通过直接交易的方式交换资源，游戏的流通行为仅局限于玩家与系统（玩家通过商店购买资源），这种经济模式被称为**封闭经济**。在处理这种经济问题时只需要考虑微观经济，玩家在游戏中可获得的所有资源均来自玩法产出和付费兑换，玩家与玩家之间无经济行为。

如果游戏中开放了资源之间的自由流通，也就是玩家可以通过任意形式进行资源和货币交换，官方没有任何干预行为，这种允许自由交易的经济模式被称为**市场经济**，也就是传统意义上的自由市场经济。在处理这种经济模式时，我们既要从宏观层面考虑自由流通对游戏世界经济体系的影响，又要从微观层面考虑自由流通对玩家个体的影响。

> **注**：宏观层面主要指资源自由流通所带来的通胀和通缩等经济现象，微观层面主要指资源自由流通而引起的不同玩家间成长和玩法的体验失衡。

如果游戏中限定了资源流通的途径、可流通资源的种类和可流通资源的价格，甚至出面打击那些"不允许"的流通行为，游戏的流通行为完全由官方控制，那么这种限定自由交易的经济模式则被称为**计划经济**。与市场经济同理，我们既要考虑宏观经济影响，又需要考虑微观经济影响。相对于市场经济，计划经济所需要管控的资源种类会大大降低，相应经济数值的出错风险也会大大减少。

不同的经济模式所带来的游戏体验也会各不相同，目前应用最广泛的就是封闭经济和计划经济两种模式。封闭经济中所需要考虑的外部因素最少，经济结构最简单。计划经济则兼具市场经济的特点，而且可以更具目的性地处理外部因素，容错空间更大。

对于如何选择经济模式，各有利弊。还是那句话，没有最好的，只有最适合的。选择最适合的经济模式，是游戏稳定且长久运营的根本。

4.1.1 封闭经济

封闭经济的重要标志就是游戏中是否拥有玩家与玩家之间的交易行为，如果无任何交易渠道，那么游戏采用的经济模式就是封闭经济模式，在游戏的产出环节就不用考虑玩家交易对游戏所产生的影响。

封闭经济的缺点是交互性差，玩家与玩家之间没有利益往来，游戏的社区性会下降。封闭经济常见于单机游戏、网页游戏和偏单机向的卡牌游戏中，这类游戏重在突出个人体验，对于游戏交互性的需求并不强烈。封闭经济的优点则是经济模式简单，只要处理好微观经济即可，容错性极高。

封闭经济下的货币可以作为一种消耗类资源，也可以作为兑换部分养成渠道资源时消耗的通用货币，主要用于调剂养成体验，为各类游戏养成降低难度，也为养成提供了一定的策略性。

对于采用这种经济模式的游戏，在商业化设计时会以出售时间为主。比如游戏中某个养成渠道正常体验游戏需要 1000 天才可以达到满级，而通过"付费买时间"，我们可以让玩家在 100 天就达到满级。一般会通过等比例地提高产量或直接付费的形式出售，假设每日正常产出 1000 个单位的资源，我们可以通过小额付费让产出效率提高到 300%，在游戏中经常会以购买额外的挑战次数、购买双倍的奖励、掉落翻倍等形式出现，也可以通过各种折扣礼包出售这种类型的游戏资源。

至于平衡性的问题，一般都会通过游戏机制来实现，比如在玩法中为玩家划分阶层、避免直接冲突、更多的合作向玩法等。

在这类使用封闭经济作为经济模式的游戏中，每一种玩法会对应游戏的一个养成渠道。比如养成渠道中的装备强化模块，强化装备需要消耗装备强化石，装备强化石只会通过普通副本这个游戏玩法获得，所以装备强化所对应的产出途径即为普通副本。在设计装备强化—普通副本这条流转闭环时，我们可以优先定义装备强化至对应等级的自然周期，再通过自然周期，推导每一级强化所需要消耗的资源数量，最后通过拟合自然周期和消耗数量来计算获得相应的普通副本产出量级。

这种实现方式与 3.3.2 节"养成体系"中等级成长的设定方式非常相似，既可以通过养成所需要消耗的资源数量反向推导出每日该资源的产出量，又可以通过设定每日该资源的产出量来正向推导养成时所需要消耗的资源数量。

当然，这些都是构建游戏经济框架中具体模块的方法，我们将在 4.3 节"经济框架"中对经济流转展开详细讲解，这里不再赘述。

4.1.2　市场经济

市场经济的重要标志就是游戏中是否拥有玩家与玩家之间的**自由交易**，并且这种交易没有任何**价格限制**。自由交易的范围包括且不局限于点对点交易、摆摊交易、公共拍卖行等形式，可以以物易物，也可以采用游戏中的结算货币进行交易。

市场经济对于游戏而言是一把双刃剑，使用得当会对游戏产生极大的帮助，而一旦出现致命性的经济缺陷或游戏本身在设计时没有考虑全面，对游戏的伤害也是致命的。由于移动支付的快速发展和游戏模式的逐渐成熟，当前采用市场经济模式的游戏都会演化为 RMT（现实金钱交易，Real Money Trading）。这种交易方式对于游戏本身的伤害并不大，但是从长远的角度来看，RMT 依然存在不少风险隐患，玩家的利益无法保障，还会滋生一些黑色产业，间接对游戏产生不利影响。

这里，我们可以根据《魔兽世界》怀旧服中主要的货币价值走势来观察市场经济模式下，游戏经济是如何运转的，RMT 现象如何对游戏本身和玩家的游戏体验产生影响。《魔兽世界》怀旧服在 2019 年 8 月 27 日开启国服，人气颇高，短短一周时间就涌入了接近 100 万个用户。截至 2020 年 4 月，游戏共进行了 4 次大版本更新，游戏的经济波动也刚好分为 4 个阶段。我们通过这 4 个阶段，观察游戏中主要流通的货币价值和商品价值，借助一些论坛和玩家的游戏氛围，判断游戏的经济运作方式和玩家体验的变化。

第一阶段：价值回归阶段。在游戏开服 1 至 2 个月时（2019 年 9 月—10 月），玩家处于升级和对副本的开荒阶段。其中大部分玩家处于升级阶段，对于金币的需求和消耗并不旺盛；小部分玩家渡过升级阶段，进入副本开荒阶段，这部分玩家对金币有大量的需求，比如购买装备提升能力、购买马匹等，游戏中主要货币的产出较少，**玩家需求 > 玩家产出**，游戏经济处于**通缩阶段**。此时高级物品价格昂贵，货币价值也不够理性。RMT 货币价值从开服初期 1 金 =10 ￥

快速下降为 1 金 =1 ¥，并逐步稳定于 1 金 =0.6 ¥。这个阶段游戏氛围最活跃，玩家进行游戏的动力也非常强。随着大量玩家达到最高等级进入副本开荒阶段，游戏货币价值逐步步入稳定期。正常游戏中玩家每小时可以获得40~100金，此价值对于工作室的吸引力非常大，工作室开始大量涌入。

第二阶段：**货币贬值阶段**。在游戏开服 3 至 4 个月（2019 年 11 月—2020 年 1 月）时，截至开启新资料片的前夕，高端玩家对金币的需求降低，大量的金币需求集中在中层玩家，**玩家需求≈玩家产出**，游戏经济处于**通胀早期**。物价随着物品产量波动，但由于工作室开始批量脚本的原因，货币价值逐步下滑。从 1 金 =0.6 ¥ 逐步降至 1 金 =0.18 ¥。如果在理想状态下，货币贬值的速度会较为缓慢。但是由于 RMT 和工作室的干扰，玩家正常的养成周期被大大缩短，导致游戏内容被快速消耗，货币价值也随着游戏内容的消耗而快速贬值，游戏已经开始出现玩家流失的情况。这时 RMT 行为依然有利可图，以及玩家对新内容的强烈预期，所以玩家流失状况并不严重。

> **注**：此阶段如果持续过久或没有新的游戏内容供玩家体验，金币价格则会持续走低，从而反噬游戏本体，进一步促进玩家流失。

第三阶段：**货币稳定阶段**。在游戏开服 5 至 6 个月（2020 年 2 月—3 月）时，新资料片正式开启，所有玩家的金币需求被重新激活。由于货币存量和新资料片并没有增加货币的消耗途径，所以玩家需求和玩家产出的关系没有改变，依然保持**玩家需求 ≈ 玩家产出**，游戏经济也将逐步进入**通胀阶段**。除了对当前版本有消耗需求的物品，其他物品的价格开始下降。货币价值由于版本初期需求量的原因有所回暖，高端玩家一旦饱和，货币价值又将进入下降通道。游戏中 RMT 货币价值从 1 金 =0.18 ¥ 回升至 1 金 =0.21 ¥，而后逐步下降至 1 金 =0.12 ¥。此时工作室和黑色产业逐步成熟，大量的工作室和相关的黑色产业促使玩家活跃下降，游戏生态开始发生变化。

第四阶段：**货币贬值阶段**。游戏开服 7 至 8 个月（2020 年 4 月—5 月）时，新增了一个资料片。这个资料片是过渡版本，并不能激活玩家的需求，此次新内容也没有新增货币的消耗途径，游戏中的供需关系也变为**玩家需求 < 游戏产出**，经济正式进入**通胀阶段**。此时所有资源价格上升，货币价值下降。此阶

段官方也开始发力推出了一系列措施，打击工作室，并加入时光徽记。后续发展我们就不再进行判断，不过有一点可以肯定，如果大趋势不发生改变，经济结构不发生改变，游戏研发方能做的只是维持当前状态，而不是颠覆性改变游戏的生态。

我们以《魔兽世界》举例，只是为了观察在以"市场经济"作为经济模式的大型商业游戏中，经济关系的变化对玩家的影响，并不能以此去评价市场经济的好坏。由于《魔兽世界》是一款老游戏了，所以内容消耗速度快。内容被消耗也就意味着游戏的生命周期被削减，游戏收入的长尾效应被压缩。

通过观察《魔兽世界》中的经济实例，可以了解玩家需求和产出变化如何影响游戏的经济流转，不同的供需关系如何产生通货膨胀和通货紧缩，经济的通货膨胀和通货紧缩又如何反噬游戏的生态，导致游戏的没落。其实，游戏在**轻微通缩**的状态下，当**玩家需求 > 玩家产出**时，玩家的活跃度和游戏生态是所有游戏阶段中表现最好的时期，这也正是**恩格尔系数**在游戏中的应用，在5.1节"经济复盘"中会进行解读。

在以市场经济为经济模式的游戏中，我们需要对游戏的养成渠道和消耗方式进行详细的分类，而且会对主要养成渠道的消耗进行大量的"关联"设计，以此联通游戏中重要的系统，盘活游戏玩家间的交易行为，实现繁荣的经济体系。比如，游戏中玩家认知度最高的3个养成渠道，"等级""技能"和"装备"——等级的提升方式之一就是捐献大量的装备，技能的提升需要消耗升级所需要的经验值。通过大量的消耗，极大地提升了玩家交易的需求，这也正是市场经济中最重要的设计思路，"游戏的成长为游戏经济服务"（见图4-1）。

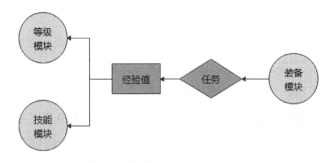

图4-1　核心系统间的"关联"设计

封闭经济的设计思路与市场经济的设计思路恰好相反，封闭经济中玩家自给自足，设计师主要的目标是保障游戏的单机体验乐趣，而市场经济中玩家需要交易行为来满足自身的需求，设计师的主要目标是保持游戏中物品的流通，这也是市场经济模式所带来的游戏乐趣之一。也正如开头所说，市场经济模式对于游戏是一把双刃剑，合理地利用市场经济，游戏的生命周期会远远超越封闭经济模式，而如果运用不当或者游戏存在致命的经济缺陷，游戏的生命周期则会远远小于封闭经济模式。

诚然"两利相衡取其大，两害相较取其轻"，但我们还有第3种方案——**计划经济**。

4.1.3　计划经济

计划经济是对市场经济的改良，其重要标志就是游戏中**玩家与玩家之间可以交易，并且这种交易被正确地引导和规范**。引导和规范的方法包括且不局限于交易的种类、交易的价格、交易的货币类型，游戏中所有具有风险的交易细则，都需要进行规范化设计。

计划经济既保留了封闭经济的特点，又兼具了市场经济的优势，是当前所有经济模式中最具优越性的，这其中做得较好的是手机游戏《梦幻西游》，堪称业内典范。下面我们就以手机游戏《梦幻西游》为例，延伸了解计划经济对于游戏生态的塑造和改变。手机游戏《梦幻西游》主要采用的是摆摊和商会两种交易模式。摆摊是玩家与玩家（P to P）之间的交易，属于市场经济范畴；商会是玩家与系统（P to S）之间的交易，属于封闭经济范畴。游戏中通过摆摊交易极大地激发了玩家之间的社交需求，盘活了整个游戏的经济生态，又通过商会大量回收"自由交易"所产生的流通货币，从而实现了游戏经济的稳健和持久。

> 注：手机游戏《梦幻西游》中以摆摊、交易行这两种方式进行交易，摆摊是手段，交易行是摆摊数据的汇总，两种方式数据同源，这里统一称为摆摊。

1. 规范的自由交易

计划经济中规范的自由交易主要就是**玩家与玩家（P to P）交易**。这种自由交易主要分为**实名交易**和**匿名交易**，在手机游戏《梦幻西游》中都被整合在摆摊这个功能中，游戏中最珍贵的宠物和装备需要通过实名交易，玩家可以通过聊天定位出售者，而游戏中的高级材料、差异化的职业产物等资源则通过匿名交易，玩家不能查询出售者。珍贵的宠物和装备产量较少，需要玩家通过努力和依靠运气才可以获得，高级材料和差异化的职业产物产量较多，玩家只要保持日常的游戏活跃就可以获得。通过这样的设计，规范了高端资源和常规资源的交易途径，从一定程度上规避了"小号养大号"的问题和工作室对于自由交易的影响。

在处理玩家与玩家的交易时，我们需要关注的是**流通货币的自然产出和自然消耗**。手机游戏《梦幻西游》中用于流通的主要货币为金币，金币在游戏中的自然产出被严格控制，只有活跃的玩家每日可以获得固定数量的金币，玩家也可以通过付费兑换游戏中的金币。消耗端则主要通过金币兑换银币的方式，把过剩的金币引入封闭经济模式进行消耗。从产出到消耗的整个环节均为单向，也就是只能向下兑换，付费货币兑换流通货币，流通货币再兑换绑定货币，通过严格地控制产出端和流向封闭经济中的消耗端，从而形成一套完美的经济流通闭环。游戏中源源不断地产出金币，再源源不断地注入封闭经济模式中（见图 4-2）。

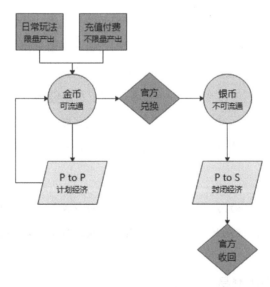

图 4-2　手机游戏《梦幻西游》的经济闭环

除了一套完美的经济流通闭环，《梦幻西游》对所流通资源的种类也进行了严格控制。游戏的各种资源如果不受控制，则很容易出现价格剧烈波动的情况，资源价格的剧烈波动可能是因为游戏设计问题，也可能来源于玩家的投机行为，稳定的价格是保持游戏良好生态的重要因素。《梦幻西游》中可交易的资源分为**价格敏感型资源**和**议价型资源**两种。比如，生活材料、装备打造图纸、普通装备等在游戏中的消耗量巨大，这些属于价格敏感型资源，游戏中也会大量产出，这类资源在游戏中主要采用匿名交易模式，玩家与玩家之间存在竞争关系，通过这些手段可以保持这类资源的价值相对稳定。而极品宠物、极品装备这类玩家获得较为困难且交易量较少的稀有资源则属于议价型资源，游戏中采用实名交易模式，玩家之间拥有一定的议价空间，这些物品的价格波动由游戏市场决定，所以这里的风险是可控的。因此，计划经济就是通过对不同资源进行限定，从而保障游戏中主要流通资源的价格的可控性。

除了价格波动问题，**"大小号问题"**也会改变游戏的生态，玩家通过小号获得资源再转移给大号，这样会导致玩家与玩家之间的交易减少。这个问题在任何游戏中都是不可避免的，在《梦幻西游》中，设计师对交易门槛做出了限制，玩家小额的资源转移被断绝，而大额的资源转移被严格监控。如果出现不正常的交易行为，官方则会采取封号、限制交易等方式，以避免"大小号问题"。

另外还有**工作室和黑色产业对游戏经济的干扰**。工作室大量创建角色通过脚本获得流通货币，再通过线下交易获得收益。黑色产业主要是盗号问题和私下交易而引起的风险。这些都需要通过一些外部机制来规避，这里不再详细说明。

2. 稳健的封闭交易

计划经济中稳健的封闭交易主要就是**玩家与系统（P to S）交易**，或以"玩家与玩家交易"为形式的**玩家与系统（P to S）交易**。系统在中间起到桥接作用，玩家出售资源给系统，系统再出售资源给玩家，系统作为中间存储环节，非常便于监控经济。手机游戏《梦幻西游》的展现形式为商会，商会起到了调节产出量级和减小价格波动的作用。

玩家与系统之间的交易很好处理。在封闭交易模式下，玩家与系统之间流通的货币均为绑定货币，也就是玩家出售给系统时只可获得绑定货币，而玩家通过系统购买时可以选择性地消耗不同货币。所有玩家与系统交易获得的资源，均不能重新进入自由交易体系进行二次交易。在这样的设计下，只要游戏资源足量消耗，玩家手中的绑定货币终会被系统回收，而个人对于绑定货币的存储不会影响其他玩家，对游戏生态就不会有任何影响，经济的容错性非常高，但是这样做就显得不够自由。

所以，在《梦幻西游》中，设计者对这种玩家与系统的交易进行了一定的包装，也就是**伪玩家与玩家（P to P）交易**。

伪玩家与玩家（P to P）交易与市场经济的自由交易在表现形式和体验上非常相似，玩家出售资源给系统，玩家也从系统中购买资源，资源多时可以出售，资源不足时可以购买，系统会根据购买和出售的频率控制价格的上下浮动。对玩家而言，就好像自己的出售行为导致了物价的下降，自己的购买行为导致了物价的上升，给人以"系统不生产资源，系统只是资源的中转站"的错觉。

在游戏的养成架构中，部分养成渠道对于资源的消耗数量会随着周期的改变而改变。比如，游戏中宝石的消耗可能会随着玩家等级的提高而增多，玩家升级的速度随着周期而变慢，但是宝石的产出没有变慢或变快，也就是说游戏中养成的消耗速度和产出速度不成比例。如果不对宝石的价格加以控制，那么在游戏前期，宝石的消耗小于产出时，宝石就会出现贬值，而且这种贬值会直接导致宝石价格的一蹶不振，即使后期消耗多了，宝石价格也不一定能回到正常的区间，而且不同的游戏服务器生态也会对宝石的价格产生极大的影响。

比如，有两台部署在不同渠道的游戏服务器分别拥有 1000 个玩家和 2000 个玩家，每人每天可产出 1 颗宝石，则两个服务器每天分别产出 1000 颗和 2000 颗宝石。由于游戏生态的因素，有些服务器中的玩家竞争非常激烈，玩家需求量比较大，而有些服务器中的玩家需求量比较小，所以导致了不同服务器中玩家消耗宝石数量的不统一。如果是自由经济，宝石价格随着需求量的提高而提高，最终会使两个服务器中的宝石价格不统一，并且随着游戏周期的推进，游戏内盈余宝石的数量也会根据不同的需求情况而产生变化，从而进一步加剧价格的波动。实际上，玩家和设计者是不喜欢这样的剧烈波动的。就算没有以上这些内因的存在，宝石价格很稳定，游戏中也总会冒出"商人"这种类型的玩家，这些玩家喜欢囤货和出货，价格低时大量买入，拉升价格再大量出货。不论是内因还是外因，宝石价格的频繁波动都会使游戏生态变差，这也是服务器走向衰败的一种标志（见图 4-3）。

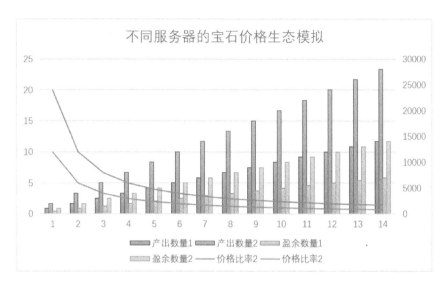

图 4-3

注：柱状图代表不同服务器 14 日的产出和盈余数量，假设每日消耗产出量的 50%（实际游戏可能更为复杂），随着游戏周期的逐步推进，库存量会逐步增多。如果游戏中的货币产量是恒定的，假设为 10000，那么价格走势就会如图 4-3 中折线所示，人数越多的服务器价格波动越大，尤其在游戏早期。不要忘了还有 RMT 因素，玩家可以使用现实金钱来影响游戏货币的产量，最终由于不确定因素过多而导致价值曲线波动更剧烈，从而导致游戏世界的经济崩溃。

此时，我们就需要一个类似蓄水池的存储交易系统，系统会根据游戏的周期自动调节价格，稳定游戏的价格波动。就像经济学中那只无形的手，会根据经济的状况进行干预，库存和价格是干预的主要方式，系统可以使用无限的库存进行投放，以平息物价的飞涨，而系统又可以通过限量出售和固定涨价幅度，以减缓玩家对资源的存储期望，最终稳定游戏的物价，保持产出和消耗的平衡。

笔者认为手机游戏《梦幻西游》可能就是这样设计的。**以下是笔者关于此游戏的一些思考，仅供参考。**

关于库存，官方库存永远是充裕的。玩家如果消耗不掉就以当前价格卖出，如果有需求，就购买官方库存中的。为了避免付费玩家差距过大，部分道具会限制每日购买数量。关于价格，设定一个购买数量和价格之间的价格公式，当单服内购买该物品数量达到某个区间时，价格随之实时改变。为了避免价格只增不减，再设定一个衰减值，每 N 小时或者日衰减一定的比例，该比率的最小值不小于初始价格。为了避免玩家找到规律从中获利，官方采取了收税和限制交易货币的方式,限制了交易货币的类型以减少货币流通对整体经济的危害。在游戏内测时,商会中部分商品采用了可流通货币交易,但是在正式上线后,商会全部改为绑定货币交易。再加一个补丁,价格预警和实时管控机制,这样一套组合拳完美地解决了所有可能遇到的问题,也极大地增加了游戏系统的容错性。

不同的经济模式适用于不同的游戏类型,封闭经济更适用于注重个人体验的手机游戏市场,市场经济和计划经济更适用于交互性强的 PC 游戏和手机游戏。从安全性来说,封闭经济 > 计划经济 > 市场经济；而从游戏性来说,计划经济 > 市场经济 > 封闭经济。

针对不同的经济模式,我们也需要有针对性地设计游戏的经济架构和游戏中资源的流通规模。不论使用何种经济模式,都要从游戏的产出和消耗环节来设计经济。封闭经济的产出主要来源于**自然产出和付费兑换**,而市场经济和计划经济的产出则主要来源于**玩家交易、自然产出和付费兑换**,不同经济模式下不同产出渠道的占比是不同的。我们必须提前设计相应的占比,且需要推理这样的占比对游戏生态所引起的一系列影响。在消耗环节,封闭经济模式和其他两种模式存在着本质区别,封闭经济更注重简化消耗的资源种类,强调积累资源数量,市场经济和计划经济则更注重丰富消耗的资源种类,强调玩家交易。这两种设计方式对于经济结构的设计也会产生重大影响。

当然,对消耗端也并不是需要绝对简化消耗资源的种类,当前比较流行的"日系养成"就延续了复杂的养成资源种类,这样的设计让游戏内容也变得更丰富。各有利弊,有的玩家喜欢简单、直白的体验；而有的玩家更喜欢丰富、新奇的体验。

选择适合自身游戏的经济模式,是开启策划经济数值的第一步,下一步则是根据经济模式对游戏的主要货币和资源进行枚举,以此来为后续经济数值策划工作做准备。

4.2 经济流转的媒介

在 4.1 节中,我们知道经济的核心就是处理产出和消耗的关系。产出和消耗是游戏的行为。通过这两种行为产生了游戏的经济，而单纯的经济并不是依靠这两种行为就可以实现的。经济的流转需要一些媒介促使产出和消耗产生联系，这些媒介就是游戏中的货币和资源。

- 游戏中的货币与现实世界中的货币相似，都是度量价格的工具，不同之处就是游戏中的货币并不是单纯意义上的货币。货币不但作为购买物资的媒介，也会作为一种特殊的游戏资源而使用，比如可以直接消耗于某些养成渠道，提升玩家的属性。
- 游戏中的资源主要用于养成和玩法的消耗。在大多数情况下，养成和玩法所消耗的资源都是单向的，也就是每种养成渠道所消耗的资源和每种玩法所消耗的资源各不相同。比如，游戏中的装备强化石只能用于提升装备，门票只能用于进入特定副本。

货币和资源作为产出和消耗的媒介，直接影响游戏经济的流转，对游戏经济流转的构建其实就是对货币、资源产出和消耗进行构建。在设计经济框架之前，我们需要先对游戏的货币和资源进行全面盘点，这样才能帮助我们从全局了解游戏经济的结构。

4.2.1 货币

货币是游戏中必不可少的交易媒介，一款游戏可以拥有多种货币。如手机游戏《王者荣耀》中的货币有金币、钻石、点券、积分、武道币、远征币、战队积分。

基于货币的广泛性特征，货币可以分为**主要货币**和**次要货币**。一般通过产出的广泛性和消耗的多样性来区分主要货币和次要货币，比如在手机游戏《王者荣耀》中，金币、钻石、点券属于主要货币，可以在游戏中通过多种途径获得，并且这些货币的消耗途径也较多。而积分、武道币、远征币、战队积分属于次要货币，游戏中会限定产出范围和消耗途径。

1. 主要货币

主要货币一般以多元结构进行分类，游戏中较为常见的货币结构包括一元货币结构、二元货币结构和三元货币结构。比如，《王者荣耀》中的主要货币包括金币、钻石、点券 3 种，那么可以说《王者荣耀》属于三元货币结构；

《魔兽世界》中的主要货币是金币，那么可以说《魔兽世界》属于一元货币结构。

游戏中采用多元货币结构的主要作用是为货币建立自身的定位，方便我们根据定位为货币设定产出和消耗的循环。

经济的核心是产出和消耗的关系。为了让两者产生联系，我们使用货币这个媒介。如果货币单纯地作为媒介而存在，那么经济的循环就是完美的，玩家体验游戏产出货币，消耗货币提升能力。在市场经济和计划经济模式下，货币不但拥有基础的媒介属性，还担当了玩家间的流通媒介，货币的地位被放大了，此时玩家可以选择对货币进行消耗或存储。如果玩家的成长停滞，或养成性价比下降，或游戏难度与成长失衡，那么玩家可能进入停滞消费状态，而此时货币产出没有停止，随着游戏时间的推移，货币存量必然攀升，从而引起游戏的通货膨胀。另外，凡是可进行交易的货币，都可能会存在 RMT 行为，玩家可能选择出售货币来获得金钱收益，这种现实交易行为会危害游戏的正常生命周期。

使用多元货币结构就是为了把**交易货币**和**兑换货币**进行分割，方便我们对交易货币进行宏观调控，而且不影响正常的游戏消耗。

在手机游戏《梦幻西游》的架构中，主要货币包括银币、金币和仙玉。其中，银币和仙玉属于兑换货币，银币的主要作用是养成消耗和功能消耗，仙玉的主要作用是增值性服务和补充交易货币；金币属于交易货币，游戏中所有玩家之间的交易都需要通过金币来完成。3 种货币之间是单向的兑换关系，1 元人民币兑换 10 仙玉，1 仙玉兑换 100 金币，1 金币兑换 100 银币（见表 4-1）。

表 4-1　手机游戏《梦幻西游》的货币定位

货币类型	用户群体	价值比例	获得途径	消耗途径
银币	所有玩家	10000	内置玩法	养成、日常消耗
金币	活跃玩家	100	活跃度	流通、银币补充
仙玉	付费玩家	1	付费	商场、金币补充

注：在定义货币时，我们需要尽可能地枚举货币的要素，要素越多越能清晰地描述我们所设定货币的定位，方便规划货币。

在多元货币结构中，货币之间可以单向转换，也可以互相独立，根据游戏的实际需求而定。大多数情况下，在封闭经济模式的游戏中，采用二元货币结构有利于经济的稳定。在计划经济或市场经济模式的游戏中，采用三元货币结构有利于经济的稳定。这里的稳定主要是指使用范围较固定，货币与货币之间的耦合度不会太高。一般游戏中，货币的种类越多，游戏经济的容错性也就越高，但是玩家的体验会下降。

在定义货币时，我们还需要根据货币的层级关系来衡量货币的稳定性，这里有一个前提就是游戏中所有的货币都会贬值，而贬值的方式和贬值的幅度就是我们所需要去衡量的"变量"。表 4-2 所示为手机游戏《梦幻西游》中 3 种货币的层级关系，这 3 种货币对应 3 种贬值方式。下面逐一介绍。

表 4-2 《梦幻西游》中货币的层级关系

货币类型	贬值方式	价值比例	容错区间
仙玉	运营贬值	1	1~0.5
金币	周期贬值	100	1~0.1
银币	被动贬值	10000	1~0.01

运营贬值一般是自上而下的，从上层货币或中层货币开始贬值，逐步传导到下层货币。如果货币存在某种关联，则贬值具有联动性，从一种货币传导至另一种货币。如果货币之间没有关联，彼此独立，则贬值的规模和速度也会不同。

随着游戏版本的不断迭代，玩家付费的意愿会发生改变，这时会采用一些常用的手段来提高玩家的付费意愿，最主要的方法就是打折，比如充值元宝额外赠送元宝。此时元宝的价值会降低，元宝再通过兑换其他货币，或者购买价值不变的资源，间接导致其他货币或资源贬值，从而引起连锁反应，导致货币或资源逐层贬值。周期贬值从中层货币开始，随着货币购买力的下降，中层货币开始贬值。中层货币的贬值会逐步传导到下层。被动贬值是因其他货币贬值而被动贬值的。

在游戏中，货币一旦贬值，就很难恢复，贬值具有几乎不可逆的特点，作为研发者，唯一能做的就是降低贬值的速度。一般我们会通过新增消耗途径、减少产出途径两种方式延缓货币贬值的速度。

游戏中的货币贬值是正常现象，我们需要正确看待货币的贬值，而且要提前预判货币的贬值方式，只要贬值的幅度是我们可以接受的范围，有正确的方法去应对贬值，那么货币贬值对于游戏的影响就不会特别严重。

2. 次要货币

次要货币是主要货币的补充。在游戏中经常会有一些玩法需要以积分或代币作为主要奖励，这些积分或代币需要在特定的环境中消耗或兑换某些奖励，我们会把这些积分或代币以货币的形式存储下来。所有这种类型的积分或代币，都被归纳为**次要货币**。

次要货币具有度量价格的特性，但是不能作为玩家之间的流通媒介。

次要货币一般具有**产出和消耗唯一性**的特点，特定的玩法产出特定的次要货币，而且只能通过特定的方式进行消耗。次要货币还有一个特点就是**独立性**，大多数情况下，**次要货币**都拥有内置的经济循环逻辑。比如游戏中的比武积分，玩家通过游戏中的比武玩法获得，通过比武商店消耗，比武商店中的物品也都以独立称号、独立坐骑、消耗品为主，在这种设定下，比武积分这个次要货币就形成了内置的经济循环，经济结构是独立存在的。在设定经济流转结构时，我们也会针对比武积分这个次要货币设计独立的经济流转方式。

在游戏的设计中，也会存在一些"次要货币"与其他货币进行兑换的设计，比如比武商店中可以购买主要货币中的绑定货币。我们在设计次要货币的消耗方式时，一定要格外注意这种兑换方式，凡是有这种兑换需求时都需要加入限制性条件，比如限制每日购买次数。在进行数据汇总时，一定要记录"被兑换货币"的产出途径和数量，以便总体评估次要货币通过流转变为主要货币后对经济流转所造成的影响。如果次要货币用于兑换其他可流通资源，那么也需要评估这种兑换对于资源的影响。

大多数次要货币在兑换资源时，如果不限制购买数量，则认定该资源的主要产出方式是通过次要货币兑换所得的；如果限制购买数量，则认定这种购买形式是对该资源产出的补充。在玩家使用次要货币兑换资源时，一般需要限制购买数量，因为不同的玩家在面对多种选择时，往往会根据当时的需求进行选择，其结果也会很大程度上与我们所期望的结果不符，而且这种风险是不可控的。

在游戏研发早期阶段，一般不会需要次要货币。基于次要货币的唯一性和独立性特点，我们可以在游戏研发的任意阶段，充分考虑相应的研发需求，再进行相应的补充。

4.2.2　资源

资源与货币在游戏中相辅相成，共同担当了经济流转的媒介。与货币的广泛性特征所不同的是，资源具有较强的狭隘性，也就是资源的产出和消耗途径相对单一。这个特点与次要货币非常相似，所以我们也会说次要货币是游戏的一种资源。在设计资源的经济结构时，我们也会遵循**唯一性**和**独立性**的原则。

游戏中的资源主要在游戏的玩法和养成两个维度中产出和消耗。大多数情况下，游戏玩法产生资源，游戏养成消耗资源，游戏中的经济流转也正是基于玩法和养成而形成的资源流转闭环。另外，还有一些游戏玩法消耗其他玩法所产生的资源，这种经济流转是玩法内部形成的流转闭环，对全局经济层面不产生影响。

在枚举游戏的资源时，我们可以根据游戏的**产出途径正向枚举**游戏中可能出现的资源，也可以通过**消耗途径反向枚举**游戏中可能出现的资源。通过正向枚举，可以更简单和清晰地了解不同产出渠道所需要引入的游戏资源种类；通过反向枚举，可以更方便地判断这些资源在游戏中的消耗量级，有利于后续资源的投放梳理。在构建经济数值的早期，为了便于尽快开展经济模型的架构，可以使用正向枚举来梳理游戏中的资源，而在后续优化经济模型时，我们可以使用反向枚举来计算资源的消耗量级，用于评估游戏的体验。

1. 正向枚举

正向枚举是根据产出途径对游戏的资源进行分类枚举的方法，我们可以根据游戏的产出途径把资源分为**养成类资源**、**玩法类资源**和**其他资源** 3 类。

养成类资源就是游戏养成渠道产生的所有道具，比如装备、技能书、宝石等；**玩法类资源**就是游戏玩法线中产生的所有道具，比如门票、钥匙、藏宝图、生活材料等；**其他资源**则是补充游戏内容产生的所有道具，比如礼包、药品、杂物、资源伴生物等。一般养成资源种类越少，养成越清晰，游戏越简单。玩法资源和其他资源种类越多，游戏内容越丰富，游戏体验越充实。当然，这里有一个前提，就是尽可能地保障游戏中的资源都具有一定的价值，尽量避免为了让游戏丰富而强行加入的一些无意义的资源种类。

注：这里无意义的资源不是由使用价值进行界定的，一些特殊类别的资源虽然没有使用价值，但是对丰富游戏的内容也具有一定的帮助。比如一些游戏中会加入"书籍"道具。书籍本身在游戏中是没有使用价值的，但是书籍可以用于丰富游戏的世界观，也有一些游戏会加入一些"现实世界的梗"类道具，而这些"梗"元素更便于游戏的传播和增强游戏的娱乐氛围。

在枚举游戏资源时，我们可以优先梳理游戏中所涉及的养成类资源，使用养成类资源构建基础的经济结构，再逐步梳理游戏的玩法类资源和其他资源。

梳理养成类资源时，可以使用"**系统枚举法**"对游戏的养成模块进行拆分，系统枚举法就是根据系统模块的类别进行大类区分，再根据大类细化不同的子类，最终枚举游戏中所有可能出现的游戏资源（见表 4-3）。

表 4-3　系统枚举法梳理的某游戏养成资源（创作阶段）

分类	子类	二级子类	拓展资源	自带属性	预估种类	ID 段
角色	升级	升级	经验丹	否	5	1001~2000
	技能	技能	技能书	否	10	2001~3000
		天赋	天赋石	否	5	3001~4000
	时装系统	时装系统	时装 A/B/C/D	是	20	100001~200000
	绝技	主动绝技	绝技 A/B/C/D 书	否	10	4001~5000
		被动绝技	被动绝技 A/B/C/D 书	否	10	5001~6000
装备系统	装备基础	装备基础	武器 / 头 / 衣服 / 裤子 / 鞋子 / 手套 / 戒指 / 项链 / 护腕	是	100	1000000~2000000
	装备强化	装备强化	装备强化石	否	3	6001~7000
		装备升星	装备升星石	否	2	7001~8000
	宝石镶嵌	宝石镶嵌	宝石	是	30	200001~300000
	装备打造	装备打造	装备打造石	否	10	8001~9000
坐骑系统	坐骑基础	坐骑基础	不同的坐骑	是	10	300001~400001
	坐骑强化	坐骑升级	坐骑升级石	否	2	9001~10000
		坐骑进阶	坐骑进化石	否	10	10001~11000
	坐骑装备	坐骑装备	坐骑相关装备	是	36	400001~500001

分类	子类	二级子类	拓展资源	自带属性	预估种类	ID段
宠物系统	宠物基础	宠物基础	不同的宠物	是	20	500001~600001
宠物系统	宠物技能	主动技能	技能书	否	15	11001~11500
		被动技能	被动技能书	否	15	11501~12000
	宠物合成	宠物飞升	飞升石	否	10	12001~13000
	宠物洗练	宠物洗练	洗练丹	否	5	13001~14000

在构建游戏的经济框架时，我们可以使用"系统枚举法"对资源进行分类，而在实际研发制作时，则需要使用游戏资源的另一个特征对游戏资源进行分类。

游戏中的资源根据使用特征可以分为"装备类资源"和"道具类资源"。装备类资源一般指那些可以为游戏角色提供属性加成的资源，比如游戏中常见的装备、时装、宝石等。道具类资源则是除装备类资源之外所有资源的统称，比如游戏中常见的技能书、装备强化石等。不论游戏中的资源归属为装备类资源，还是道具类资源，都会有如下的参数需要我们去设定，这些参数包括且不局限于名称、描述、图标、物品类型、装备部位、品质、出售价格、堆叠、是否可摧毁、使用等级、装备属性、套装、分解等。

在对资源进行梳理时，可以使用以上参数对这些道具进行相应的枚举（见表4-4）。

表4-4　游戏资源的枚举（研发阶段）

备注	道具ID	名称	描述	物品类型	品质	出售价格	堆叠	摧毁	使用等级
升级道具	1001	普通经验丹	1万经验丹	直接使用类	白色	1	99	不可摧毁	10
升级道具	1002	中级经验丹	5万经验丹	直接使用类	绿色	1	99	不可摧毁	20
升级道具	1003	高级经验丹	10万经验丹	直接使用类	蓝色	1	99	不可摧毁	30
升级道具	1004	超级经验丹	50万经验丹	直接使用类	紫色	1	99	不可摧毁	40
升级道具	1005	传说经验丹	100万经验丹	直接使用类	橙色	1	99	不可摧毁	50

备注	道具ID	名称	描述	物品类型	品质	出售价格	堆叠	摧毁	使用等级
技能书	2001	烈焰斩	可用于学习技能	常规使用跳转	蓝色	2000	1	可摧毁	25
技能书	2002	冰之力	可用于学习技能	常规使用跳转	蓝色	5000	1	可摧毁	35
技能书	2003	灵魂责罚	可用于学习技能	常规使用跳转	紫色	10000	1	可摧毁	45
技能书	2004	神圣禁锢	可用于学习技能	常规使用跳转	紫色	20000	1	不可摧毁	55
技能书	2005	神威	可用于学习技能	常规使用跳转	橙色	50000	1	不可摧毁	65
天赋石	3001	一阶天赋石	可用于强化天赋	常规使用跳转	绿色	100	999	不可摧毁	30
天赋石	3002	二阶天赋石	可用于强化天赋	常规使用跳转	蓝色	200	999	不可摧毁	30
天赋石	3003	三阶天赋石	可用于强化天赋	常规使用跳转	紫色	500	999	不可摧毁	30

注：游戏中资源的种类会非常多，表4-4中仅列举了一小部分资源种类进行细分说明。

通过**正向枚举**的方式我们可以快速地梳理出游戏中可能需要使用的资源，在游戏研发的不同时期，游戏中的养成渠道和玩法的规划程度也是不同的。在有限的已知条件下，数值策划可以先行规划经济流转中可能需要的资源种类，后续迭代开发时再根据实际的游戏需求进行资源的追加和调整。

除了使用正向枚举，还可以使用反向枚举的方法来梳理游戏中的资源。

2. 反向枚举

反向枚举是根据消耗途径对游戏的资源进行分类枚举的方法，我们可以根据游戏的消耗途径把资源分为**收集型资源**、**消耗型资源**、**混合型资源**和**功能型资源**4类。

收集型资源是以收集为目的的资源类型，收集本身也是消耗的过程，比如图鉴、装备、宝石、时装等，玩家在获得后用于自身的使用，在使用过程中没有损失，这种类型的资源在经济流转中会出现市场存量过多的风险。**消耗型资**

源是以使用为目的的资源类别，通常作为养成的媒介而存在，消耗后会为玩家提升相应的能力，消耗型资源在经济流转的过程中会有相应的损耗，在游戏消耗深度足够的情况下一般不会出现存量过多的风险。**混合型资源**兼具收集型资源和消耗型资源的特征，玩家初次获得该资源后，后续再获得的该资源会作为消耗型资源而消耗。在封闭经济模式下，玩家资源不能进行流转时，混合型资源会非常实用，可以极大提高游戏的体验。**功能型资源**主要是那些拥有特定功能的资源类型，比如宝箱的钥匙、藏宝图、药品等，主要以消耗型资源为主，用于辅助和补充游戏的玩法。

反向枚举的分类方法与正向枚举的分类方法相似，这里不再详细举例。枚举游戏中的资源主要是为了梳理经济流转的媒介有哪些，通过梳理这些资源才能为游戏的养成和玩法进行经济流转层面的关联。从严格意义上来讲，当游戏有了养成渠道、玩法渠道、货币和资源3个系统时，才能开始真正意义上的"经济数值"的构建。

4.2.3　宝箱

游戏中还有一种非常重要的资源就是游戏宝箱，游戏宝箱不但是游戏内容的补充，其也自带一些游戏的乐趣，那就是游戏的随机性。

游戏宝箱主要分为固定宝箱和随机宝箱两种类型。固定宝箱就是每次开启时获得固定的道具，随机宝箱则根据宝箱中包含道具的种类和权重获得随机的道具。

一般游戏的宝箱会在经济模型初步完成后才开始相应的设计，我们可以根据实际需要设计一些游戏宝箱。由于我们还没有对游戏中的道具进行定价，所以这一步无法计算出这些宝箱的价值。在后续资源定价后，我们需要对宝箱进行一定的价格测算，用来评估宝箱的内容和价格是否匹配。

在设计游戏宝箱时，更多会采用权重的方法来计算相应的概率，也就是为每一种宝箱内的道具设定一个相应的权重值，通过对应道具的权重来计算不同道具的概率。

比如，我们使用表4-4中所枚举的游戏资源制作一个新手宝箱，如表4-5所示。

表 4-5　新手宝箱

道具 ID	道具名称	道具数量	货币单价	道具总价	权重	实际概率	期望价值
1001	普通经验丹	2	1	2	100	20.20%	0.4
1002	中级经验丹	1	5	5	50	10.10%	0.51
1003	高级经验丹	1	10	10	20	4.04%	0.4
1004	超级经验丹	1	50	50	10	2.02%	1.01
1005	传说经验丹	2	100	200	5	1.01%	2.02
2001	烈焰斩	1	2	2	100	20.20%	0.4
2002	冰之力	1	5	5	50	10.10%	0.51
2003	灵魂责罚	1	10	10	20	4.04%	0.4
2004	神圣禁锢	1	20	20	10	2.02%	0.4
2005	神威	1	50	50	5	1.01%	0.51
3001	一阶天赋石	2	1	2	100	20.20%	0.4
3002	二阶天赋石	1	2	2	20	4.04%	0.08
3003	三阶天赋石	1	5	5	5	1.01%	0.05
宝箱价值							7.1

注：宝箱数值结构中，道具 ID、道具数量、货币单价、道具总价均为已知条件，而**权重**则用于调整不同道具的实际获得概率（实际获得概率 = 道具自身权重 ÷ 道具总权重），期望价值是当前道具在宝箱中所对应的价值（道具期望价值 = 实际获得概率 × 道具总价），宝箱的实际价值就是把所有资源的期望价值汇总（宝箱价值 = 道具 A 期望价值 + 道具 B 期望价值 + … + 道具 Z 期望价值）。在调整宝箱的实际概率和期望价值时，我们只需要调整相应物品的权重即可，比如普通经验丹的权重为 100，实际概率为 20.20%，如果我们期望降低普通经验丹的实际概率，通过下降普通经验丹的权重，由 100 降为 80，那么实际概率则会由 20.20% 下降为 16.84%，此时普通经验丹的期望价值也会发生改变，由 0.4 降低为 0.33，相应的宝箱总价值则会由 7.1 提高为 7.3，这里建议读者亲自实践一下即可理解其中的原理。

以上仅为一个相对简单的宝箱设计，实际游戏中那些非常受欢迎的宝箱往往会非常复杂。当期望开启宝箱可以获得多个道具时，还需要设定单次开启宝箱可以获得的**道具数量**。这个道具数量具有多重含义，一定要明确道具数量是在**一次奖励池下随机的次数**，还是**重复开启宝箱的次数**，两种方式有着本质的差异。游戏宝箱的设计还有另外一种可能，就是开启宝箱后，什么也没有获得，也就是开启宝箱时得到一个**空奖项**。如果有这方面的需求，则需要为**"空奖项"**设计一个权重值。

有时，游戏宝箱还会有"俄罗斯套娃"式需求，也就是"宝箱"套"宝箱"，当玩家在开启一个宝箱后，会开启一个新的宝箱。这种宝箱形式主要在程序内部执行，不会出现在具体的游戏表现中，经常使用在那些为了区分职业或需要"伪随机"的宝箱设计中。

比如，在游戏《原神》中，每次"十连抽"最少获得一个四星武器或四星角色。在设定宝箱时就需要使用这种"俄罗斯套娃"式方法，玩家的十次连抽中，九次使用标准随机道具组，一次使用固定的四星武器、四星角色、五星武器和五星角色捆绑道具组。通过这种形式就可以保障玩家的每次"十连抽"中，至少获得一次四星武器或四星角色。如果玩家运气"爆棚"，则还可以获得更多的高级角色和高级武器。

不论是什么类型的宝箱，对于数值策划来说都是一次随机掉落的计算过程，我们需要计算出不同道具的实际概率，再根据道具的价值计算出宝箱的期望价值。由于宝箱与随机掉落机制的相似性，所以我们将宝箱的设计和规划，统一并入游戏的**随机产出**结构中。游戏的随机产出部分会在 4.3 节中详细讲解，这里不再过多介绍。

通过对游戏中货币和资源的枚举，我们获得了参与游戏经济流转的不同资源"媒介"。不论是什么类型的游戏，流转媒介都是经济数值中必不可少的组成部分，提升游戏角色属性消耗"流转媒介"，参与不同游戏玩法获得"流转媒介"。这些不同的"流转媒介"根据自身的定位把游戏的养成模块和玩法模块串联起来，形成完善的经济流转闭环，让游戏由静态的系统模块，变为流动的系统生态，这些其实就是流转媒介的意义所在。4.3 节我们将正式构建游戏的经济框架，全面梳理游戏经济流转的重要两极——"产出端"和"消耗端"，搭建"产出模型"和"消耗模型"，使用本节所枚举的"流转媒介"，把游戏成长和玩法串联起来，形成游戏的生态闭环，最终完成游戏的基础架构环节。

4.3 经济框架

构建经济框架的核心就是梳理游戏的经济流转结构，经济流转就是游戏中所有货币、资源从产生到存储、从存储到消耗的完整过程。游戏的产出部分是经济流转的入口环节，对应的英文为 In，我们可以简称为 I；游戏的消耗部分是经济流转的出口环节，对应的英文为 Out，我们可以简称为 O。游戏中经济流转的结构就是游戏的 I/O 结构，设计游戏的 I/O 结构也是经济流转的首要内容。

游戏采用的经济模式不同，I/O 结构也会有所不同。如果游戏采用封闭经济模式，那么在货币和资源的"存储环节"不存在玩家交易，只需要考虑游戏的产出和消耗，这是常规的 I/O 结构；如果游戏采用市场经济或计划经济模式，那么在货币和资源的"存储环节"中可能存在一定数量的转移，也就是资源和货币从一个角色转移至另一个角色，这个过程需要纳入经济流转的计算中，这种类型的经济流转就是 I/O（B）结构（B 是 Business 的简写）。

在规划了游戏的 I/O 结构后，经济流转的结构也就清晰起来了。此时我们需要反向从消耗端入手去设计**游戏消耗模型**，也就是盘点游戏中所有的消耗途径，为这些消耗途径设定相应的消耗公式。游戏中主要的消耗途径就是游戏养成的消耗，消耗不同的游戏资源，提升不同的养成等级，以此获得不等的角色能力。在设定游戏消耗时，我们可以根据不同的成长体验设计不同的消耗公式，也可以使用角色属性成长曲线来指导游戏成长模块消耗公式的设计。在 4.4 节"价值体系"中，我们还需要使用消耗的数量和成长的收益来计算不同养成渠道的性价比，以确定游戏的消耗是否匹配玩家的成长。

盘点完游戏中所有的消耗途径后，我们获得了游戏中不同资源的消耗总量级，这份消耗总量级，也就是游戏中玩家的资源消耗深度。下一步我们将对**游戏产出模型**进行设计，也就是盘点游戏中所有的产出途径，为这些产出途径设定相应的产出数值。在 3.3.2 节"养成体系"中我们构建了玩家的成长，通过确定成长标杆，规划游戏中角色的成长周期，游戏角色的成长周期从一定意义上可以理解为游戏的生命周期，设定游戏的产出其实就是在游戏的生命周期内，把游戏所有的消耗资源均匀或阶梯式地投放在相应的产出渠道中。

游戏的消耗模型和**游戏的产出模型**共同组成了游戏的经济模型。游戏的经济模型相对于战斗模型会复杂很多，在后续进行游戏定价和经济复盘时，还会引入一些其他的数值模型来检验游戏的经济模型是否稳定。通过这些数值模型，我们才能更方便地模拟游戏的生态和游戏各个环节的内在联系特征，而且游戏中绝大多数的配置数据都需要由这些数值模型计算获得，建立结构清晰的经济数值模型，对游戏内容的优化及版本的迭代具有非常重要的作用。

4.3.1 I/O 结构

游戏的 I/O 结构是描述游戏中货币、资源流转过程的图例。游戏中的经济脉络是从玩法到货币和资源、从货币和资源到角色成长、从角色成长到战斗体验的循环过程，而战斗体验的载体就是游戏的各种玩法，通过这样的"大循环"构成了游戏的经济体，I/O 结构就是把组成经济脉络的各个部分进行搭配和排布，为每一个独立的模块建立结构上的关联关系（见图4-4）。

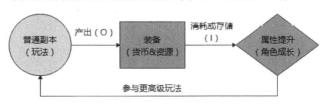

图 4-4　游戏"大循环"结构

　　我们可以把 I/O 结构理解为电路的循环结构，电路循环结构是电流接入电路并转化为其他形式的能量的过程，I/O 结构是玩家体验游戏，通过经济循环获得其他形式的收获的过程。在电路结构中，当电路处于断路状态时，转化过程中断；当电路处于短路状态时，电路结构会受到严重损害。在游戏中，当经济流转处于断路状态时，循环体验中断；当经济流转处于短路状态时，经济架构也会受到严重的损害。游戏中比较常见的经济短路状态就是货币超发，大量的货币在经济结构中流转。

　　为了避免"断路"和"短路"对于经济结构的影响，我们在设计游戏中的 I/O 结构时也需要尽可能地减少使用**串联结构**，更多使用**并联结构**。也就是当一些模块由于一些不可抗拒因素而引起断路和短路时，这些模块所产生的损害不会影响其他关联模块，游戏的整体经济结构依然是稳健可控的。

　　在游戏的 I/O 结构中，玩法线处于生产环节，养成线处于消耗环节，货币和资源是连接生产和消耗环节的媒介，我们可以使用"**流程结构图**"和"**黑点结构图**"来设计游戏中的 I/O 结构，使用流程结构图可以帮助我们梳理生产环节、媒介，以及消耗环节的流程结构；使用黑点结构图便于我们对产出和消耗途径进行统计，方便排查可能出现的一些隐患。在设计游戏的 I/O 结构时，我们需要先构建经济流转的流程结构图，再通过其构建经济流转的黑点结构图，以此完成经济框架的基础结构设计。

1. 流程结构图

　　流程结构图就是把 I/O 结构流程化的一种表述方法。通过使用流程结构图，可以把游戏中经济流转的过程描述清楚，也可以很方便地查询每一个循环体中所包含的游戏模块，既便于与其他开发者沟通游戏细节，又便于后续的调整和优化。

因为货币的产出和消耗具有多样性特征，资源的产出消耗具有唯一性特征，所以，在设计流程结构图时，需要尽可能地把货币和资源分开，也就是流程结构图分为**货币流转流程图**和**资源流转流程图**。

在设计流程结构图之前，还有一个重要的准备工作，就是把游戏中所有的**玩法模块、资源、货币、成长模块**进行枚举和汇总。在 3.3.2 节 "养成体系" 中我们枚举了游戏中所有的成长模块、在 4.2 节 "经济流转的媒介" 中我们枚举了游戏中所有的货币和资源，这一步我们只需要将游戏中所有的玩法模块进行枚举和汇总。游戏的玩法模块一般由关卡策划进行统一设计，数值策划会根据所有玩法的定位进行相应的归类处理，当然也有根据需求来设定玩法的制作方式。

玩法模块分类的方法是不同的，为玩法模块进行分类主要是为了衡量不同玩法的产出价值。比如，简单的主线任务、在线挂机等 "成本"（主要指时间成本、物料成本、社交成本等）较小的游戏玩法，相应的产出价值就会偏少，而具有挑战难度的副本、需要组队游戏玩法，它们相应的产出价值则会偏多。表 4-6 提供了一些笔者常用的分类方法，当然我们也可以根据实际需求或个人对玩法的理解进行分类。

表 4-6　玩法分类

一级分类	二级分类	三级分类	玩法事例
游戏性	单人玩法	体验线（福利）	主线任务
	PVE		日常
			普通副本
	PVE	挑战线（压迫）	试练
			精英副本
	交互玩法	弱社交	好友
游戏性	GVE	（小范围）	挚友
		强社交（大范围）	组队
			师徒
			团队
			公会
			阵营

一级分类	二级分类	三级分类	玩法事例
竞技性	弱竞技	离线竞技	竞技场
		实时竞争	武斗场
			世界 boss
	强竞技	跨服竞抗	武道会
		跨服阵营	国战
		公会与公会	公会战

下面开始设计**货币流转流程图**和**资源流转流程图**。我们可以优先设计资源流转流程图，更容易上手。

如果游戏中货币和资源种类较少，则把货币和资源的流转流程图并到一个图例中（见图 4-5）。

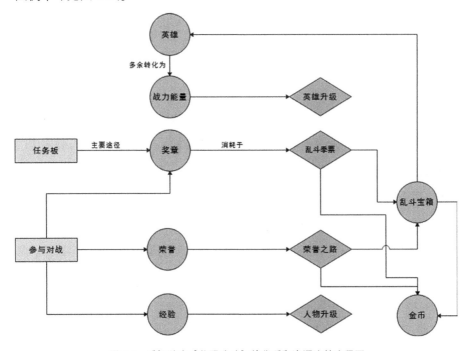

图 4-5　手机游戏《荒野乱斗》的货币和资源流转流程图

在设计流程结构图时，可以使用**正向推导**方法，从玩法模块入手，连接中间资源，最后利用资源消耗于养成模块来完成流程闭环；也可以使用**双向推导**方法，从中间资源入手，连接玩法模块和养成模块的方式来完成流程闭环；或者使用**反向推导**方法，从养成模块入手，连接中间资源，最后反向推导玩法模块的方式来完成流程闭环。一般意义上，**反向推导会更加简单**，因为对于数值策划而言，成长模块是确定的，资源模块是确定的，而玩法模块是模糊的（玩法需要由特定的关卡策划统一设计）。

下面制作货币流转流程图。货币在不同经济模式下的重要程度是不同的。在封闭经济模式下，货币更像是一种资源。在市场经济和计划经济中，货币具有流通媒介的作用。所以，在处理货币流转流程图时，我们也需要有针对性地梳理流通的所有环节。

货币流转流程一般会使用双向推导的方法来完成闭环结构，即通过货币来连接玩法模块、成长模块，以及诸如商店、交易行等的系统功能。

下一步我们将利用流程结构图的整体规划来完成黑点结构图，用于统计 I/O 结构下所有的产出和消耗数量，以此来评估游戏的经济流转架构和优化游戏的 I/O 结构。

2. 黑点结构图

黑点结构图又可以称为结构填表法，一般以游戏中的成长模块或玩法模块为索引列，以资源和货币为索引行建立数据表结构，根据经济结构流程图中的流转结构，用黑点的方式标识不同模块之间的联系。黑点结构图是形象的叫法，"人肉填表"（这里的人肉区别于机器，在游戏研发时人肉指使用人工方式）则是黑点结构图的制作方法。

经济黑点结构图主要包括**产出黑点结构图**和**消耗黑点结构图**两个部分。其中，产出黑点结构图以玩法模块为索引列，消耗黑点结构图则以成长模块为索引列，这两种结构图都使用货币和资源作为索引行。

通过产出黑点结构图，我们可以更加直观地了解游戏中不同玩法所产出的资源种类。每一行代表对应玩法模块所产出的资源种类，每一列代表对应资源产出所匹配的游戏玩法（见表 4-7）。

表 4-7 产出黑点结构图

玩法分类				汇总	货币				资源		
					主要货币			次要货币	养成类资源		玩法资源
一级分类	二级分类	三级分类	玩法事例		元宝	游戏币	绑定元宝	竞技点	经验	A资源	B资源
汇总					3	10	11	4	5	1	6
游戏性	单人玩法PVE	体验线（福利）	主线任务	2		•			•		
			日常	3		•	•		•		
			普通副本	2		•			•		
		挑战线（压迫）	试练	4		•	•		•		•
			精英副本	4		•	•		•		•
	交互玩法GVE	弱社交（小范围）	好友	1			•				
			挚友	1						•	
		强社交（大范围）	组队	1		•					
			师徒	1		•					
			团队	3		•	•				•
			公会	3		•	•				•
			阵营	4	•	•	•				•
竞技性	弱竞技	离线竞技	竞技场	1				•			
		实时竞争	武斗场	1				•			
			世界boss	2			•				•
	强竞技	跨服竞技	武道会	2			•	•			
		跨服阵营	国战	3	•		•	•			
		公会与公会	公会战	2	•		•				

在设计对应玩法的产出时，我们需要尽可能地保持玩法产出的唯一性，也就是某种玩法尽可能产出单一资源或以单一资源为重心。这样处理是为了避免由于产出分散性而导致的玩家理解成本的上升，也会促使玩家更有针对性地去做某一件事。比如，在网络游戏《传奇》中，"尸王殿"是获得高级技能书的唯一途径。如果玩家想要获得高级技能书，就会去"尸王殿"探险，哪怕进入"尸王殿"的门槛很高，玩家依然乐此不疲地想要去探险。如果增加了产出途径，所有野外 BOSS 都会出现高级技能书，那么玩家有了选择，也就相应地有了对

比。一旦可以选择，高级技能书的产出焦点就会被"尸王殿"和野外 BOSS 瓜分，最终会导致这些玩法没有自己核心的特色，玩家也会失去目标。

通过消耗黑点结构图，我们可以直观地了解游戏中不同成长模块所消耗的资源种类。每一行代表对应成长模块所消耗的资源种类，每一列代表对应资源消耗的成长模块（见表 4-8）。

表 4-8　消耗黑点结构图

玩法分类			汇总	货币			资源				
				主要货币			养成类资源				
一级分类	二级分类	养成		元宝	游戏币	绑定元宝	经验	技能书	基础装备	装备强化石	装备升星石
汇总				2	2	1	2	1	1	1	1
角色	升级	升级	1				●				
	技能	技能	2				●	●			
装备系统	装备基础	装备基础	1						●		
	装备强化	装备强化	1		●					●	
		装备升星	1		●						●
其他系统	商店	元宝商店	1	●							
		绑元商店	1			●					
	交易	交易行	1	●							

游戏的消耗设计与产出的设计类似，都需要尽可能地遵循唯一性这个特点。一般来说，消耗黑点结构图比产出黑点结构图要简单很多，而且消耗黑点结构图一旦确定，后续几乎不会再进行调整。

游戏的 I/O 结构根据个人的思路和对游戏理解的不同，设计的方式也会不同。不论如何做，I/O 结构的核心目的都是将游戏中成长模块、玩法模块通过货币和资源这个媒介串联起来，在数值优化阶段可以快速调整，在版本迭代时能更便捷地引入新模块，为游戏经济的消耗模型和产出模型提供最基础的设计思路。

4.3.2　消耗模型

消耗模型是利用变量、等式和一些规则来描述游戏中消耗结构的特征以及内在联系的数值模型，属于经济模型中的基础数值模型。相比产出模型，消耗模型要简单很多，而且一般建立后不会轻易调整，我们在设计经济模型时也会优先设计游戏的消耗模型。

在 4.3.1 节"I/O 结构"中，我们通过流程结构图和黑点结构图构建了游戏的经济结构。设计消耗模型的核心思路就是围绕这套 I/O 结构，先把结构中所有的消耗途径展开、细化，通过变量、函数和一些规则构建出不同消耗途径的消耗曲线。再通过计算获得所需要的指标数值。最后对指标数值进行评估，以此检验消耗的合理性。

消耗模型的设计方法与 3.3.2 节"养成体系"中等级成长的设定方法十分相似，每个模块的消耗数值都为对应玩法的产出服务。比如装备强化模块，每次强化装备都需要消耗装备强化石，消耗模型需要处理的就是为每次强化设定本次强化所需要消耗的装备强化石数量。我们可以通过设计一些函数公式去计算每次强化所需要消耗的装备强化石数量。如果消耗模型只做这一步，那显然是不够的，在实际体验中消耗的数量主要会受到该资源的产量、价格、收益等多方面的影响。如何对消耗数量、产量、价格和收益进行数据拟合，才是消耗模型中最需要解决的。

我们可以把消耗模型的构建过程分为两个部分，分别是**细化消耗**和**数据汇总**。细化消耗用来搭建不同模块的消耗模型；数据汇总用来汇总不同模块的指标数值。

这一步所设计的消耗模型并不完整，所有通过消耗模型获得的消耗数值只是为下一步的产出模型提供数据支持，在后续构建了游戏的价值体系后，还要对消耗模型进行二次完善，通过一套标准的价值体系来计算游戏的深度和不同成长模块的性价比。

1. 细化消耗

细化消耗就是把游戏中的每一个消耗途径根据自身的特点进行细化。在 4.3.1 节"I/O 结构—2. 黑点结构图"中，我们梳理了游戏中消耗的结构。根据消耗类型可以把游戏中所有的消耗途径分为成长模块消耗、玩法模块消耗和其他模块消耗（见表 4-9）。其中，玩法模块的消耗大多数会在玩法模块内部形成闭合循环，在需要规划时再进行梳理即可；其他模块的消耗主要是游戏的周边系统，比如商店、好友等系统的消耗，这些会在游戏的商业化中统一设计。在这一步消耗模型中的细化主要是针对游戏中成长模块的消耗进行细化。

表4-9 游戏消耗的细化

类别	一级分类	二级分类	养成	消耗道具
成长模块消耗	角色	升级	升级	经验值
		技能	技能学习	技能书
			技能升级	技能书页
	装备系统	装备基础	装备基础	N/A
		装备强化	装备强化	装备强化石
			装备升星	装备升星石
玩法模块消耗	游戏性	每日副本	副本	N/A
		挑战线	爬塔	挑战券
	竞技性	实时竞争	竞技场	竞技门票
其他模块消耗	其他系统	商店	元宝商店	元宝
			绑定商店	绑定元宝
		交易	交易行	元宝

　　游戏中成长模块的消耗是为不同的成长模块设计不同的消耗函数。根据消耗函数结构的不同，消耗类型可以分为**线性消耗**和**非线性消耗**，也就是函数中**多项式函数**所呈现的线性走势或非线性走势。一般会根据成长模块的重要度和消耗量级来决定使用哪一种消耗类型，重要且消耗数量较少的成长模块倾向于使用线性消耗，更方便把控对应成长模块的性价比，而且易于进行相应的产出规划；不重要且消耗数量较大的成长模块倾向于使用非线性消耗，可以极大地增加游戏的养成周期，提高该模块的养成深度。

　　当然，以上内容并不绝对，使用哪一种消耗类型还是要根据实际的需求及养成的体验来判断，比如游戏中装备的强化，有些游戏的装备强化只有20级，而有些游戏的装备强化有200级。若这两种强化都需要100天的养成周期，那么显而易见，20级的装备强化更倾向使用非线性消耗，而200级的装备强化更倾向使用线性消耗。

　　不论使用什么类型，消耗的设计初衷是相同的，都是为游戏的产出服务。至于是每天产出1个的游戏体验好，还是每天产出10个的游戏体验好，都是可以通过消耗的设定去改变的，这也正是游戏消耗模型的意义所在。

（1）线性消耗

线性消耗就是每一级养成所消耗的资源数量呈线性走势的消耗类型，通常使用一次函数"$y = ax + b$"作为基础公式来设定消耗曲线。

下面的公式就是一个简单的线性消耗函数，使用"每级递增数值"作为参数 1，使用"消耗初始值"作为参数 2，通过等级进行关联而形成。我们可以把这个消耗函数套用在装备强化这个成长模块中。

$$消耗资源数量 = 每级递增数值 \times （角色等级 - 1） + 消耗初始值$$

假设游戏中的装备根据部位分为 6 种，每种装备可强化的最大等级都是 100 级，初始强化消耗 2 颗装备强化石，后续每一级强化递增 4 颗装备强化石。

根据这些规则，第一步先为装备强化设定相应的参数（见表 4-10）。

表 4-10　装备强化参数

参数名称	参数数值
初始值	2
每级递增	4
装备种类	6

第二步则使用上面的消耗公式，代入上述装备强化参数，以此计算每一级装备强化所需要消耗的装备强化石数量（见表 4-11）。

表 4-11　装备强化消耗

等级	攻击	防御	生命	强化石消耗	总消耗量	累计数量
1	3	3	30	2	12	12
2	6	6	60	6	36	48
…	…	…	…	…	…	…
…	…	…	…	…	…	…
49	192	192	1920	194	1164	28812
50	198	198	1980	198	1188	30000
…	…	…	…	…	…	…
99	585	585	5850	394	2364	117612
100	594	594	5940	398	2388	120000

注：以上属性是细分后所有装备强化加成的累计属性，总消耗量是 6 种装备每次强化的消耗量，累计消耗是强化到多少级的累计消耗数量。在设定消耗时需要把养成对应加成的属性也带入表单中，这样方便计算消耗与属性的价值比，以属性收益为标杆，能够更合理地设定消耗数值。

通过以上两个步骤，我们就获得了装备强化模块所需要消耗的装备强化石数量。在游戏中往往会采用多种资源进行养成。同理，我们会对每一种资源都采用先设定参数，再带入消耗公式的方式计算不同资源的消耗数量。

使用线性消耗函数计算获得的每一级消耗数量会呈现线性消耗走势，而累计消耗会呈现边际效应递减走势（见图4-6）。

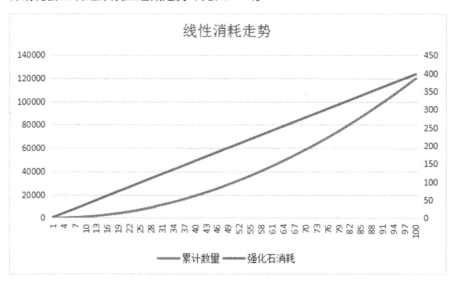

图4-6 线性消耗走势

在设定了成长模块的消耗数值后，我们需要对成长模块中的战力收益和消耗进行数学运算，以此评估该成长模块的投入产出比。在后续价值体系的性价比中，还需要使用价值来衡量成长模块的性价比问题。这里只是初步评估消耗数值与战力收益的关系，以便预测消耗曲线走势的合理性。

注：在3.4.3节"再遇平衡性"中，我们探讨了战力平衡问题，也就是获得每一点属性时角色可获得的战力数值，这里的投入产出比就是把每级提升消耗的资源数量与收获的战力数值相除（投入产出比（每级）= 消耗数量（每级）÷ 战力数值（每级））。如果消耗多种货币或资源，则需要把多种货币或资源转化为一种货币进行计算，具体的转化关系可以先大胆假设。比如，装备强化中消耗强化石和游戏币，每1颗强化石的价值记为1，每1000个游戏币的价值与强化石的价值相同，记为1，相应的消耗数量则为强化石的价值和游戏币的价值之和，把这个数据代入投入产出比公式中，即可获得装备强化模块的投入产出比数据（见表4-12）。

表 4-12　和装备强化（每级）的投入产出比

等级	战力价值	强化石价值	游戏币价值	投入产出比
1	90	12	1	0.14
2	90	36	2	0.42
……	……	……	……	……
……	……	……	……	……
49	180	1164	64	6.82
50	180	1188	66	6.97
……	……	……	……	……
99	270	2364	195	9.48
100	270	2388	198	9.58

　　一般游戏成长模块的投入产出比在模块成长的前期阶段较低，也就是投入少量的资源就可以获得高额的收益。在后期投入产出的比例逐步变高，也就是需要投入更多的资源才能获得等比的收益。曲线整体呈现上升的趋势，但在不同阶段呈现波动走势（见图 4-7）。

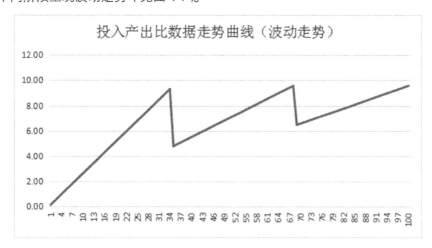

图 4-7　投入产出比数据走势曲线

注：横轴代表成长等级，纵轴代表投入产出比数据。大多数情况下，波动的投入产出比的曲线走势代表了良好的游戏体验，也就是玩家在成长模块中消耗资源数量递增，收益逐步下降。当达到某个阶段时，收益快速上升，以此来强化不同养成模块的阶段感和成长的节奏感。

　　在设定消耗公式时，使用一次函数可以满足部分成长模块的成长体验需求。我们还可以根据不同成长模块的体验需求对一次函数进行优化，以差异化不同成长模块的成长体验。

比如，某个成长模块需要在成长时进行收益的跳变，每提高 5 级战力收益递增，根据这个需求，我们可以把一次函数调整为如下形式：

消耗资源数量＝每级递增值 × ROUNDUP（（等级－1）/5,0）＋消耗初始值

> **注：ROUNDUP 函数是 Excel 中常用的向上取整函数。**

根据实际的体验需求对每级递增值和消耗初始值进行调整，就可以获得我们所需要的消耗函数走势。

设定游戏的消耗函数还可以使用另一种方式，就是类似等级成长的方式，通过单级所需要消耗的时长作为关键参数设定消耗函数。在 3.3.2 节"养成体系—1. 构建成长—（1）等级成长"中，我们为游戏角色的成长定义了经验值函数，如下所示。

经验值（每级需求）＝单级时长 ×（基础经验 +（等级递增修正值 × 角色等级））+ 修正值

"经验值（每级需求）"就是每次升级所消耗的资源数量。我们通过设定"单级时长"、每日投放数量、等级递增值和"修正值"也可以获得消耗资源的数值，对以上函数稍作调整即可得到对应成长消耗的资源消耗公式。

消耗资源数量（每级）＝单级时长 × 资源产量（每日）+ 修正值

资源产量（每日）＝基础资源量 + 等级递增修正值 × 角色等级

使用与等级时长挂钩的消耗公式计算不同等级消耗数值的方法，和基础一次函数计算消耗数值的方法相同。我们先枚举函数中所需要使用的"单级时长"参数（见表 4-14）、"资源产量（每日）"参数（见表 4-13）、"等级递增修正值"参数（见表 4-13）、"修正值"参数（见表 4-13），其中"单级时长"参数在表单中逐级设定（见表 4-14）。

表 4-13　强化参数

参数名称	参数数值
资源产量（每日）	50
等级递增修正值	0.5
修正值	0

将所有参数带入消耗函数，就可以获得我们所需的消耗表单（见表4-14）。

表4-14　装备强化消耗（资源产量（每日））

等级	单级时长	攻击	防御	生命	强化石消耗	总消耗量	累计数量
1	0.06	3	3	30	5	30	30
2	0.08	6	6	60	5	30	60
……	……	……	……	……	……	……	……
49	1.01	192	192	1920	99	594	10368
50	1.02	198	198	1980	103	618	10986
……	……	……	……	……	……	……	……
99	1.51	585	585	5850	502	5850	91638
100	1.52	594	594	5940	515	5940	94728

后续投入产出比的计算方式与基础一次函数相同，这里不再赘述。最终我们可以获得如图4-8所示的投入产出比走势曲线图。

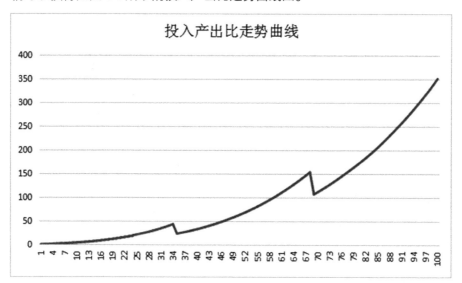

图 4-8　投入产出比走势曲线

随着强化等级的提升，需要消耗的资源数量也急剧膨胀。当然，这样的投入产出比曲线走势对于游戏设计来说没有问题。投入产出比的趋势主要受到消耗资源价值波动的影响。在设计经济模型时，有些游戏资源在规划时就确定了价值的恒定，而有些游戏资源则需要随着游戏周期贬值。那些随着周期贬值的资源在游戏中后期可以适当地通过增加玩法或运营手段增加投放数量。对于因为价值恒定而导致自身属性成长不足的玩家，可以从一定程度上减少与其他玩家之间的属性差距。

除了线性消耗函数，游戏中还有另一种非线性消耗函数可以供我们选择使用。

（2）非线性消耗

非线性消耗函数就是每一级养成所消耗的资源数量呈指数或波段走势的消耗类型。最常见的非线性消耗函数是二次函数。

下面的二次函数就是简单的非线性消耗函数，使用"每级递增值"为参数1，"修正值"作为参数2，"消耗初始值"作为参数3。值得注意的是，二次函数中的修正值可以以负数形式出现，用来降低数值增长过快而导致的体验问题。

消耗资源数量（每级）= 每级递增值 ×（等级 − 1）2 + 等级 × 修正值 + 消耗初始值

在3.3.2节"养成体系—3.细化成长"中，我们知道细化成长的方式可以使用对标等级法或百分比分配法。这两种属性的分配方式都可以使成长模块中每级提升的属性呈现指数形态的成长走势。比如游戏中神器的突破，突破1级提高3点攻击，突破2级提高12点攻击（神器累计15点攻击），突破3级提高27点攻击（累计42点攻击），每一次突破所获得的属性加成会变得更多。

针对那些属性呈现加速增长的成长模块，在设计消耗曲线时我们可以采用这种非线性消耗函数。随着养成等级的提高，玩家所获得的属性呈加速增长趋势，所需要消耗的资源数量也会呈加速增长趋势。非线性消耗的设计步骤与线性消耗的设计步骤相同，都是先从设定函数公式所需要的参数开始的。这里我们以神器突破成长模块为例，描述非线性消耗函数的设计方法（见表4-15）。

表4-15　神器突破的消耗参数

参数名称	参数数值
每级递增值	3
修正值	-1
消耗初始值	3

下一步，把设定的参数代入函数公式，即可获得相应的成长模块表单（见表4-16）。

表4-16　神器突破消耗

强化等级	等级时长	攻击	防御	生命	强化石消耗	累计数量
1	0.06	3	3	30	2	12
2	0.08	12	12	120	4	36
3	0.10	27	27	270	12	108
4	0.12	48	48	480	26	264
5	0.14	75	75	750	46	540
6	0.16	108	108	1080	72	972
7	0.18	147	147	1470	104	1596
8	0.20	192	192	1920	142	2448
9	0.22	243	243	2430	186	3564
10	0.24	300	300	3000	236	4980

后续所需要处理的内容也与线性函数相同，为成长模块计算每级战力价值和消耗数量，计算投入产出比，以此评估消耗是否合理。

通过以上方式，我们可以为游戏中所有的养成渠道构建相应的消耗函数，再通过消耗函数进行计算，即可获得每一个养成渠道成长所需消耗的资源数值。

大多数游戏都会拥有很多种类的养成渠道，每一种养成渠道的消耗，都可以根据养成渠道的设计目的、自身定位和成长体验来选择使用合适的消耗函数。从使用难度而言，线性消耗要简单一些，数值策划对经济数值的把控也会更加精准，但玩家的成长过程会缺乏惊喜感；从玩家体验角度而言，非线性消耗由于投入产出比曲线走势的波动性更强，收益相对更高，对玩家的吸引力也更大，相应的数值结构中存在的风险也会增大。两种消耗函数各有利弊，如果没有十足的把握，还是尽可能选择风险较小的方式去做，尽量保持游戏经济框架的稳健。

2. 数据汇总

数据汇总就是将细化后每一个消耗模块的关键数据进行汇总。通过消耗数据的汇总，我们可以更全面地了解游戏经济结构中的消耗数据，也为后续游戏产出模型提供产出数量指标。

这里我们需要以"消耗黑点结构图"中的消耗渠道为索引列，汇总游戏中所有养成渠道的消耗数据，再根据消耗数值计算相应的指标数据（见表 4-17）。

表 4-17　消耗数据汇总

分类	养成	消耗道具	消耗数量	战力数据	投产比	养成次数	每日产量	养成周期
升级	升级	经验值	N/A	N/A	N/A	N/A	N/A	N/A
技能	技能学习	技能书	10	N/A	N/A	N/A	N/A	N/A
	技能升级	技能书页	45504	4000	11.38	50	75.84	600
装备基础	装备基础	N/A	N/A	10000	N/A	N/A	N/A	N/A
装备强化	装备强化	装备强化石	94728	17820	5.32	200	50	181.60
	装备升星	装备升星石	4980	9000	0.55	20	24.9	200

注：**消耗数量 = Σ每级消耗量；战力数据 = Σ每级战力值；投产比（投入产出比）= 消耗总量 ÷ 战力数据；养成次数 = 最大养成次数；每日产量 = 消耗数量 ÷ 养成周期（或每日产量 = 等级段每日产量）；养成周期 = Σ每级养成周期**。在设定消耗函数公式时，我们可以把养成周期带入消耗公式，也可以使用参数来设定消耗公式。如果使用养成周期作为参数，那么数据汇总中的养成周期就是把每一级的养成周期汇总。如果使用修正值参数设定消耗函数，养成周期就需要根据游戏生命周期假定一个养成周期。每日产量的计算方式同理，选择使用函数中的参数设定或使用消耗数量和养成周期相除。需要注意的是，这里的每日产量会直接影响到后续产出模型中我们所需要规划的每日产出数量数值。

　　汇总游戏的消耗数据，可以方便我们从全局的角度查看和比对不同养成渠道的消耗数据信息。消耗数据中最重要的数据信息是不同养成渠道的投入产出比数据，投入产出比数据间接影响了该成长模块资源的数量级。一般情况下，**投入产出比数值越低**，相应的成长模块中消耗单位资源所获得的**收益越高**，该成长模块越重要。在第 5 章建立游戏的价值体系后，我们还需要根据消耗资源的价值和战力的收益价值计算每一个成长模块的性价比数据，通过**性价比数据和投入产出比数据**可以更加清楚地判断游戏中不同成长模块的重要程度和成长体验。

4.3.3 产出模型

产出模型就是根据产出黑点结构图的规划，为每一种资源和货币分配玩法的产出比例，再通过使用预设的参数计算获得所有玩法产出数值的另一种经济模型。产出模型中需要预设的参数大部分与消耗模型相关：比如某种资源的消耗总量，这个参数是通过消耗模型计算获得的；再比如每日产出数量，这个参数也可以通过消耗模型计算获得。除了这些参数，我们还会根据不同的设计需求，额外预设一些参数，比如某种资源的固定产出占比，主要用于调控资源的投放方式。最终通过这些参数来影响游戏中不同玩法的资源产出数量，从而调节经济结构中生产环节的供给量。

为游戏玩法模块分配产出比例、预设产出模型参数和资源产出的自然增长系数是产出模型的**底层架构**环节，也是游戏产出模型中最重要的设计内容。通过产出模型的底层架构，我们可以计算获得游戏中所有模块的产出数值，后续的模块产出都需要依据基础的底层架构来细化分配游戏中资源的产出。整体思路类似战斗数值中养成体系的设计，都是通过获得总量再分配细节，不同之处则在于产出模型中需要预留一些开关项，以便快速优化和调整游戏中产出端的产出数量。

在设计游戏产出模型的底层架构时，还需要考虑不同经济模式的资源产出通道。在封闭经济模式的游戏中产出都来自**系统产出**；在市场经济和计划经济模式的游戏中产出则来自**系统产出**和**玩家交易**，而且来自玩家交易的部分可能会占据相当数量的比例。针对市场经济模式和计划经济模式的产出模型，我们需要预设每一种资源的系统产出占比和玩家交易占比，以此评估这两种占比对游戏产出的影响。

游戏中系统产出的方式有**固定产出**和**随机产出**两种。固定产出就是游戏中每一个玩家在玩法中所获得的游戏资源是固定的，产出的数量可以随着等级或玩法难度的提高而提高；而随机产出则是一定概率获得相应的游戏资源，可获得的资源种类和资源数量都可以由系统随机分配，往往受到"运气"成分的影响。游戏资源的随机产出是保持游戏新鲜感的重要因素。

如何平衡固定产出和随机产出的占比，是数值策划需要缜密思考的。过分的固定产出会导致游戏快速丧失新鲜感，游戏的体验转向"页游化"（过分简单和固化是游戏页游化的重要标志）；而过分的随机产出会导致游戏供需失衡，"非酋"（网络用语，在游戏中指运气奇差，遇到随机抽奖时总获得垫底奖励的玩家）毫无游戏体验。

1. 底层架构

构建产出模型的底层架构主要通过 3 个步骤来完成，分别是构建数值模型的**产出分配**、**产出参数**和**增长系数**。产出分配就是为游戏中的资源和货币分配每一个玩法模块所占有的产出比例，相当于产出模型的源头数据；产出参数是预设一些"条件类"的参数，用于调控资源和货币的产出数值，相当于产出模型中的开关；增长系数是货币和资源产出增长的数量级，用于相同玩法不同阶段产出数量的调整，相当于产出模型中的增量系数。

在大多数情况下，玩法的产出数值遵循以下公式。游戏中绝大多数玩法模块的资源产出都可以通过产出分配、产出参数和增长系数 3 个预设值计算获得。从一定意义上说，优化游戏的产出数值也就是优化产出分配、产出参数和增长系数。

玩法产量 ＝ 产出分配 × 产出参数 ×（1 ＋ 增长系数）

（1）产出分配

在 4.3.1 节"I/O 结构"中，我们根据流程结构图为游戏设定了产出黑点结构图，产出分配就是把产出黑点结构图中的每一个黑点标记调整为相应的产出比例。在分配产出比例时，要区分一次性玩法奖励和日常玩法奖励。一次性玩法奖励要单独汇总数量，用于后续数值复盘中经济数值的复盘；日常玩法奖励的比例是产出分配的核心数据，产出模型中会依据这些数据来计算玩法模块的产出数值。

这里我们使用 4.3.1 节"I/O 结构"中所预设的黑点结构图为例，来完成游戏的资源产出分配（见表 4-18）。

表 4-18　产出分配

玩法分类			玩法比较值	货币				资源		
				主要货币			次要货币	养成类资源		玩法资源
一级分类	二级分类	玩法事例		元宝	游戏币	绑定元宝	竞技点	经验	A资源	B资源
资源汇总值				100%	100%	100%	100%	100%	100%	100%
一次性奖励	主线	主线任务	83%		50%			10%		
	长期奖励	成就系统	100%			50%				
重复性奖励	体验线（福利）	日常任务	44%		30%	20%		40%		
		普通副本	89%		5%			40%		
	挑战线（压迫）	试练	50%		30%	40%				10%
		精英副本	56%		10%	10%		20%		50%
	弱社交（小范围）	好友	100%			5%				
		挚友	100%						100%	
	强社交（大范围）	组队	100%		2%					
		师徒	100%		3%					
		团队	67%		5%					10%
		公会	67%		5%					10%
		阵营	67%	20%	10%					
	离线竞技	竞技场	100%				50%			
	实时竞争	武斗场	100%				20%			
		世界boss	80%			5%				20%
	跨服竞技	武道会	67%			20%	10%			
	跨服阵营	国战	71%	50%			20%			
	公会与公会	公会战	100%	30%						

注：我们可以把这里的数据以黑点的形式映射到产出黑点结构图中，这样后续改动产出构成时只需要调整产出分配，产出黑点结构图也会同步进行调整。

在首次为每一个黑点标记预设比例时，我们可以根据货币和资源的特性带入一些主观的判断来决定不同玩法的产出比例，也可以在产出分配中加入玩法比较值和资源汇总值来评估游戏产出分配的合理性，公式如下。

$$玩法比较值 = MAX（所有资源产出比例）\div \sum 所有资源产出比例$$

$$资源汇总值 = \sum 所有玩法模块产出比例$$

> 注：MAX（数据）用于计算数据的最大值。

玩法比较值用于计算该玩法最大产出比例的占比数据，比较值越大，该玩法产出种类越唯一，玩法产出越清晰。当玩法比较值比例小于 50% 时，则代表该玩法产出过于分散，没有重点，玩家对于该玩法的重视程度也会降低。

资源汇总值用于统计该类型资源的投放比例，当资源汇总值达到 100% 时，则表示该资源已全量分配至游戏的玩法中。

（2）产出参数

为游戏中资源分配产出比例后，开始设定底层架构中的产出参数。产出参数在产出模型中主要用于计算和调节游戏中所有货币和资源的产出数值，我们可以根据产出结构的需求加入不同的参数，用于控制游戏整体的产出。表 4-19 中列举了一些个人经常使用的参数供参考。

固定产出、随机产出和**投放比例**是产出模型中需要"人肉"预设的参数。在预设这些参数时我们还需要针对绑定比例和流通比例分别设定，具体的比例数值可以根据资源投放的特征和目的去设定。在设定了相应的比例后，我们需要汇总查看**固定占比值**和**流通占比值**，以此来评估该类型资源投放是否符合预期，如下所示。

$$固定占比值 = 固定产出绑定比例 + 固定产出流通比例$$

$$流通占比值 = 固定产出流通比例 + 随机产出流通比例$$

表4-19 产出参数

分类		总消耗数量	投放周期（每日）	日产量	汇总	固定占比	流通占比	固定产出 绑定比例	固定产出 流通比例	随机产出 绑定比例	随机产出 流通比例	投放比例 活跃玩家	投放比例 小R玩家	投放比例 极限投放
货币	元宝	N/A	N/A	0	0%	0%	0%	0%	0%	0%	0%	N/A	N/A	N/A
	游戏币	N/A	N/A	500000	100%	70%	40%	60%	10%	0%	30%	70%	100%	200%
	绑定元宝	N/A	N/A	300	100%	70%	0%	70%	0%	30%	0%	70%	100%	200%
	竞技点	500000	1000	500	100%	50%	0%	50%	0%	50%	0%	80%	100%	200%
养成类 资源	A资源	94728	181.60	521	100%	40%	70%	30%	10%	0%	60%	75%	100%	200%
	B资源	45504	600	75	100%	20%	0%	20%	0%	80%	0%	80%	100%	200%
	C资源	4980	200	24	100%	30%	30%	20%	10%	50%	20%	50%	100%	200%
玩法资 源	D资源	N/A	N/A	10	100%	100%	0%	100%	0%	0%	0%	100%	100%	100%
	E资源	N/A	N/A	20	100%	50%	50%	50%	0%	0%	50%	100%	100%	100%

注：投放比例中的活跃玩家代表每日参与游戏体验的玩家，小R玩家代表有一定付费金额的游戏玩家（具体金额在第6章会展开描述），极限投放代表游戏中玩家最多可获得的资源比例。底层参数中的总消耗数量、投放周期、投放周期（每日）和日产量可以通过消耗模型获得，这3个参数中总消耗数量由在4.3.2节"消耗模型"中所述方法计算而来，投放周期（每日）则需要我们根据不同的成长模块进行预设，日产量则通过总消耗数量除以投放周期计算获得。比如装备强化提升至满级共需要10000个装备强化石，我们期望活跃玩家花费100个自然日才能将每日应投放的装备强化石数量为100个。

日产量也可以通过日产量公式计算获得，在4.3.2节"消耗模型"中所设定的资源由资源消耗公式获得。如果该数据由总消耗公式获得，那么这里就可以通过消耗数量除以投放周期就计算获得相应的日产量，在实际投放时则需要参考下文中"（3）增长系数"所带来的资源产出增量数据，相应的投放周期也需要在后续再进行二次计算。

固定占比值越高，资源投放的稳定性越高，在一些需要保底的养成系统中（基础的养成系统，主要指那些必须获得成长的养成渠道），该养成系统所消耗的资源产出固定占比值会相对高一些。流通占比值越高，资源流动性越高，在后续对经济数值进行复盘时，需要重点评估该资源的大量流动对游戏经济架构所产生的影响。

在设定游戏的产出参数时，也可能会遇到一些当前阶段无法有效计算或设定的参数，可以暂时跳过。在后续数值结构完善时，再来处理这些参数，而且随着游戏版本的迭代，我们也会根据实际体验来频繁地新增和调整这些参数，用于优化游戏的产出体验，确保游戏经济模型的稳定。

（3）增长系数

在完成产出分配和产出参数的设定后，开始设定增长系数。增长系数是针对相同玩法不同阶段的产出数量所设定的增长比例。增长系数可以理解为游戏世界中的PPI（生产价格指数），可以从一定角度衡量游戏中不同资源的价格指数。与现实世界不同的是，增长系数直接内置在游戏的产出环节，从一定意义上影响游戏资源的贬值速度。

通常，在设定增长系数时会以等级为列去设定每一种资源的产出递增比例，资源增长的比例是一个累计值，这样可以方便查看对应等级下资源的膨胀速度（见表4-20）。

表4-20　资源产出的增长系数

等级	元宝	游戏币	绑定元宝	竞技点	经验	A 资源	B 资源
1	0.0%	0.5%	0.0%	0.0%	1.0%	0.2%	2.0%
2	0.0%	1.0%	0.0%	0.0%	2.0%	0.3%	4.0%
3	0.0%	1.5%	0.0%	0.0%	3.0%	0.5%	6.0%
4	0.0%	2.0%	0.0%	0.0%	4.0%	0.6%	8.0%
5	0.0%	2.5%	0.0%	0.0%	5.0%	0.8%	10.0%
……	……	……	……	……	……	……	……
30	0.0%	15.0%	0.0%	0.0%	30.0%	4.5%	60.0%
31	0.0%	15.5%	0.0%	0.0%	31.0%	4.7%	62.0%
32	0.0%	16.0%	0.0%	0.0%	32.0%	4.8%	64.0%
……	……	……	……	……	……	……	……
60	0.0%	30.0%	0.0%	0.0%	60.0%	9.0%	120.0%

等级	元宝	游戏币	绑定元宝	竞技点	经验	A 资源	B 资源
61	0.0%	30.5%	0.0%	0.0%	61.0%	9.2%	122.0%
62	……	……	……	……	……	……	……
……	……	……	……	……	……	……	……
98	0.0%	49.0%	0.0%	0.0%	98.0%	14.7%	196.0%
99	0.0%	49.5%	0.0%	0.0%	99.0%	14.9%	198.0%
100	0.0%	50.0%	0.0%	0.0%	100.0%	15.0%	200.0%

注：资源产出的增长系数常以游戏的"成长标杆"作为游戏时长，以衡量不同资源的产出增长系数。在设定不同资源的增长系数时，我们可以使用等额增长的方式定义每一种资源的增长系数，也可以根据游戏的不同阶段，定义不同的增长比例数值。

通过设定**产出分配**、**产出参数**和**增长系数**，游戏产出模型的底层架构也基本完成，使用这套基础的底层架构可以帮助我们计算游戏中每一个玩法模块的具体产出数值。在初次设计游戏产出模型的底层架构时，许多参数并不一定准确，需要我们通过自身对游戏的理解和感觉临时定义这些参数。后续随着游戏的内容不断完善，数值模型的逐步成熟，我们还会通过数值的全面复盘来对游戏数值进行模拟和验证。届时再根据实际的体验需求，优化相应的底层架构，最终使游戏产出模型达到一个比较稳定且符合预期的结构。

2. 系统产出

系统产出是游戏中经济循环的唯一源头，游戏中所有的资源和货币不能凭空产生，包括游戏的运营方通过一些运营手段投放的资源和货币都会被标记产出途径，成为系统产出的一部分。在这一步中，我们所要做的就是梳理和计算游戏中所有资源和货币的产出途径，为游戏配置相应的产出，评估游戏中所有产量的合理性，预判游戏生态的变化过程。

游戏的系统产出主要由**自然产出**和**售卖产出**两种途径组成。自然产出是游戏中内置的所有玩法模块和系统模块产出方式的集合；售卖产出是商业化结构中系统所出售资源方式的集合。

> **注**：在设定游戏的系统产出时，可以暂时忽略售卖产出部分。在后续游戏的商业化模块，我们会根据商业化的具体设定为售卖产出部分规划详细的产出细则。

在不同的经济模式下，系统产出的数量与玩家可以获得的数量是有一定差别的。在以封闭经济为核心的经济模式中，玩家可获得的资源数量等于系统产出数量，也就是所有玩家获得的资源均来自系统产出；在以市场经济和计划经济为核心的经济模式中，玩家可获得的资源数量不等于系统产出数量，也就是玩家获得的资源既可以来自系统产出，又可以来自玩家之间的交易。对待这种获取途径的差异化，我们在底层架构中已经进行了相应参数的设定，在构建产出模型时需要区分计算这两种差异化获得方式的具体数值。

根据游戏产出的特点，我们可以把系统产出分为**固定产出部分**和**随机产出部分**。固定产出部分相对较容易计算，只需要根据 4.3.3 节"产出模型—1. 底层架构"中的产出分配、产出参数和增长系数进行一定的数据计算，即可获得相应的产出数值。随机产出部分则相对复杂，需要重新拟定一些玩法参数及相应资源产出权重。先使用底层架构计算计划产出数量，再通过拟合的方式调整随机产出的期望产出数据，使随机产出的数量符合计划产出的即定数量，以确保资源产出数据的准确性。

（1）固定产出

固定产出可以视作玩家最低可获得的货币和资源产出数量，是保障玩家最基础生存的产出方式。一般固定产出中绑定非交易的比例占大多数，可以预留少部分作为交易的流通资源，使交易体系中有一定量级的资源为经济流转提供基本的保障。

在细化游戏中每一个玩法模块的产出数值时，可以优先通过底层架构计算固定产出的数量。在底层架构中，我们为游戏每一个玩法模块设定了相应的产出分配，为每一种资源设定了产出参数和增长系数。固定产出的数量就是利用底层架构中的这些数据变量来计算相应玩法模块的产出数值。

游戏中大多数的固定产出都可以通过以下公式计算获得。

玩法模块固定产量（每日）＝玩法模块产出分配 × 资源产出参数 ×（1＋资源增长系数）÷ 玩法次数（每日）

为了方便管理玩法模块的产出数据，在计算不同玩法模块时，我们可以为每一个玩法模块建立一个 Excel 页签，把计算该玩法产出所需要的产出分配、产出参数和增长系数映射到对应的页签，在后续优化相应的玩法产出时就可以快速定位，并进行相应的数据调整。

下面我们以游戏中比较常见的精英副本为例，详细描述游戏中固定产出部分的计算方式。假设精英副本开启等级为 20 级，玩家等级每提升 5 级，开启一个新的精英副本，副本中主要产出游戏币、经验值和 B 资源。

第一步，把产出分配、产出参数中的一些关键参数映射到新的表单中（见表 4-21 和表 4-22）。

表 4-21　精英副本产出分配

玩法事例	开启等级	每日次数	元宝	游戏币	绑定元宝	竞技点	经验	A 资源	B 资源
精英副本	20	5	0%	10%	10%	0%	20%	0%	50%

注：这里引用的数据来自 4.3.3 节"产出模型—1.底层架构—（1）产出分配"中精英副本的产出分配数据。

表 4-22　产出参数

分类	总消耗数量	投放周期（每日）	日产量	汇总	固定占比	流通占比	固定产出		随机产出		投放比例		
							绑定比例	流通比例	绑定比例	流通比例	活跃玩家	小 R 玩家	极限投放
游戏币	N/A	N/A	500000	1	70%	40%	60%	10%	0%	30%	70%	100%	200%
绑定元宝	N/A	N/A	300	1	70%	0%	70%	0%	30%	0%	70%	100%	200%
B 资源	45504	600	75	1	20%	0%	20%	0%	80%	0%	80%	100%	200%

注：这里引用的数据来自 4.3.3 节"产出模型—1.底层架构—（2）产出参数"中对应资源的产出参数。

第二步，在获得精英副本的产出分配和对应资源的产出参数后，可以通过相应的公式计算不同的玩法模块所应投放的资源产出数值（绑定和流通），公式如下（见表 4-23 和表 4-24）。

资源产出数值（绑定）= 产出分配比例 × 日产出 × 固定产出比例（绑定）× （1+ 资源增长系数）× 投放比例（活跃玩家）÷ 玩法次数（每日）

表 4-23　精英副本的绑定资源固定产出数据（活跃玩家）

玩法事例	对应等级	元宝	游戏币	绑定元宝	竞技点	经验	A 资源	B 资源
精英副本 1	20		4620	2				1
精英副本 2	25		4725	2				1
精英副本 3	30		4830	2				1

玩法事例	对应等级	元宝	游戏币	绑定元宝	竞技点	经验	A 资源	B 资源
精英副本 4	35		4935	2				2
精英副本 5	40		5040	2				2
精英副本 6	45		5145	2				2
精英副本 7	50		5250	2				2
精英副本 8	55		5355	2				2
精英副本 9	60		5460	2				2
精英副本 10	65		5565	2				2
精英副本 11	70		5670	2				2
精英副本 12	75		5775	2				3

注：计算固定产出数据时还需要使用对应资源的增长系数，我们可以使用 Excel 中自带的索引函数来完成相应数据的映射，下文所计算的数据均通过 Excel 中的 VLOOKUP 函数索引对应等级的增长系数所计算获得。

$$资源产出数值（流通）＝产出分配比例 × 日产出 × 固定产出比例（流通）$$
$$× （1＋资源增长系数）× 投放比例（活跃玩家）÷ 玩法次数（每日）$$

表 4-24 精英副本的流通资源固定产出数据（活跃玩家）

玩法事例	对应等级	元宝	游戏币	绑定元宝	竞技点	经验	A 资源	B 资源
精英副本 1	20		2310	0				0
精英副本 2	25		2362	0				0
精英副本 3	30		2415	0				0
精英副本 4	35		2467	0				0
精英副本 5	40		2520	0				0
精英副本 6	45		2572	0				0
精英副本 7	50		2625	0				0
精英副本 8	55		2677	0				0
精英副本 9	60		2730	0				0
精英副本 10	65		2782	0				0
精英副本 11	70		2835	0				0
精英副本 12	75		2887	0				0

注：在设定绑定资源产出和流通资源产出时，可能会有相同的资源同时存在，在游戏实际设计时一定要区分同种资源的绑定和流通关系。比如，精英副本中流通的游戏币直接掉落，而绑定的游戏币则在宝箱中，在游戏产出中一定要避免绑定资源和流通资源在同一种产出模式中出现。

通过计算，我们获得了不同玩法模块的资源产出数据。

第三步，需要对该产出数据进行初步评估。如果自己作为玩家参与玩法，收获这些资源的感受是什么？比如，上文精英副本的产出数据，绑定产出中绑定元宝的产出数量不会随副本难度的提高而变多，B 资源的数量是否偏少，作为玩家是否感觉不到，这些没有"惊喜感"的产出投放都可能导致实际游戏体验的不足。针对这些不足，我们可以先一步提出问题，并对资源产出的分配进行优化，把产出数量过少的资源并入其他玩法模块的产出中；也可以通过调整产出参数，把不会递增的资源投放在随机产出部分。通过不同的设计方式，对底层架构进行调整，为游戏的固定产出设定一个相对体验较好且合理的数值范围。

（2）随机产出

在大多数的游戏玩法中，随机产出可以视为制造玩法"惊喜感"的一种产出方式。在一些**限定次数**的玩法中，随机产出则被视为检验玩家"运气"的一种方式。如果处理不当，这种产出方式则会导致不同玩家之间的收益失衡。在设计随机产出时一定要谨慎，如果不限定次数或可以通过努力获得新的挑战次数，那么随机产出方式可以成为检验玩家是否活跃的衡量标准。就算玩家的"运气"不足，依然可以通过努力来挽回这种不足，可以增强游戏体验。但如果限定了玩法的次数，玩家每日只能按固定数量进行"抽奖"，那么不同"运气"的玩家每日可获得的资源数量就会逐步拉开差距，最终导致玩家的收益失衡，成长受挫，进而离开游戏。

我们可以通过 3 个步骤来计算游戏玩法模块的随机产出数据。

第一步，利用 4.3.3 节"产出模型—1. 底层架构"中的计算方法为随机产出部分计算**计划产出**数据。

第二步，通过设计玩法的"随机掉落包"，计算获得相应资源的**期望产出**数据。

第三步，把计划产出数据和期望产出数据进行**数据拟合**，即可完成相应游戏玩法的随机产出设计。

- 计划产出

计划产出的计算方式与固定产出的计算方式相同，都是根据底层架构所预设的数据进行计算，这一步我们依然采用精英副本作为参照事例。

通过以下计算公式，代入相应的数据，即可获得精英副本的绑定资源计划产出数据（见表 4-25）。

资源随机产出数值(绑定)＝产出分配比例 × 日产出 × 随机产出比例（绑定）×（1+ 资源增长系数）× 投放比例（活跃玩家）÷ 玩法次数（每日）

表 4-25　精英副本的绑定资源计划产出数据（活跃玩家）

玩法事例	对应等级	元宝	游戏币	绑定元宝	竞技点	经验	A 资源	B 资源
精英副本 1	20		0	1				6
精英副本 2	25		0	1				7
精英副本 3	30		0	1				7
精英副本 4	35		0	1				8
精英副本 5	40		0	1				8
精英副本 6	45		0	1				9
精英副本 7	50		0	1				9
精英副本 8	55		0	1				10
精英副本 9	60		0	1				10
精英副本 10	65		0	1				11

同理，通过以下公式，代入相应的数据，即可获得精英副本的流通资源计划产出数据（见表 4-26）。

资源随机产出数值(流通)＝产出分配比例 × 日产出 × 随机产出比例（流通）×（1+ 资源增长系数）× 投放比例（活跃玩家）÷ 玩法次数（每日）

表 4-26　精英副本的流通资源计划产出数据（活跃玩家）

玩法事例	对应等级	元宝	游戏币	绑定元宝	竞技点	经验	A 资源	B 资源
精英副本 1	20		6930	0				0
精英副本 2	25		7087	0				0
精英副本 3	30		7245	0				0
精英副本 4	35		7402	0				0
精英副本 5	40		7560	0				0
精英副本 6	45		7717	0				0
精英副本 7	50		7875	0				0
精英副本 8	55		8032	0				0
精英副本 9	60		8190	0				0
精英副本 10	65		8347	0				0

在完成"随机产出—计划产出"部分后,下一步我们开始计算"随机产出—期望产出"数据。

● 期望产出

期望产出就是以"数学期望"为方法计算产出的一种方式,以期望值作为期望产出的最终数据。在概率论和统计学中,期望值是离散性随机变量每次可能结果的概率乘其结果数值的总和。游戏内最终的随机掉落数据都会以期望值为依据,用于评估游戏资源的产出数据。比如,在游戏中,某资源掉落包内装备强化石的掉落概率为50%,掉落数量为4~8个,那么装备强化石的掉落期望值(每次)则为3个(50%×(4+8)÷2)。也就是不论本次是否掉落,我们都默认其随机掉落的数量为3个,在后续对游戏数值进行复盘时,也会以掉落3个作为数值复盘的数据源。

我们常常会使用"**概率值**"或"**权重值**"来标识不同货币和资源的出现概率。其中,概率值比较直白,直接展示了对应物品的出现概率;权重值则代表对应物品在所有物的权重比例,需要通过二次计算才能获得该物品所对应的出现概率。这两种设计方法都可以用于定义物品的出现概率。概率值是"静态的",不会随其他物品的出现概率的改变而变化;权重值是"动态的",每一次细微调整都会改变全部物品的出现概率。我们可以根据实际的设计需求,选择使用合适的计算方式(见表4-27)。

表4-27 权重值与概率值

物品	概率值	权重值	权重概率
物品1	54.56%	5000	54.56%
物品2	21.82%	2000	21.82%
物品3	10.91%	1000	10.91%
物品4	5.46%	500	5.46%
物品5	3.27%	300	3.27%
物品6	2.18%	200	2.18%
物品7	1.09%	100	1.09%
物品8	0.55%	50	0.55%
物品9	0.11%	10	0.11%
物品10	0.05%	5	0.05%

注:使用权重值和概率值都可以实现资源的随机产出。以上不同物品的权重和概率最终体现的产出概率是相同的,权重可以任意填写数值,但是一般会要求物品出现的概率综合为1。

在游戏中，随机产出的方式可能是多种多样的。比如，击败怪物获得随机道具；打开宝箱获得随机道具；不同的抽奖形式获得随机道具。这些都是不同的包装形式，对于数值而言属于同一种随机模式，唯一不同的是，这些随机产出是否有伪随机机制，也就是多次随机是否有保底机制。一般游戏中的伪随机是通过随机的次数来触发的，当随机达到一定次数时，下一次随机事件会进入新的随机池进行，有点类似4.2.3节中我们提到的"俄罗斯套娃"。

游戏中经常以"随机掉落包"和"随机掉落组"的形式来展现游戏的随机掉落。随机掉落包是一次性的随机掉落，随机掉落组是随机掉落包的集合体。

一个标准的"随机掉落包"主要包括掉落ID、掉落类型、概率/权重、掉落物品ID、最小数量、最大数量（见表4-28）。

表4-28　标准掉落包配置

掉落 ID	掉落类型	概率 / 权重	掉落物品 ID	最小数量	最大数量
1000	1	5000	10001	1	1
1000	1	2000	10002	1	1
1000	1	1000	10003	1	1
1000	1	500	10004	1	1
1000	1	300	10005	1	1
1000	1	200	10006	1	1
1000	1	100	10007	1	1
1000	1	50	10008	1	1
1000	1	10	10009	1	1
1000	1	5	10010	1	1

注：掉落 ID 中同一个掉落包共用同一个掉落 ID。掉落类型中 0 为概率，1 为权重。掉落类型为 0 时，概率 / 权重字段需要填写万分之数值作为概率，每一个道具会分别进行概率随机；掉落类型为 1 时，概率 / 权重字段填写权重值，对所有道具进行一次概率计算。掉落物品 ID 就是对应的掉落物品 ID，最小数量、最大数量就是对应的该物品掉落的最小数量和最大数量，最大数量和最小数量之间等分概率。

我们也可以把掉落包整合在一起，合并为一行数据（见表4-29）。

表 4-29　另一种掉落包配置

掉落 ID	掉落类型	掉落数量	掉落包
100	0	1	100;11010100;1;1|100;11030100;1;1|100;11040100;1;1|100;11060100;1;1|100;11070100;1;1|100;11050100;1;1|100;11100100;1;1|100;11080100;1;1|100;11090100;1;1|100;11020100;1;1

注：掉落 ID 为对应掉落包的 ID。掉落类型 0 为概率，1 为权重。如果掉落类型为 0，则掉落包中";"前的数值填写万分之数值作为概率，对每一个"|"间隔开的组进行顺序概率计算，并且掉落数量的数值决定了可以掉落的数量。如果掉落类型为 1，则掉落包中"；"前的数值填写万分之数值作为权重，对掉落包中"|"间隔开的组进行合并权重计算，掉落数量决定了可以获得多少个物品。"100;11010100;1;1"为一个掉落构成，分别代表概率/权重、道具 ID、最少数量、最多数量。需要注意一个容易被忽视的问题，在使用概率作为掉落类型时，会因为概率计算的先后顺序而导致越往后的物品出现的实际概率越低，在设计随机掉落时一定要注意。

以上两种配置方式各有特点：一种结构内容清晰，另一种配置表会相对简洁。一般游戏中的宝箱、抽奖等简单的掉落配置可以使用第一种方式，而怪物掉落、副本掉落等数据量比较大的掉落配置可以使用第二种方式。

除了使用掉落包，还可以嵌套一层"掉落组"的概念，把各种掉落包合并在一个掉落组中，这样掉落包就可以被任意"掉落组"调用，也可以提前预设一些掉落包，在需要时，再调用相应的"掉落包"。使用这种方式可以大大减少数值策划所需要规划的掉落包数量，极大地提高随机产出配置的效率。

回到期望产出的数值设计层面，在上面"计划产出"部分我们使用底层架构计算获得了精英副本的计划产出数据，构建期望产出就是根据这些数据设计相应的"掉落包"，再以"掉落组"的形式输出为相应的随机产出配置。

这里我们以"标准掉落包"的形式进行掉落包的设计，如表 4-30 所示。

表 4-30　通用随机掉落包

掉落 ID	掉落类型	概率/权重	掉落物品 ID	最小数量	最大数量	期望掉落数量
1000	1	1000	游戏币	5544	8316	6930
1001	1	1000	游戏币	5670	8504	7087
1002	1	1000	游戏币	5796	8694	7245
……	……	……	……	……	……	……
……	……	……	……	……	……	……
1008	1	1000	游戏币	6552	9828	8190

掉落 ID	掉落类型	概率 / 权重	掉落物品 ID	最小数量	最大数量	期望掉落数量
1009	1	1000	游戏币	6678	10016	8347
1100	1	1000	B 资源	5	7	6
1101	1	1000	B 资源	6	8	7
1102	1	1000	B 资源	6	8	7
……	……	……	……	……	……	……
……	……	……	……	……	……	……
1108	1	1000	B 资源	8	12	10
1109	1	1000	B 资源	9	13	11

注：以上通用随机掉落包中的每一行都代表一个随机掉落包。这种小型的随机掉落非常适合用于物品和类唯一的随机掉落，在游戏中也经常会出现多个物品在一个掉落包中随机掉落的情况，比如掉落包中随机掉落不同装备，对于这种需求我们可以把多个物品并入同一个掉落 ID。

在完成玩法的"掉落包"设计后，再根据相应的掉落需求把"掉落包"以"掉落组"的形式输出为对应玩法的配置，即可完成对应玩法的期望产出设计。一款稍具规模的游戏，往往包含了大量的掉落包数据，几乎每一个游戏的玩法都需要对应的"掉落包"数据，有些游戏中的固定产出也会以"掉落包"的形式进行规划和配置。这也是数值策划工作中最消耗时间的地方，在设计掉落包时一定要做好相应的**掉落数据模型**，良好的掉落数据模型既可以减少配置出错的概率，又能极大地提高配置效率，是游戏数值模型必不可少的组成部分。

- 数据拟合

数据拟合就是使用期望产出的数据去拟合计划产出的数据。一般在设计期望产出时会同步进行相应的数据拟合工作，比如表 4-30 通用随机掉落包中，我们使用"最小数量"和"最大数量"计算获得"期望掉落数量"的方式完成了相应资源掉落的数据拟合。

但是，这种简单形式的数据拟合并不能完全满足游戏的设计需要。在游戏的实际设计中，我们为了增加玩法的吸引力，会加强"掉落包"的随机性，让掉落更具惊喜感，也就是多个"掉落包"共同掉落一种资源。比如，游戏中有一种怪物，每次击杀后有极高概率掉落 3~6 个道具 A，有中等概率掉落 5~8 个道具 A，有较低概率掉落 8~12 个道具 A，极低概率掉落 12~20 个道具 A，根据底层架构的计算得知该怪物计划掉落道具 A 的数量为 8 个。

这时我们就需要通过数据拟合的方式调整不同掉落数量的掉落概率，以保证随机产出的数值符合计划产出的设定（见表4-31）。

表 4-31　通用随机掉落包（掉落期望值）

掉落 ID	权重	掉落概率	掉落物品 ID	最小数量	最大数量	掉落期望值
1000	200	31.75%	道具 A	3	6	1.43
1000	200	31.75%	道具 A	5	8	2.06
1000	140	22.22%	道具 A	8	12	2.22
1000	90	14.29%	道具 A	12	20	2.29
掉落期望值总量						8.00

注：**期望产出数量 = Σ（道具掉落数量 × 出现概率）**，我们可以通过调整不同掉落的权重改变相应的掉落概率，最终保障期望掉落数量符合计划掉落的设定。

数据拟合也常常用于游戏"抽奖"的设计，比如在设计游戏《原神》时，我们期望通过抽奖的形式售卖游戏中的高级角色和高级装备，假设每个五星角色的价值是1500元，四星角色的价值是200元，五星武器的价值是1500元，四星武器的价值是50元，三星武器的价值是5元，每次抽奖需要花费16元。

数据拟合就是根据这些已知条件去计算相应道具的抽奖概率，最终可以使我们以期望的价格出售相应的高级角色或高级装备，以实现游戏的营收计划（见表4-32）。

表 4-32　游戏的抽奖包配置

掉落 ID	掉落类型	权重	物品名称	备注	实际概率	价值	加权价值
1000	1	3500	暗铁剑	三星武器	15.20%	5	0.76
1000	1	3500	冷刃	三星武器	15.20%	5	0.76
1000	1	3500	飞天御剑	三星武器	15.20%	5	0.76
1000	1	3500	吃虎鱼刀	三星武器	15.20%	5	0.76
1000	1	3500	黎明神剑	三星武器	15.20%	5	0.76
1000	1	3500	旅行剑	三星武器	15.20%	5	0.76
1000	1	294	铁蜂刺	四星武器	1.28%	50	0.64
1000	1	294	笛剑	四星武器	1.28%	50	0.64
1000	1	294	祭礼剑	四星武器	1.28%	50	0.64
1000	1	294	匣里龙吟	四星武器	1.28%	50	0.64
1000	1	294	降临之剑	四星武器	1.28%	50	0.64

掉落 ID	掉落类型	权重	物品名称	备注	实际概率	价值	加权价值
1000	1	10	天空之刃	五星武器	0.04%	1500	0.65
1000	1	100	凝光	四星角色	0.43%	200	0.87
1000	1	100	北斗	四星角色	0.43%	200	0.87
1000	1	100	行秋	四星角色	0.43%	200	0.87
1000	1	100	重云	四星角色	0.43%	200	0.87
1000	1	100	香菱	四星角色	0.43%	200	0.87
1000	1	10	七七	五星角色	0.04%	1500	0.65
1000	1	10	刻晴	五星角色	0.04%	1500	0.65
1000	1	10	钟离	五星角色	0.04%	1500	0.65
1000	1	10	可莉	五星角色	0.04%	1500	0.65
1000	1	10	迪卢克	五星角色	0.04%	1500	0.65
期望价值							16.00

注：以上数据均为举例数据，并不代表实际游戏的设计，而且这里没有计算相应的保底数据，最终实际抽奖的概率需要加权保底价值综合评定。

至此，游戏的产出模型正式完结。我们通过构建**底层架构**和计算**系统产出**两个步骤完成了游戏经济数值中产出模型的设计。

游戏的产出模型是经济模型中最重要的数值模型。通过底层架构构建游戏的底层参数，通过底层参数计算获得游戏中所有的系统产出数量，最终为游戏的玩法匹配相应的产出数据。在制作游戏的产出模型时，一定要尽可能地保障所有游戏资源是通过计算获得的，所有数据可以方便后期的快速调整，并且方便数据汇总。

4.4 节我们将开启游戏价值体系的设定，在定义游戏的价值体系后，还需要根据产出模型计算游戏不同玩法模块的产出价值，比对和优化不同玩法模块的产出参数，确保每一个游戏玩法的收益符合该玩法的设定标准，保持经济数值的"平衡性"。

4.4 价值体系

在构建了游戏的经济框架后，我们需要为经济框架建立一套标准的价值体系。通俗地说，就是为游戏资源和货币以及战力定价，从而获得游戏中所有可被量化数值的价值。通过价值体系，我们可以衡量游戏中不同模块的价值、性价比、收益等经济数值，并以此评估游戏中不同模块的设计是否符合预期。游戏的价值体系可以为战斗框架和经济框架建立价格标杆，成长体验是否平滑、玩法的产出是否合理都可以通过这个价值标杆进行衡量，价值体系也为游戏数值的优化提供了相应的指导数据。

构建价值体系的第一步就是为游戏中可被衡量的玩家属性、货币和资源**定义价值**。我们可以使用感性定价的方式为一些可以作为"锚点"的货币、资源或属性定义初始价值，通过转化公式计算获得游戏中其他可被量化的货币、资源或属性的价值。假设每点战力定价为 1 元，通过属性转化公式就可以计算获得每点攻击的价值、生命的价值以及所有战斗属性的价值，相应的资源价值也可以根据成长模块中所投放的属性进行定价。

把游戏成长的消耗数据和资源的价值进行乘法运算，还可以获得对应养成渠道的"养成深度"，比如装备强化模块中一共消耗 10 万个装备强化石，1000万个游戏币，每个装备强化石价值为 1，每个游戏币价值为 0.0001，通过计算就可以获得装备强化的养成深度为 101000（100000×1+10000000×0.0001）。对不同成长模块的"养成深度"进行汇总，就可以获得游戏的"付费深度"，游戏的付费深度从一定意义上直接决定了"**游戏深度**"这个游戏维度数据。通过"游戏深度"可以帮助我们评估游戏的付费深度是否满足商业化需求，不同成长模块的付费是否符合我们的设计预期。

在 4.3.2 节"消耗模型"中，我们根据消耗数量和收益计算获得了不同成长模块的投入产出比。在确立了游戏的价值体系后，把对应消耗资源的价值带入消耗模型，使用消耗资源的价值和战力价值数据，即可获得对应养成渠道的**养成性价比**。通过汇总观察每一个成长模块的**养成性价比**，可以预测玩家在不同成长模块的养成体验，也为优化成长模块提供了重要的数据支持。

在 4.3.3 节"产出模型"中，我们为每一个玩法模块匹配了资源产出数值。把对应资源产出数值的价值带入产出模型，使用产出资源的价值和消耗成本数据，就可以获得对应玩法的**玩法性价比**。通过汇总观察每一个玩法模块的性价比，可以预测玩家在不同玩法模块的收益，也可以汇总获得玩家的每日收益，为优化玩法模块提供重要的数据支持。

在游戏的商业化部分，我们还需要使用价值标杆来计算游戏中所有商品、宝箱等需要被售卖的资源价值。总而言之，价值体系是游戏经济中不可缺少的价值标杆，为游戏提供了标准的价值规范，也为后续优化提供了相应的数据支持。

4.4.1 定义价值

定义价值就是为游戏中可以被量化的货币、资源和战力进行定价。游戏的定价策略与市场营销学的定价策略比较相似，最终目的都是为了追求营销效果和收益的最大化，不同之处在于游戏的商品没有边际成本，也就是游戏的利润只受到商品销售数量的影响（抛开"获客成本"，游戏的 ARPPU 越高，利润越高，ARPPU 指付费用户的平均付费额度）。在大多数情况下，游戏的 ARPPU 数据根据题材和类型的不同，值域也会有所不同（从 0.1 元至上千元均有可能）。只有平衡不同付费用户的付费额度才能保障游戏的实际利润，这些内容涉及游戏运营的知识层面，我们在第 6 章会展开细说。

定义价格时可以优先对**货币和战力进行定价**，再参照消耗模型对游戏的**资源进行定价**。初步定义价格时，并不一定需要非常准确，游戏正式发布前还可以随时根据需求来调整这些价格，这一步定义价格的主要目的是为游戏设定价值标杆，以方便开展后续所有的数值设计工作。

1. 货币和战力

在大多数情况下，货币的价值相对容易确定。假设游戏中包括钻石、绑定钻石、游戏币、竞技币、战场荣誉 5 种游戏货币，其中，钻石、绑定钻石和游戏币为主要货币，竞技币和战场荣誉为次要货币。我们可以根据同类游戏或主流游戏的货币价格确定游戏中付费货币钻石和绑定钻石的价值。**比如常见的付费货币定价比例为人民币∶钻石∶绑定钻石 = 1∶10∶10**。一些面向海外运营的游戏则可以根据实际汇率，先定义某种付费货币价值，再进行相应转换。

在定义了付费货币之间的价值关系后，开始对其他货币进行定价。设定其他货币的价值可以根据一些"约定俗成"的价值关系去定义，也可以掺杂一些自己对游戏的主观理解。比如，我们期望游戏中的"竞技币"非常稀有，且价值很高，那么可以设定 1 个竞技币 = 10 个钻石，这样就相当于 1 个竞技币 =1

元人民币，在游戏中竞技币就非常有价值，任何产出竞技币的玩法都会被玩家重视。

假设游戏中 1 个钻石 = 1000 个游戏币 = 0.1 个竞技币 = 10 点战场荣誉，以此为基准，我们就完成了游戏中主要货币的购买力和主要货币价值这两个价值参数的设定（见表 4-33 和表 4-34）。

（见表 4-33 和表 4-34）

表 4-33　主要货币购买力（1 ￥）

人民币（元）	钻石（个）	绑定钻石（个）	游戏币（个）	竞技币（个）	战场荣誉（点）
1	10	10	1000	1	100

表 4-34　主要货币价值（每单位价值）

人民币（元）	钻石（个）	绑定钻石（个）	游戏币（个）	竞技币（个）	战场荣誉（点）
1	0.1	0.1	0.001	1	0.01

注：价值参数作为基础价值的衡量标准，将会用于衡量游戏中所有可被量化的数据价值，直接影响游戏中各个成长模块和玩法模块的游戏体验和游戏的商业化细节。

一般货币的价值需要尽可能地差异化处理，这样在做投放时就会产生产出的差异性，对玩家的潜意识引导有一些帮助，也更能凸显出某些重点货币的作用，强化玩家的追求。在完成货币价值的定义后，我们开始对游戏的战力进行定价，对游戏战力的定价其实就是对游戏中所有属性进行定价。

在 3.3.1 节"初探平衡性—1. 战力平衡"中，我们为游戏预设了相应的战力数据平衡，也就是在游戏中所有的属性都会转化为一个比较公平的战力数据。如果我们为每点战力确定了价格，就可以通过战力转化公式为游戏中所有的属性进行定价。假设战力值：人民币 = 1：1，也就是每点战力值为 1 元，每提高 1 点生命可获得 1 点战力，每提高 1 点攻击可获得 10 点战力，所以每点生命的价值为 1 元，每点攻击的价值为 10 元。设定战力的价格与货币的方法相似，可以参照同类游戏的价值标准，也可以根据自身理解定义战力的价值。一般情况下每点战力的价值为 1 元，如果战力数值的总量较小，那我们可以让每点战力等于 10 元。

需要注意的是，战力的价值从一定意义上反映了游戏的付费深度，比如游戏中一共投放了 100 点的战力，如果每点战力价值 1 元，那么我们可以推论游戏有 100 万元左右的付费深度。当然这个数值仅作为付费深度的初步预估，并不能直接使用。在 4.4.3 节"游戏深度"中，我们会根据价值体系来计算游戏中所有模块的实际付费深度。

通过对游戏中的战力进行定价，使用 3.3.1 节"初探平衡性—1.战力平衡"中的战力转化公式即可获得游戏中主要属性的价值数据（见表 4-35）。

表 4-35　主要属性价值（每 1/1%，单位元）

战力	攻击	防御	生命	破甲	暴击
1	1	1	0.1	0.76	6

注：以上数据将作为游戏中属性的定价规则，衡量游戏不同养成方式的价值和相应的性价比。如果需要调整以上属性价值，则需要从基础的战力定价开始，再考虑调整相应的转化公式。

在完成价值体系中货币和战力的定价后，下一步，我们将开始对游戏中的资源进行定价。

2. 资源

在 4.2 节"经济流转"的媒介中，我们梳理了游戏中所有的资源种类，并根据资源的使用特征把资源划分为**养成类资源**、**玩法类资源**和**其他资源**三大类。资源定价就是对这三种类型的资源分别定价，不同的资源种类所采用的定价方式也会有所不同。

对**养成类资源**的定价，需要根据对应养成渠道的**战力价值**和**消耗数据**来衡量相应的资源价值。其中，战力价值就是养成渠道为玩家带来的战力价值，消耗数据则是提升该养成渠道所需要消耗的资源总量。

这里我们以 4.3.2 节"消耗模型"中装备强化模块的消耗数据为例，详细描述养成类资源的定价方式。根据装备强化的消耗模型，可以获得如表 4-36 所示数据。

表 4-36　装备强化每级加成属性和消耗数据

等级	攻击	防御	生命	战力	总消耗
1	3	3	30	9	12
2	3	3	30	9	36
……	……	……	……	……	……
……	……	……	……	……	……
49	6	6	60	18	1164

等级	攻击	防御	生命	战力	总消耗
50	6	6	60	18	1188
……	……	……	……	……	……
99	9	9	90	27	2364
100	9	9	90	27	2388
汇总值	594	594	5940	1782	120000

注：攻击、防御和生命属性是6件装备的总属性加成，相应的总消耗数值需要根据单件消耗数量乘6来计算获得。

假设游戏中战力价值为1元，装备强化模块一共为玩家带来了1782点战力，也就是装备强化模块所投放的**战力价值**为1782元。装备强化至满级，总消耗120000颗"装备强化石"，也就是装备强化模块的总**消耗数据**为120000。通过"假设法"，我们暂时规定每颗装备强化石的价格为0.01元，通过计算可以得到总消耗数据的价值为1200元（120000×0.01），消耗价值小于战力价值，该成长模块的综合性价比为1.48（1782÷1200）。当然，我们也可以规定每颗装备强化石的价格为0.02元，通过计算可以获得该成长模块的综合性价比为0.74。

注：成长模块的性价比问题我们将在4.4.2节"性价比"中详细描述，这里的综合性价比主要作为资源定价的参照数据，用于衡量资源的价格是否合理。

对于**玩法类资源**的定价，我们需要根据玩法的**实际收益**和**成本**去衡量相应的资源价值。其中，实际收益就是不同玩法所产出的资源价值，成本则主要包括时间成本、社交成本等。大多数情况下，那些不易量化的"成本"会被忽略，玩法类资源的价值等于实际收益价值，比如玩法类资源"藏宝图"，它的价格就等于该藏宝图产出资源的价格。

对于**辅助类资源**的定价则更倾向于使用感性定价。我们可以根据辅助资源的特点和目的进行相应的价格设定，也可以挖掘辅助类资源的潜在价值进行定价。辅助类资源的定价没有固定的策略可以使用，需要充分发挥个人的想象空间。比如《魔兽世界》中有一个名为"正牌寻宝护符"的辅助类道具，商店售价上百金，这种辅助资源就是通过感性的方式进行定价，满足玩家更高层次的交互需求。

游戏中资源的定价，大多从**收益**和**成本**两个维度开始，再根据不同资源的实际目的进行价格的设定。**收益**维度不单单指实际的游戏收益，还包括一些无形的收益，比如那些可以为玩家带来全新游戏体验的资源，那些可以用来炫耀的资源，甚至有些资源是我们在设计层面就加入了"稀缺性"这一特征，这些资源就自带一定的溢价空间，在定义价格时也需要进行相应的溢价处理。同理，**成本**维度也并不仅仅是玩家在游戏中需要付出的资源成本，时间、金钱、社交，甚至游戏的难度都可以计入成本维度中。成本是我们在定义价值时最容易忽略的，但它却与收益有着同样重要的地位。收益便于衡量，成本则不易衡量，收益的下降或成本的提升都直接影响游戏经济数值的"平衡性"，在定义价值时一定要多关注成本维度，让资源的实际价值更加合理和准确。

在游戏中，收益除以成本就是"性价比"，而性价比也是我们将要展开的价值体系构建的第二个步骤。

4.4.2 性价比

性价比就是商品性能与价格的比值关系，是反映物品可买程度的一种量化方式。在游戏中，性价比主要指"收益"和"成本"之间的比值关系。其中，收益部分就是玩家参与游戏体验所获得的，那些可以被量化的角色属性、虚拟货币、虚拟资源等虚拟数字的价值；成本则主要是玩家参与游戏体验所需要花费的现实金钱、时间、虚拟货币、虚拟资源等消耗物的价值。收益和成本中出现的所有要素一般会使用"价格"这个度量尺进行衡量，有时也会使用"时间"这个度量尺进行衡量。衡量性价比的度量尺必须统一，这样才能准确计算和比对不同游戏内容的性价比数据。

游戏的模块根据其作用主要分为**成长模块**和**玩法模块**两种类型。游戏中性价比的计算也会按照模块的划分进行拆分，也就是针对成长模块的**成长性价比**计算和针对玩法模块的**玩法性价比**计算。

不同成长模块的性价比数据可以反映游戏成长模块的成长体验感受，帮助数值策划优化养成体系的数值架构，为游戏的商业化架构和商业化运营提供相应的数据支持。不同玩法模块的性价比数据可以反映玩家对不同玩法模块的体验感受，更易于关卡策划和数值策划评估玩法的设计是否符合设计目标。

这里，我们就以**成长性价比**和**玩法性价比**两个维度为例，分别阐述游戏性价比的计算和汇总比对的方式。

1. 成长性价比

成长性价比是通过**成长模块为玩家带来的属性价值**和**提升该模块所需消耗的资源价值计算而来的**。其中，玩家属性成长的价值是**收益**，提升该模块所消耗的资源价值是**成本**。通过收益除以成本，即可获得对应成长模块的性价比数据。

一般我们会通过"**广义**"和"**狭义**"两个层面展开成长性价比的计算。**广义成长性价比**就是游戏中单个养成模块的全部收益和全部成本的关系数据；**狭义成长性价比**就是养成模块细化后每一次养成所获得的收益和成本数据。

广义成长性价比以宏观的视角观察游戏中所有养成模块的性价比数据，利于不同养成模块性价比数据的比对；狭义成长性价比以微观的视角观察角色每一次成长的性价比数据，通过性价比收益曲线的走势，了解单个养成模块的成长体验节奏。

（1）广义成长性价比

单个成长模块的收益和成本是衡量广义成长性价比的两个重要参数。在3.3.2 节"养成体系"中，我们通过构建成长和切分成长两个步骤为游戏所有成长模块分配了属性数值；在 3.4.3 节"再遇平衡性"中，我们通过"战力平衡"的原则为游戏的属性定义了相应的战力数值；在 4.4.1 节"定义价值"中，我们为战力数值设定了相应的价格。成长模块的收益价值就是由属性数值乘战力数值乘战力价格计算而来的，公式如下。

$$成长模块收益 = \sum 属性数值 \times 战力数值 \times 战力价值$$

成长模块的成本数据则主要由消耗资源数量乘消耗资源价值计算获得，其中消耗资源数量由 4.3.2 节"消耗模型"中的数据汇总部分计算而来，资源价值则由 4.4.1 节"定义价值"中资源的定价决定。

使用以下公式，通过不同养成模块的"收益数据"和"成本数据"，进行相应的汇总，即可获得游戏的广义成长性价比数据（见表 4-37）。

$$成长模块成本 = \sum 消耗资源数量 \times 消耗资源价格$$

表 4-37　不同成长模块的广义成长性价比数据

游戏成长模块	养成类型	战力价值	消耗价值	综合性价比
等级	活跃	7993	7993	1.00
装备	付费	39961	39961	1.00
装备强化	活跃	20906	68082	0.31
装备升星	付费	115341	139410	0.83
翅膀	活跃	22139	53301	0.42
坐骑	付费	28996	28964	1.00
伙伴	付费	46178	41600	1.11

注：战力价值在多数情况下并不等于消耗价值，只有在使用战力价值作为消耗公式参数时才会出现相等的情况。消耗模型大多以战力价值为参照，对消耗数据进行拟合，以保障消耗价值接近战力价值。

　　我们也可以使用柱状图的形式来查看不同养成模块的综合性价比数据，如图 4-9 所示。

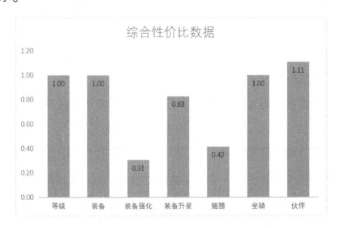

图 4-9　综合性价比数据

注：柱状图可以更加清晰地判断不同成长模块的综合性价比数据的差异。

　　通常，成长模块的综合性价比越高，该养成模块的实际收益越高、成长体验越好、玩家追求动力越强、玩家"付费"购买的意愿越强。那些性价比偏低的成长模块，也并不一定不合理，比如，通过简单体验就可以获得一定数量的成长属性，或者为了商业化运营而大量赠送资源的成长模块，为了保持均衡的成长体验节奏，相应的成长性价比就会偏低。

注：在游戏正式上线的运营阶段，为了吸引更多的游戏玩家，游戏官方会派发大量的"游戏礼包"，这些礼包中经常会放入一些消耗量很大的游戏资源，比如游戏币、药水、强化石等。这些被派发出去的资源属于额外产出部分，玩家提前获得可能会影响我们提前预设好的成长体验，所以在制作游戏时会提前考虑这些礼包所带来的影响，策划有时会提前将个别体验不好的成长模块定义为"垃圾"成长线，该成长线所消耗的游戏资源主要通过"玩家礼包"的形式进行产出。

有时我们还需要多考虑一些其他的要素来界定成长模块的综合性价比数值，比如"时装"成长模块，除了加成玩家的战力数值，还可以为玩家带来全新的角色外观。设定不同时装的综合性价比，就需要考虑角色外观所带来的"溢价效应"。

在完成广义成长性价比的计算后，我们开始计算狭义成长性价比。

（2）狭义成长性价比

狭义成长性价比就是衡量养成模块中每一次养成所获得的收益和成本数据。属性收益的价值和消耗资源价值的计算方法与上面广义成长性价比的计算方式相同，这里不再赘述。

使用成长模块的战力价值和消耗价值，即可获得游戏的狭义成长性价比数据（见表4-38）。

表4-38 不同成长模块的狭义性价比数据

A成长模块				B成长模块				C成长模块			
养成等级	战力价值	消耗价值	性价比	养成等级	战力价值	消耗价值	性价比	养成等级	战力价值	消耗价值	性价比
1	6	1	6.00	1	7.2	1	7.20	1	237	100	2.37
2	12	5	2.40	2	14.4	6	2.40	2	474	216	2.19
……	……	……		……	……	……		……	……	……	
10	60	48	1.24	10	72	100	0.72	5	1185	795	1.49
……	……	……		……	……	……		……	……	……	
20	120	117	1.03	20	144	250	0.58	10	2370	2305	1.03
……	……	……		……	……	……		……	……	……	
30	180	279	0.65	25	216	1500	0.14	15	3555	4081	0.87
……	……	……		……	……	……		……	……	……	
50	300	678	0.44	30	360	3000	0.12	20	4740	12726	0.37

注：以上数据均为事例数据，仅用于狭义性价比数据的举例。

同理，我们可以使用图形化的方式来查看不同成长模块的狭义性价比（见图 4-10 ）。

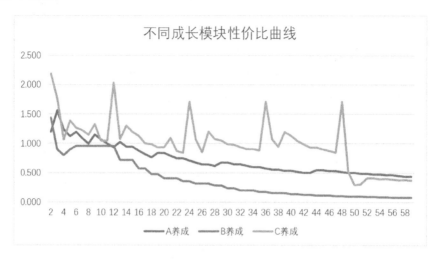

图 4-10　不同成长模块性价比曲线

注：狭义成长性价比由于数据量偏大，更适合使用折线图的展现方式，成长性价比曲线可以反映不同成长模块在游戏的生命周期内成长性价比的变化趋势。

通过计算和汇总游戏中所有成长模块的性价比数据，观察不同模块养成性价比的曲线走势，可以更加清晰地了解游戏生命周期各个时间节点下，不同成长模块的成长数值，便于我们从体验层面评估不同模块的成长感受，为游戏体验的优化提供相应的数据支持。

2. 玩法性价比

玩法性价比是通过**不同玩法所产出的资源价值**和**参与该玩法所消耗时间价值**计算而来的。其中玩法产出的资源价值是**收益**，玩家参与该玩法所消耗的时间价值是**成本**。使用收益除以成本，即可获得对应玩法在单位时间的性价比数据。

这里我们以 4.3.3 节"产出模型"中的底层架构所定义的不同玩法**产出分配**、**产出参数**，以 4.4.1 节"定义价值"中不同资源的价值为源数据，计算游戏中不同玩法模块的性价比数据（见表 4-39 ）。

表4-39　不同玩法的性价比数据

玩法事例	收益	成本	性价比	元宝	游戏币	绑定元宝	竞技点	A资源	B资源	B资源
资源价格				0.1	0.001	0.1	1	0.5	0.1	2
日常任务	260	15	17.33		150000	60		208		
普通副本	129	8	16.13		25000			208		
试练	166	10	16.60		150000	120				2
精英副本	129	15	8.60		50000	30		104		12
好友	1.5	0.5	3.00			15				
挚友	7.5	1	7.50						75	
组队	10	2	5.00		10000					
师徒	15	5	3.00		15000					
团队	29	5	5.80		25000					2
公会	29	15	1.93		25000					2
阵营	52	15	3.47	20	50000					
竞技场	250	20	12.50				250			
武斗场	100	30	3.33				100			
世界 boss	11.5	3	3.83			15				5
武道会	56	15	3.73			60	50			
国战	105	60	1.75	50			100			
公会战	3	10	0.30	30						
汇总	1354	230	5.89	100	500000	300	500	520	75	23

注：以上数据均为举例，实际游戏的数据不能以此为参照。

在查看不同玩法的性价比时也可以使用图形化的方式，以便直观地比对不同玩法的性价比数据（见图4-11）。

> **注**：使用性价比数据时需要注意，不同的游戏模块，由于价值和成本计算时所使用的参数和数据源不同，性价比数据可能会出现失真情况，所以此时性价比数据只能作为参照数据，不能用于全面评判游戏设计的合理性，也不一定能真实地反映游戏的体验。

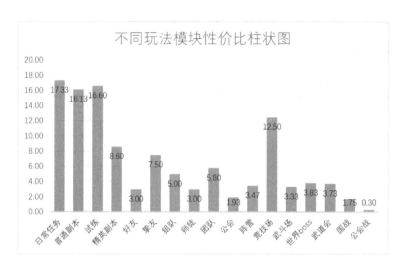

图 4-11   不同玩法模块性价比柱状图

　　玩法性价比只需计算"广义"层面的性价比，大多数情况下"狭义"性价比数据与 4.3.3 节"产出模型"底层架构中的增长系数有着比较紧密的联系，相应的曲线走势也会与之相似，所以这里可以忽视"狭义"层面的性价比计算环节。

　　游戏中玩法的性价比数据既注重结果，又关注过程；既需要评估每个成长模块的性价比数据，又需要评估性价比计算过程中的收益数据和成本数据。其中，玩法性价比的结果数据可以从一定层面反映玩法的重要度，以及玩家的追求程度，收益数据可以用来统计每个玩法产出的价值数据和玩家每日可获得的资源总价值（日常的产出数据），成本数据可以用来衡量每个玩法消耗的时长和玩家每日需要消耗的游戏总时长。

　　使用以上数据，可以帮助我们通过多个维度查看不同游戏玩法的"参数"信息，也更便于游戏设计师从多个维度优化这些"参数"数据，让每一个玩法内容完美地实现其目的和价值，每一个玩法体验从经济层面达到"合理"和"平衡"。

　　通过对游戏的**成长性价比**和**玩法性价比**计算，"经济数值—价值体系"的性价比部分也正式完成，游戏的性价比数据主要用于评判游戏的成长模块和玩法模块，是评判游戏体验过程的重要参照数据，为游戏的战斗数值和经济数值优化工作提供理论层面的数据支持。

4.4.3 游戏深度

我们通常所说的游戏深度，并不单指游戏的可玩性和耐玩性。游戏深度有时也可以理解为游戏的付费深度或者游戏的付费空间，也就是游戏中所有可量化的属性和内容的价值量。付费深度不能完全代表游戏可以产生的收益状况，一般游戏的直接收益是由游戏的商业化所决定的。

游戏的付费深度由"**成长模块付费深度**"和"**玩法模块付费深度**"构成。成长模块的付费深度相对容易量化，使用成长性价比中每一个成长模块的消耗价值即可获得基准付费数据；玩法模块的付费深度大多较难进行量化，需要根据游戏生命周期进行预估。如果游戏中玩法模块的付费深度较小，那么在计算游戏深度时可以忽略这一部分，只需计算成长模块的付费深度即可。

> **注**：游戏玩法模块的付费大多以出售成长为主，这也是忽略计算玩法付费深度的一个重要因素。

一般情况下，我们在计算游戏成长模块的付费深度时，会加入一些修正参数来调整不同模块的消耗价值。这些参数主要根据不同模块可"付费"的资源比例进行设定，也就是对应模块下我们所预设的用于销售的资源比例。比如，游戏中的装备强化模块，强化装备总量需要消耗120000颗装备强化石，我们期望预留40%（48000颗）的资源用于付费销售，剩余60%（72000颗）的资源用于免费投放，40%将作为成长模块的参数，用于实际付费深度的计算。

这里使用4.4.2节"性价比"中所获得的成长性价比数据，加入"修正参数"，代入以下公式，就可以获得真实的成长付费深度，也就是游戏深度（见表4-40）。

成长模块付费深度（修正后）＝∑每一个成长模块的付费深度 × 修正参数

表 4-40 游戏深度

游戏成长模块	养成类型	战力价值	消耗价值	付费比例	实际付费深度
等级	活跃	7993	7993	40%	3197
装备	付费	39961	39961	100%	39961
装备强化	活跃	20906	68082	40%	27233
装备升星	付费	115341	139410	70%	97587

续表

游戏成长模块	养成类型	战力价值	消耗价值	付费比例	实际付费深度
翅膀	活跃	22139	53301	40%	21320
坐骑	付费	28996	28964	80%	23171
伙伴	付费	46178	41600	70%	29120
综合付费深度					241589

注：付费比例数据可以根据成长模块的定位进行设定，不同成长模块的付费比例可以为游戏的商业化提供数据支持。

　　我们也可以通过图形化的方式来查看不同成长模块的付费深度数据（见图 4-12）。

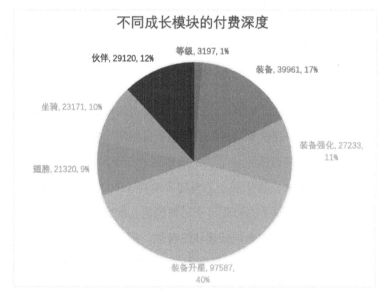

图 4-12　不同成长模块的付费深度

注：饼状图中的文字部分分别代表成长模块的名称、成长模块的付费深度和付费占比，查看对应模块的付费占比数据，可以评估游戏的付费结构是否合理。

　　游戏的付费深度虽然不能直接代表游戏的实际付费数据，但它决定了游戏的付费空间，从一定意义上影响了游戏的利润规模。当然也不是付费深度越大就代表游戏越赚钱，所有在游戏初次测试就展现出巨大"付费坑体"的游戏，玩家的口碑一定很差。我们可以根据游戏运营的周期节点去设定相应的付费深度，比如在游戏初次测试时只预设 20 万元的付费深度，用于观察玩家对付费形式和付费内容的接受程度。后续每一次迭代游戏版本，都可以新增20万元的付费深度，通过循序渐进的模式逐步扩大游戏的付费深度，这样做既可以保障游戏的收入状况，又可以避免因"吃相太差"而引起玩家的反感。

在游戏的研发过程中，我们也可能因为一些其他的外部因素而需要扩大初始上线阶段的游戏付费深度，比如某游戏平台对初上线游戏的付费深度需求不小于100万元。在这种情况下，我们就需要权衡口碑和利润哪一个更重要，如何平衡两者的关系才能保障收益的最大化。

至此，游戏经济数值的架构流程全部完结。

通过构建游戏的战力数值和经济数值，我们为游戏建立了一整套数值框架，为游戏内角色的成长和不同的玩法计算了相应的配置数据。数值的核心目标是为游戏打造一个经得起体验、易于优化，且具有极强拓展性的数值体系，就像工厂制造汽车，汽车工程师针对不同的需求端，经过几十道工序成功制造出一台汽车样品，但是这辆汽车究竟如何，它的各方面性能、参数、零件搭配是否合理，很难直观地从外表看出来，需要一套标准的检验流程去详细测量这辆汽车的各方面数据。游戏数值同理，我们需要建立一套标准的检验流程来观察和验证数值的设定是否合理，玩家的游戏体验是否符合我们的设计期望，而这套检验流程就是**对游戏数值进行全面的复盘**。

第5章

游戏数值的复盘

在设定游戏的战斗数值和经济数值时，我们采用了正向的制作流程，通过属性定义、战斗框架、能力量化和人工智能4个步骤完成游戏的战斗数值架构，通过经济模式、货币和资源、经济框架和价值体系完成游戏的经济数值架构。

在进行游戏数值的全面复盘时，我们可以使用反向推导来完成，先复盘游戏的经济数值，再复盘游戏的战斗数值。先根据游戏产出数据衡量玩家在周期内可以提升的养成等级，以及达到可提升最高养成等级时，资源的盈缺数量；再通过养成等级复盘玩家可以体验的游戏玩法；最后通过养成数据模拟玩家与电脑之间，玩家与玩家之间的战斗体验。这一套流程也恰好对应了游戏中经济数值的模拟、养成数值的模拟和战斗数值的模拟，这3个部分的模拟过程可以称为**经济复盘、成长复盘和战斗复盘**。

当数值策划完成游戏的复盘，模拟了玩家在游戏中的游戏历程和体验过程后，还需要根据复盘的结果，为玩家设定相应的阶段目标。几乎所有的游戏都是依靠目标来驱动玩家进行游戏的。根据游戏类型的不同，玩家的目标也不同。比如角色扮演类游戏依靠角色养成推动，玩家的重要目标就是培养角色，打败敌人；解谜类游戏依靠剧情推动，玩家的重要目标是解开谜题，推进剧情；格斗类游戏依靠战斗驱动，玩家的重要目标是练习格斗技巧，打赢目标。这些都是游戏的目标，在设计游戏时我们需要引导玩家循序渐进，把大目标切碎为一个又一个的阶段目标。而这些阶段目标的设定就需要依靠对游戏的复盘，通过复盘游戏历程获得阶段的相关数据，再根据这些数据为玩家定制阶段性目标，优化游戏的体验节奏，让游戏变得更好玩。

> 注：关于阶段目标的内容我们将在第 7 章中介绍。

5.1　经济复盘

如果经济是一条可以流动的河流，那么产出代表上游涌入的水量，而消耗代表下游排出的水量。如果产出大于消耗，这条流动的河流就会引发洪涝灾害；如果产出小于消耗，这条流动的河流最终会由于干旱而导致流动性枯竭。经济复盘就是对这条河流的上游放水量和下游排水量进行数据统计，根据"放水量"和"排水量"数据获得河流水量的盈缺数据，以此判断这条河流所带来的生态环境影响。同理，游戏的经济复盘就是对经济框架中产出模型和消耗模型进行复盘，通过"产出端"和"消耗端"计算经济数值的盈缺数据，以此判断游戏的生态状况。

在构建游戏的战斗数值部分，我们根据战斗的设计目标构建了游戏的成长结构，以小时或天为单位预估游戏的生命周期，经济复盘就是以游戏生命周期为时间节点，统计产出模型中重点货币和资源的产出数量。消耗模型的成长模块中，单位时间内提升至相应成长等级所需资源的消耗数量（比如在游戏首日、玩家通过不同玩法总共可以获得 1 万个游戏币、角色等级最高可提升至 30 级、装备强化等级最高可提升至 30 级，通过索引数据可以获得装备强化到 30 级需要消耗 8000 个游戏币。其中获得的 1 万个游戏币是资源的产出数量、消耗的8000 个游戏币则是资源的消耗数量）；使用产出数量与消耗数量进行减法运算，获得不同时间节点资源盈缺的数量。其中，统计不同玩法产出货币和资源数量的过程，称为**产出复盘**；统计不同成长模块消耗货币和资源数量的过程，称为**消耗复盘**；而计算游戏资源盈缺数量的过程，称为**资源盈缺**。通过观察不同时间节点下资源的盈缺数据，可以帮助我们评估游戏不同时期的经济运转状况，推断游戏的生态状况。

经济复盘最重要的作用是衡量游戏中产出模块和消耗模块的匹配程度，以及玩家在当前经济框架下的游戏体验。通过对游戏经济数据的复盘，我们可以更容易地察觉经济数值在不同时间节点下所潜在的设计层面问题，及时调整这些不合理设定，才能保障游戏经济的平衡和稳定。

5.1.1 产出复盘

在处理游戏的产出复盘时，我们一定要有这样的概念，"大多数游戏的产出不仅仅指产出模型中计划产出的资源，还会有许多额外产出的资源"。这里额外产出的资源就是我们通过商店、活动、任务、成就等形式给予玩家的某些资源奖励。在 4.3.3 节 "产出模型" 中，资源的计划产出数量是通过数据模型计算获得的，可以快速计算和灵活调整，而额外的产出则需要 "人肉" 随时更新和调整。产出复盘的统计思路也正是通过对计划产出和额外产出进行汇总而获得游戏的实际产出数据，以此完成游戏资源的产出复盘。

在 4.3.3 节 "产出模型" 中，我们通过产出模型架构计算并获得了所有游戏玩法的产出数据。对游戏中所预设的产出，通过索引的形式，把所有产出数据进行汇总，即可获得**计划产出数据**；对额外的产出，则需要逐个梳理和查找这些产出数据，从而形成**额外产出数据**。

以天为单位，对不同周期的计划产出数据和额外产出数据进行汇总，就可以获得对应货币和资源的周期产出数据（见表 5-1）。

表 5-1　资源 A 周期产出数据汇总

游戏周期（天）	玩家等级	总产量	每日奖励（计划产出数据）				一次性奖励（额外产出数据）	
			玩法 A	玩法 B	活动 C	商店 D	宝箱 E	成就 F
1	42	12943	1330	450	663	500	5000	5000
2	49	23829	2660	900	1326	1000	5000	0
……	……	……	……	……	……	……	……	……
30	97	2083605	56525	24750	18854	15000	0	0
……	……	……	……	……	……	……	……	……
100	133	22216827	225435	108750	62674	50000	0	0

注：如果在此阶段还没有开始相应的一次性奖励预设，那么此处可以先做预留，后续有投放时再并入产出数据汇总。这里需要注意的是，产出复盘中的所有数值均需要使用索引数值，尽量避免人工填写，否则在后续调整数值模型时很可能会遗漏更新后的产出数据。

使用以上方法，对游戏中所有重点货币和资源产出的方式和数量进行统计和汇总，就可以获得不同生命周期节点下，货币和资源的产出数量，从而完成游戏的产出复盘，为后续"资源盈缺"和"成长复盘"提供重要的数据支持。

在完成产出复盘后，下一步我们开始经济模型中消耗的全面复盘。

5.1.2 消耗复盘

消耗复盘的锚定点与产出复盘相同，都是以生命周期为时间节点计算单位时间内游戏中货币和资源的消耗数量。大多数游戏主要货币的消耗途径由成长模块和玩法模块组成，而资源的消耗途径则只有成长模块。

统计成长模块的消耗数据较为统一，都以**对应周期下成长模块可提升的等级**为索引值，计算提升至对应等级所需要消耗的资源数量。统计玩法模块的消耗数据则需要根据玩家在游戏生命周期节点内参与游戏玩法所需要消耗的货币数量作为玩法模块的资源消耗数量。比如，游戏中常见的金币，作为游戏的主要货币既可以用于成长模块的消耗，又可以用于购买药品、修复装备等日常和功能类消耗。而游戏中的资源——装备强化石则主要用于装备强化这个成长模块中。在汇总游戏中金币的消耗时，既需要统计金币在成长模块的消耗数据，又需要统计金币用于不同玩法的消耗数据，而汇总装备强化石这个资源的消耗数据时，则只需要统计装备强化这个成长模块所消耗的数据。

通过对货币和资源消耗方式和每一种方式的消耗数量进行统计和汇总，就可以获得不同货币和资源在游戏生命周期的消耗数据（见表 5-2）。

表 5-2 资源 A 消耗数据汇总

游戏生命周期（天）	玩家等级（期望值）	养成等级（可提升）	总消耗数量
1	42	11	57636
2	49	12	93431
……	……	……	……
30	97	22	2506282
……	……	……	……
100	133	29	10469466
……	……	……	……
150	149	32	17335196

游戏生命周期（天）	玩家等级（期望值）	养成等级（可提升）	总消耗数量
……	……		……
200	163	35	27398030
……	……		……
300	190	40	54116387

注：如果对主要货币进行消耗复盘，则需要汇总不同成长模块和日常消耗的资源数量，总消耗数量采用累计消耗汇总方式，也就是提升至对应等级所需要消耗的资源总数量。

使用以上方法，对游戏中所有重点货币和资源的消耗方式、数量进行汇总，就可以获得对应游戏生命周期节点下，货币和资源的消耗总量，从而完成游戏的消耗复盘。

游戏的消耗数据主要用于后续"资源盈缺"的计算，单独查看游戏的消耗数据只能大致了解游戏经济流转的规模，对游戏的优化没有实质的指导意义。

5.1.3 资源盈缺

计算游戏生命周期节点资源盈缺的方式就是把产出复盘所获得的产出数据和消耗复盘所获得的消耗数据进行减法运算。我们也可以通过计算资源的"盈缺比"来了解不同周期资源的消耗数据和盈缺数据之间的比例关系。

通过 5.1.1 节和 5.1.2 节我们统计所获得的产出数据和消耗数据，代入以下公式进行计算，即可获得对应货币和资源的盈缺数据（见表 5-3）。

资源的盈缺数量 = 产出数量 − 消耗数量

资源的盈缺比 =（产出数量 − 消耗数量）÷ 消耗数量

表 5-3　资源 A 盈缺数据

游戏周期（天）	玩家等级	盈缺数值	盈缺比	总产量	总消耗
1	42	−44693	−78%	12943	57636
2	49	−69602	−74%	23829	93431
……	……	……	……	……	……
30	97	−422677	−17%	2083605	2506282
……	……	……	……	……	……
100	133	11747361	112%	222168267	10469466
……	……	……	……	……	……

游戏周期（天）	玩家等级	盈缺数值	盈缺比	总产量	总消耗
150	149	34429618	199%	51764814	17335196
……	……	……	……	……	……
200	163	68042271	248%	95440301	27398030
……	……	……	……	……	……
300	190	171057388	316%	225173775	54116387

我们也可以使用图形化的方式更直观地查看相应资源的盈缺比曲线走势（见图 5-1）。

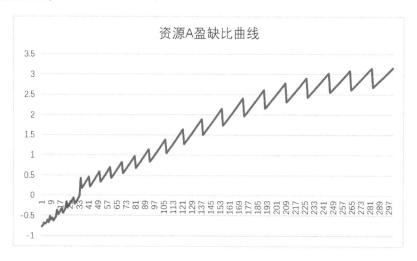

图 5-1　资源 A 盈缺比曲线

注：通过观察上述资源 A 的盈缺曲线，我们不难发现，资源 A 在游戏生命周期的前 30 日内均为缺乏状态。30 日之后出现盈缺比回正，资源 A 的产出数量远远大于消耗数量，玩家所拥有的资源 A 开始进入盈余状态，此时玩家对资源 A 的追求动力下降，游戏中资源 A 产生通涨态势。针对这样的形式我们需要新增资源 A 的消耗途径或降低 A 资源的产出数量，以保持游戏经济流转的正常运行。

在游戏中，合理的"盈缺比"数据应该永远在负数状态，也就是游戏的消耗数据永远大于产出数据。具体的资源"盈缺比"数值我们可以使用**恩格尔系数法**进行相应的预估。

恩格尔系数法是国际上常用的一种测定贫困线的方法，主要用于计算食物支出对总支出的比率（R1）和计算食物支出对收入的比率（R2）数据，公式如下。

食物支出对总支出的比率（R1）＝食物支出变动百分比 ÷ 总支出变动百分比 x 100%

食物支出对收入的比率（R2）＝食物支出变动百分比 ÷ 收入变动百分比 x 100%

R1 和 R2 数据都可以应用于游戏场景，为游戏的设计提供一定的数据指导。其中，R1 数据主要用于指导资源"盈缺比"的设计；R2 数据主要用于市场经济或计划经济模式下，玩家自由交易数据的占比分布。这里我们主要描述如何通过 R1 数据判断"盈缺比"数据的合理性。

根据恩格尔系数法，我们可以得知 R1 越小，国民越富裕。对应游戏资源的"盈缺比"数据，则是数值越小，玩家对资源的追求度越低。

R1 大于 60% 时，国民处在贫困状态；在游戏中玩家面临生存压力，生存压力越大玩家流失的可能性越大。

R1 为 50%~60% 时，国民处在温饱状态；在游戏中玩家会注重个人成长，游戏参与热情高涨，游戏体验最佳。

R1 为 40%~50% 时，国民处在小康状态；在游戏中玩家开始追求社交玩法，个人成长动力下降，游戏体验良好。

R1 为 30%~40% 时，国民处在富裕状态；在游戏中玩家开始追求荣誉向内容，游戏进入瓶颈状态；

R1 低于 30% 时，国民最富裕，在游戏中玩家开始追求更高端的自我实现，此阶段玩家最容易流失。

注：R1 的 5 个阶段可以使用马洛斯需求层级的原理进行解读，当玩家处在不同的生活状态时，需求也会有所不同。

在大多数情况下，我们需要保持游戏中的"盈缺比"数据在 −50% 左右。

对游戏的产出和消耗进行复盘，可以获得游戏不同周期的资源产出数据和资源消耗数据。对产出数据和消耗数据进行计算，可以获得不同周期的资源"盈缺比"数据。在完成这些步骤后，我们将开始对游戏的成长进行全面的复盘。

5.2 养成复盘

养成复盘就是对战斗框架中角色的**等级成长**和**属性成长**进行复盘。在 5.1.1 节"产出复盘"中，我们通过统计和汇总资源的产出渠道，获得游戏生命周期中不同货币和资源的产出数据。养成复盘就是通过这些产出数据，查找索引对应成长模块的养成等级，通过对应养成等级数据，获得对应的属性数据和战力数据，以此评估战斗框架下角色的成长是否符合设计预期。

以游戏生命周期节点为坐标系，对游戏中所有的成长模块进行复盘，获得游戏生命周期中每一个时间节点玩家可以获得的属性数值，代入战力计算公式，就可以计算相应的战力数据。通过观察战力数据的成长曲线，可以了解游戏中玩家的成长节奏，在什么样的节点成长缓慢而容易引起玩家的流失，在什么样的节点成长过快导致成长不够平滑。通过对战力数值的汇总和分析，可以帮助我们优化游戏的成长体验，并且为后续的战斗复盘提供更为准确的属性参照。

在对游戏成长进行全面复盘之前，我们需要对游戏中最核心的成长——等级成长进行复盘。等级成长在大多数游戏中都作为玩家成长的"标杆"，游戏中有许许多多的成长模块会绑定"等级"这个成长标杆作为养成的先决条件，比如，穿带装备要求角色等级、装备强化的最高等级与角色等级绑定等。当然在一些不以等级为标杆的游戏中，比如策略类游戏常以主建筑的等级为标杆，其他建筑或英雄的等级会把主建筑等级作为前置条件，不论游戏的"成长标杆"以什么形式出现，都需要一条核心的成长模块作为成长标杆，通过这个"标杆"才能准确地衡量游戏中其他成长模块的成长数据。

5.2.1 等级复盘

等级复盘是利用 5.1.1 节"产出复盘"中统计和汇总的经验产出数据，反向推理角色等级。在 3.3.2 节"养成体系 1. 构建成长—（1）等级成长"中，我们已经初步拟定了游戏等级的成长数据，此数据也作为游戏生命周期的"成长标杆"而应用于游戏中所有关于"时间周期"的计算方法中。这一步对游戏"成长标杆"的复盘将会成为养成复盘的根基，如果复盘所获得的成长体验不符合期望的成长节奏，那么游戏中所有利用"成长标杆"作为数据源而设计的成长体验都会不符合设计需求。

这里我们以 5.1.1 节"产出复盘"中所定义的**计划产出数据**和**额外产出数据**为例，对游戏中经验值这个资源进行相应的数据统计和汇总（见表 5-4）。

表 5-4 角色等级复盘数据汇总

游戏周期（天）	预设玩家等级	实际玩家等级	总经验产出	每日奖励汇总值（计划产出数据）				一次性奖励（额外产出数据）
				玩法 A	玩法 B	玩法 C	活动 D	主线任务
1	42	48	32128	9638	8032	4819	6425	3212
2	49	59	68256	20476	17064	10238	13651	6825
……	……		……	……	……	……	……	……
30	97	120	1076400	322920	269100	161460	215280	107640
……	……		……	……	……	……	……	……
100	133	173	3768000	1130400	942000	565200	753600	376800
……	……		……	……	……	……	……	……
150	149	201	5922000	1776600	1480500	888300	1184400	592200
……	……		……	……	……	……	……	……
200	163	244	8256000	2476800	2064000	1238400	1651200	825600
……	……		……	……	……	……	……	……
300	190	301	12744000	3823200	3186000	1911600	2548800	1274400

注：表 5-4 中玩法 A（玩法 B、玩法 C、玩法 D）指该玩法的每日产出经验，简写为玩法 A（玩法 B、玩法 C、玩法 D）。每日产出经验均为累计值，对应每日可以累计获得的经验数量。预设玩家等级是 3.3.2 节"养成体系—1. 构建成长"中，我们根据体验节奏预设的玩家在不同游戏周期的等级数值，实际玩家等级则通过总经验产出，反向模糊匹配角色升级数据而获得的实际玩家等级。比如在玩游戏的第 2 天，玩家可以获得 68256 点经验，通过 Excel 中的函数 VLOOKUP（68256，升级数据组，位置，TURE），即可模糊匹配获得 68256 点累计经验可以提升的实际等级为 59 级。

在大多数情况下，等级复盘所获得的实际等级数据都会与期望等级数据有所出入。这里主要是因为在构建游戏的等级成长时，数值策划所构建的游戏数值框架还较少，未能将所有的产出途径囊括进数值架构中。这一步我们可以通过对 3.3.2 节"养成体系"中经验值公式进行修正，来解决实际等级数据与期望等级数据不匹配的问题。

注：假设游戏的经验值公式为经验值（每级消耗）= 单级时长 × 角色等级^2 × 修正值，则可以通过增加参数的形式来调整每次升级所需要的经验值数量，公式修改为经验值（每级消耗）= 单级时长 × 角色等级^2 × 修正值 + 参数，这里的参数主要指在不同等级时玩家可获得的一次性奖励数值，如果不能根据等级确定数值，则可以根据游戏周期按照每日的经验量级进行设定。

等级复盘并不单指复盘"活跃玩家"的等级成长。在游戏商业化阶段，我们很可能会对提升"游戏标杆"的养成材料进行贩卖，比如出售用于获得"经验值"的道具——经验丹。在游戏中出售升级经验的行为会直接影响游戏的数值体系，在养成复盘时需要提前预估这个行为。

在游戏中，出售资源的数量级大多以比例的形式进行投放，也就是根据基础产量的倍率进行售卖。比如，游戏中活跃玩家每日可获得的经验数量为100，我们所预设每次售卖的经验数量为基础数量的10%，也就是玩家每次可以购买获得10点经验（100 × 10%），根据玩家层级的不同，假设小额付费玩家会选择购买3次，中额付费玩家购买10次，大额付费玩家最多可购买20次，通过计算就可以获得免费玩家每日可以获得100点经验，小额付费玩家可以获得130点经验，中额付费玩家可以获得200点经验，大额付费玩家可以获得300点经验。不同层级的玩家每日可提升的等级是不同的，在对数值进行复盘时，需要对不同层级的玩家进行全面的数值复盘（见表5-5）。

表5-5 不同层级玩家的角色等级复盘

游戏周期（天）	活跃玩家等级	小额付费玩家等级	中额付费玩家等级	大额付费玩家等级	活跃玩家经验产出	小额付费经验产出	中额付费经验产出	大额付费经验产出
1	48	51	58	65	32128	41767	64256	96384
2	59	63	71	78	68256	88733	136512	204768
……	……	……	……	……	……	……	……	……
30	120	128	145	164	1076400	1399320	2152800	3229200
……	……	……	……	……	……	……	……	……
100	173	191	233	288	3768000	4898400	7536000	11304000

游戏周期（天）	活跃玩家等级	小额付费玩家等级	中额付费玩家等级	大额付费玩家等级	活跃玩家经验产出	小额付费经验产出	中额付费经验产出	大额付费经验产出
……	……	……	……	……	……	……	……	……
150	208	235	295	378	5922000	7698600	11844000	17766000
……	……	……	……	……	……	……	……	……
200	244	280	360	475	8256000	10732800	16512000	24768000
……	……	……	……	……	……	……	……	……
300	308	361	485	662	12744000	16567200	25488000	38232000

注：区分不同层级用户的复盘方法同样适用于经济复盘。在养成复盘时我们也需要对不同层级的玩家进行复盘，这样才能更加全面地了解不同层级用户的游戏体验节奏。本章由于篇幅原因只描述了活跃玩家的数值复盘，在实际的游戏复盘中，我们需要根据用户的层级定位，复盘不同层级用户的数值体验，分层越细，也就越接近真实的游戏生态。

在完成等级复盘后，下一步我们将开始对游戏中不同的成长模块进行全面的成长数据复盘。

5.2.2 成长复盘

成长复盘就是对游戏中所有成长模块的成长等级和成长属性进行全面的数据复盘。成长复盘的核心目的是通过汇总和计算，了解不同"参照坐标系"中，不同成长模块的成长数据，以评估玩家在不同时期的成长体验，也为后续战斗复盘提供相应的数据支持。

根据参照坐标系的不同，我们可以把成长复盘分为以游戏周期为参照坐标系的**周期成长复盘**和以玩家等级为参照坐标系的**等级成长复盘**。通过周期养成复盘获得的不同时间节点下玩家的成长数据，主要用于评估不同时期玩家的成长体验；通过等级养成复盘获得"成长标杆"节点下玩家的成长数据，主要用于确立游戏的阶段目标，也为后续战斗复盘提供数据支持。

1. 周期成长复盘

周期成长复盘就是使用产出数据，索引查找对应成长模块可提升的等级数据，再通过对应的等级数据获得该玩家属性数值的过程。

我们可以使用以下 4 个步骤，来完成游戏周期成长的数据复盘工作。

第 1 步，**索引产出数据**。在 5.1.1 节"产出复盘"中，我们统计和汇总了不同货币和资源的产出数据，这里只需要把相应的结果数据，索引至"成长复盘"的数据结构中即可（见表 5-6）

表 5-6 不同资源的产出数据（累计值）

游戏周期（天）	玩家等级	资源 A 总产量	资源 B 总产量	资源 C 总产量
1	48	1330	450	663
2	59	2660	900	1326
……	……	……	……	……
10	87	16625	4800	6334

第 2 步，**建立消耗矩阵**。在 4.3.2 节"消耗模型"中，我们为每一个成长模块细化了每次养成所需要消耗的资源数据，这里我们需要根据不同成长等级的消耗数据，建立一个消耗矩阵，用于查询消耗和等级的关联数据（见表 5-7）。

表 5-7 消耗数据矩阵（累计值）

成长等级	成长模块 1 消耗总量	成长模块 2 消耗总量	成长模块 3 消耗总量	可提升等级
1	1	100	450	2
2	6	216	900	3
……	……	……	……	……
10	100	2305	4800	11

第 3 步，**匹配成长等级**。使用第 1 步中得到的产出数据，模糊匹配第 2 步的消耗矩阵，即可获得对应成长模块的可提升等级数据（见表 5-8）。

表 5-8 不同成长模块周期内可提升等级数据

游戏周期（天）	玩家等级	成长模块 1 可提升等级	成长模块 2 可提升等级	成长模块 3 可提升等级
1	48	8	2	5
2	59	12	4	8
……	……	……	……	……
10	87	22	16	30

第4步，**索引属性数据和战力数据**。使用对应成长模块可提升等级，索引3.3.2节"养成体系—3. 细化成长"中我们为每一个成长模块分配的属性数据，即可获得不同周期下角色的成长属性数据和战力数据（见表 5-9）。

表 5-9　不同周期下角色的成长属性数据和战力数据

游戏周期（天）	战力汇总	A 养成复盘						B 养成复盘					
		A 成长模块战力	职业 1 属性汇总			A 养成等级	产出 A 养成资源汇总 1	B 成长模块战力	职业 1 属性汇总			B 养成等级	产出 B 养成资源汇总 1
			生命	攻击	防御				生命	攻击	防御		
1	11374	3991	1996	798	198	4	1087	7383	3213	615	301	29	672197
2	16945	6443	3223	1287	320	5	1843	10502	4561	873	430	35	1213131
……													
30	77776	18754	9380	3750	935	8	25877	59022	25350	4899	2436	72	14576975
……													
100	191733	31851	15930	6370	1590	10	84945	159882	68465	13268	6611	102	47402747

注：以上数据均为事例数据，主要用于成长复盘过程的讲解。

通过以上 4 个步骤，对游戏中成长模块进行全面复盘，就可以获得游戏中所有成长模块的成长数据。需要注意的是，有些成长模块会随着一些条件的开放而开放，所以我们在计算时需要排除掉那些还未开放的时间段。

在对游戏所有的成长模块进行复盘后，我们就可以评估在不同的生命周期节点，玩家的成长体验。再根据不同的成长体验需求，优化和调整相应的数值模型，以确保游戏的数值为游戏带来正向和积极的游戏体验。

2. 等级成长复盘

等级养成复盘与周期养成复盘的思路大致相同，只是在具体的做法上有所差异。在大多数游戏中，等级成长与其他的模块成长并没有直接的对应关系，也就是等级成长的节奏并不能影响其他模块的成长节奏。在以等级为坐标系，对成长进行复盘时，我们需要引入一个共同媒介，就是"周期"。也就是把等级复盘所获得的**等级与周期数据**和周期成长复盘所获得的**成长模块与周期数据**进行拟合，以获得不同等级下角色的成长模块数据（见表 5-10）。

表 5-10 A 养成模块等级成长复盘

玩家等级	游戏周期（天）	属性占比	A 养成复盘				
			A 养成模块战力	职业 1 属性汇总			
				生命	攻击	防御	
1	0.02	2.38%	95	47	19	4	
2	0.02	2.38%	190	94	38	8	
……	……	……	……	……	……	……	
30	0.08	2.38%	2850	1410	570	120	
……	……	……	……	……	……	……	
50	2.08	5.88%	5142	2550	1022	224	
……	……	……	……	……	……	……	
100	33.41	5.88%	18434	9190	3655	859	
……	……	……	……	……	……	……	
150	151.06	3.03%	32556	16237	6457	1553	
……	……	……	……	……	……	……	
180	260.23	3.03%	40026	19957	7927	1913	

注：处理等级与周期数据、成长模块与周期数据时，我们可以使用"百分比"的分配方式对等级数据和其他成长数据进行拟合，类似 3.3.2 节"养成体系—3. 细化成长"中我们使用的百分比分配法。

同理，使用以上方法，把游戏中所有成长模块，以玩家等级为参照系，计算不同等级下，玩家的属性数值和战力数值（见表 5-11）。

表 5-11 不同等级玩家的属性数值和战力数值

玩家等级	游戏周期（天）	战力汇总	A 养成复盘				B 养成复盘			
			A 养成模块战力	职业 1 属性汇总			B 养成模块战力	职业 1 属性汇总		
				生命	攻击	防御		生命	攻击	防御
1	0.02	270	95	47	19	4	175	76	14	7
2	0.02	540	190	94	38	8	350	152	28	14
……	……	……	……	……	……	……	……	……	……	……
30	0.08	8100	2850	1410	570	120	5250	2280	420	210
……	……	……	……	……	……	……	……	……	……	……
50	2.08	16584	5142	2550	1022	224	11442	4956	921	460
……	……	……	……	……	……	……	……	……	……	……
100	33.41	84445	18434	9190	3655	859	66011	28325	5443	2711

这里需要注意的是，使用"百分比分配法"获得的前期等级成长数据并不一定特别准确，但这并不妨碍该数据的使用，只要保障大时间节点数据的准确，那么通过拟合获得的等级成长数据依然有较高的准确度。

本节我们以"周期"和"等级"两个维度为基准，对游戏的成长模块进行全面的数值复盘，获得不同周期和不同等级节点中玩家的成长数据。下一步，我们将利用数据图形化的方式对这些数据进行解读，通过对数据曲线走势的分析，全面了解和掌握这些数据为玩家带来的真实游戏体验。

5.2.3 解读数据

通过**等级复盘**和**成长复盘**两个步骤，我们完成了游戏中养成的全面复盘工作，也获得了大量的游戏养成数据。这些数据根据自身的特征综合反映了游戏中玩家的真实养成体验，也是游戏设计师从理论层面判断玩家感受的重要参照依据。

大多数情况下，游戏中的养成渠道可以分为"等级养成"和"其他养成"两种类型，等级养成作为"标杆成长"，其他养成负责角色的"属性成长"。解读游戏的养成数据其实就是通过**标杆成长**和**属性成长**两个角度，分别判断游戏中提升等级所带来的"阶段感"体验和提升能力所带来的"积累感"体验。

我们可以通过不同层级玩家的**等级成长曲线**来推导"阶段感"体验，通过不同成长模块的**周期养成曲线**和不同层级玩家的**战力成长曲线**来推导"积累感"体验，根据不同"阶段"持续的时间和不同模块"积累"的数量级，解读游戏养成数值为玩家带来的实际感受（见图5-2）。

不同层级玩家的等级成长曲线主要反映游戏中"标杆成长"的养成体验，是判断"阶段"持续时间和周期游戏内容消耗量的重要依据。这里的"阶段"并不是指每个等级都是一个阶段，我们可以根据游戏的体验内容，预设不同的游戏阶段。比如，目前比较常用的体验划分法（体验划分法把游戏分为引导期、新手期、成长期和平台期4个阶段），根据不同的周期阶段，判断不同层级玩家每个阶段所需要消耗的时间，再通过细化对应阶段下玩家的成长感受（查看小周期下玩家的等级成长曲线），以衡量对应阶段玩家等级成长的合理性。

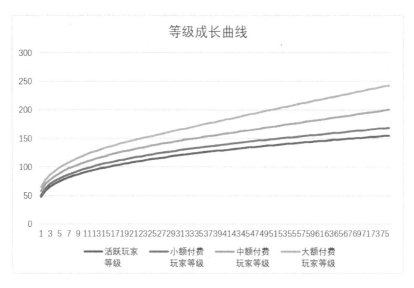

图 5-2 等级成长曲线

等级成长曲线也可以用于衡量不同层级的玩家，在游戏的不同周期对游戏内容的消耗程度。假设游戏的第一个资料片共有 200 级游戏内容供玩家体验，如图 5-3 所示，我们可以判断当游戏运营至 50 天时，游戏内容将被大额付费用户消耗完，这时我们就需要为大额付费新增内容，以满足大额付费玩家的体验需求。

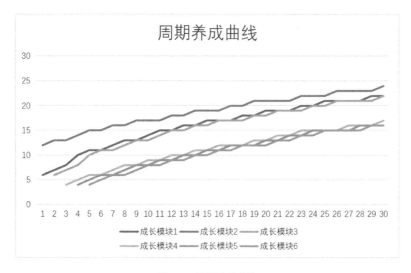

图 5-3 周期养成曲线

不同成长模块的周期养成曲线主要反映游戏中不同养成模块的周期成长体验。通俗地说，就是玩家在不同时间下每个成长模块可提升的等级。周期养成曲线与等级成长曲线的解读方式比较相似，都是通过曲线走势了解玩家的"成长阶段"，分析不同模块中每一个养成等级玩家停留的时间，以此判断不同成长模块的养成体验。

大多数情况下，不同模块的周期养成曲线会呈现螺旋增长态势，也就是不同成长模块的曲线相互叠加盘旋增长（如图 5-3 所示，成长模块 4、成长模块 5 和成长模块 6 的曲线走势），这些曲线不断地穿插和交汇，保障了玩家在每一个周期节点都可以获得一定的成长感，从而形成游戏的"成长节奏"（见图 5-4）。

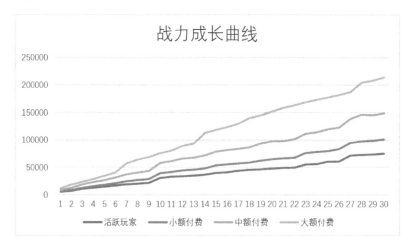

图 5-4 战力成长曲线

不同层级玩家的**战力成长曲线**主要反映游戏中不同"购买力"所带来的战力数据差异，从一定角度反映了"付费"对战力数据的影响，也为预估玩家的付费意愿提供了相应的数据参照。在一些注重"战斗平衡"的游戏中，不同付费群体的战力数据差异不能过大，否则过大的战力差异会破坏游戏基础的战斗平衡。大额付费用户可以轻松地击败活跃玩家，从而导致活跃玩家的游戏体验变差，最终反噬游戏的生态环境。

在某些游戏中，设计师和玩家对于战力差异的感受是不同的。设计师觉得战力差异越大，玩家付费的意愿越强，游戏的收入越高；而玩家会觉得战力差异越大，游戏越不公平，活跃玩家没有生存空间。站在各自的立场去看待这个问题好像两边都没有错，其实这是一个取舍的问题。如果想要增加收入则势必提高战力差异；而如果想要"平衡"则需要减少战力差异。如何取舍"收入"和"平衡"是我们需要多去思考的问题，也是"第6章游戏的商业化"的重要内容。

5.3 战斗复盘

战斗复盘又称为玩法复盘，就是对游戏中所有玩法和战斗进行全面的数值复盘。在5.2节"养成复盘"中，我们使用产出复盘所获得的产出数据对游戏的成长历程进行了全面的数值复盘，得到了不同游戏生命周期节点和不同角色等级下，玩家的属性数据和战力数据。在3.4节"人工智能"中，我们为游戏中的每一种玩法设定了对应的怪物强度数据。玩法复盘就是依据游戏的生命周期节点，使用玩家的属性数据与游戏的怪物强度数据进行模拟战斗，以评估相应玩法中怪物强度数据的合理性。

通过对游戏的玩法进行复盘，可以更加清晰地判断设计师所预设的玩法体验与实际的游戏体验是否匹配，游戏生命周期节点中不同玩法的怪物属性数值是否合理，而且玩法复盘中所获得的战斗数据也可以为人工智能的高级应用提供有效的数据指导。

战斗复盘除了对游戏玩法进行复盘，还包括不同职业或不同成长路径之间对抗的**平衡性复盘**。

在5.2.2节"成长复盘"中，我们通过用户分层，复盘了不同层级玩家的属性数据和战力数据。比如，活跃玩家通过正常的游戏体验，首日可以提升到40级，战力达到5万点；小额付费玩家通过正常游戏体验以及小额度的"付费"，首日可以提升到42级，战力达到6万点；同理，大额付费玩家首日可以提升到44级，战力达到8万点。对以上3种层级玩家之间的战斗进行模拟，获得相应战斗数据的过程就是游戏的平衡性复盘。

通过平衡性复盘，我们可以预估不同付费玩家之间竞技的结果，掌握不同游戏生命周期节点下，玩家之间的战斗节奏是否符合预期，通过兰彻斯特方程也可以预估一个付费玩家可以同时面对多少个活跃玩家，也就是我们常说的"一个可以打几个？"这些数据也是游戏的平衡性数据，可以帮助我们调整和优化游戏的平衡性。

5.3.1 玩法复盘

对游戏中的玩法进行复盘，需要使用两个重要的数据源，分别是相关玩法解锁等级以及该玩法所对应的怪物属性。使用玩法解锁等级，通过索引 5.2.2 节"成长复盘—等级成长复盘"中的数据，即可获得对应等级中玩家的养成数据；通过索引 3.4.1 节"基础应用"中的数据，即可获得怪物的属性数据。把玩家的养成数据和怪物的属性数据代入游戏的战斗公式模拟运算，即可获得不同玩法的战斗过程和战斗结果。

通过评估不同玩法的战斗过程及战斗结果，我们可以清晰地了解对应玩法的设计是否符合设计的预期、玩法中 AI 的强度是否达到设计需求，以及这些玩法的实际体验（见表 5-12）。

表 5-12　不同玩法的玩家战力数据和怪物强度数据

玩法名称	解锁等级	类型	游戏周期	玩家属性				怪物属性		
				战力	生命	攻击	防御	生命	攻击	防御
普通副本1	1	普通副本	0.02	270	123	33	11	264	20	11
普通副本2	3	普通副本	0.02	810	369	99	33	792	60	33
精英副本1	5	挑战副本	0.02	1350	615	165	55	2200	165	55
……	……									
普通副本8	20	普通副本	0.02	5400	2460	660	220	5280	396	220
精英副本5	20	挑战副本	0.02	5400	2460	660	220	8800	660	220

玩法名称	解锁等级	类型	游戏周期	玩家属性				怪物属性		
				战力	生命	攻击	防御	生命	攻击	防御
……	……	……	……	……	……	……	……	……	……	……
普通副本15	35	普通副本	0.29	9450	4305	1155	385	9240	693	385
精英副本10	35	挑战副本	0.29	9450	4305	1155	385	15400	1155	385
……	……	……	……	……	……	……	……	……	……	……
试练1	40	挑战	0.73	10800	4920	1320	440	26400	1584	440
普通副本20	40	普通副本	0.73	10800	4920	1320	440	10560	1320	440
A活动1	41	活跃玩法	0.83	11070	5043	1353	451	13530	1083	451
试练2	42	挑战	0.94	11340	5166	1386	462	27720	1664	462
B活动1	42	抢夺玩法	0.94	11340	5166	1386	462	16632	1248	462
……	……	……	……	……	……	……	……	……	……	……
团队副本	45	困难副本	1.31	12960	5883	1551	528	51150	3102	528
普通副本22	45	普通副本	1.31	12960	5883	1551	528	12276	931	528
试练3	45	挑战	1.31	12960	5883	1551	528	30690	1862	528
……	……	……	……	……	……	……	……	……	……	……
世界boss	50	boss	2.08	16192	7306	1871	660	24220	9355	660

如表 5-12 中数据所示，我们最终可以把游戏中所有的玩法以等级为序列进行排列，逐个索引，并计算获得相应玩法中玩家的战力数值、属性数值和怪物的属性数值。

假设游戏使用减法公式作为伤害计算公式。

伤害数值 = 攻击数值 − 防御数值

生存周期 = 生命值 ÷ 伤害数值

把玩家的属性数据和怪物的属性数据带入伤害计算公式就可以获得战斗所造成的伤害数值。通过角色生命值除以伤害数值即可获得战斗的生存周期数据，使用生存周期数据可以更为方便地判断一些即时战斗类游戏的战斗节奏。对于回合制或半回合制游戏，我们则需要进行复杂的战斗数据模拟，判断相应玩法的胜率，以评价一个玩法的难度（见表5-13）。

表5-13 玩法战斗复盘

玩法相关	解锁等级	类型	游戏周期	玩家生存回合	怪物生存回合	生存比
普通副本1	1	普通副本	0.02	13.67	12	1.14
普通副本2	3	普通副本	0.02	13.67	12	1.14
精英副本1	5	挑战副本	0.02	5.59	20	0.28
……	……	……	……	……	……	……
普通副本8	20	普通副本	0.02	13.98	12	1.16
精英副本5	20	挑战副本	0.02	5.59	20	0.28
……	……	……	……	……	……	……
普通副本15	35	普通副本	0.29	13.98	12	1.16
精英副本10	35	挑战副本	0.29	5.59	20	0.28
……	……	……	……	……	……	……
试练1	40	挑战	0.73	4.30	30	0.14
普通副本20	40	普通副本	0.73	5.59	12	0.47
A活动1	41	活跃玩法	0.83	7.98	15	0.53
试练2	42	挑战	0.94	4.30	30	0.14
B活动1	42	抢夺玩法	0.94	6.57	18	0.37
……	……	……	……	……	……	……
团队副本	45	困难副本	1.31	2.29	50	0.05
普通副本22	45	普通副本	1.31	14.60	12	1.22
试练3	45	挑战	1.31	4.41	30	0.15
……	……	……	……	……	……	……
世界boss	50	boss	2.08	0.84	20	0.04

注：生存比是玩家的生存回合除以怪物的生存回合，生存比越高代表该玩法越容易。生存比数值的大小与游戏类型和战斗节奏有关。一般情况下，生存比仅作为数值评判不同玩法的一种比对方法，并不能直接代表不同玩法的实际体验。

在评估相应玩法的难度时，我们也可以通过筛选的方式把同类型玩法的所有战斗数据进行筛选，以便查询该类型下所有玩法的相关数据。

对游戏的玩法进行复盘后，我们将开始对游戏战斗的平衡性进行全面的数据复盘。

5.3.2 平衡性复盘

平衡性复盘就是对游戏中不同层级、不同职业的玩家战斗过程进行复盘。根据平衡性复盘的定义我们可以把平衡性复盘分成两个步骤，分别是**层级复盘和职业复盘**。层级复盘就是对游戏生命周期不同时间节点下、不同付费层级间玩家的战斗进行模拟；职业复盘则是对不同等级周期节点下，不同职业之间的战斗进行模拟。

层级复盘主要用于评估"售卖属性"对于游戏平衡性的影响，而职业复盘主要用于评估不同职业之间的平衡性是否符合设计预期。

1. 层级复盘

在对不同层级角色的战斗"平衡性"复盘之前，我们需要以游戏周期为索引获得游戏中活跃玩家、小额付费玩家及大额付费玩家的属性数值。这些属性数值在5.2.2节"成长复盘—1.周期成长复盘"中已通过汇总计算获得，这里只需要将相应的数据索引到对应的复盘结构中即可（见表5-14）。

在获得了不同层级玩家的属性数据后，这一步我们把相应的玩家数据带入游戏的伤害计算公式进行运算，即可获得平衡性复盘中不同层级玩家的战斗数据（见表5-15）。

表 5-14 平衡性复盘—层级复盘

游戏周期	玩家等级	活跃玩家战力属性				小额付费玩家战力属性				大额付费玩家战力属性			
		战力	生命	攻击	防御	战力	生命	攻击	防御	战力	生命	攻击	防御
1	42	11374	5209	1413	499	13649	6251	1696	599	18199	8335	2261	799
2	49	16945	7784	2160	750	20334	9341	2592	900	27112	12455	3456	1200
3	54	21830	9886	2566	951	26196	11864	3080	1142	34928	15818	4106	1522
……	……	……	……	……	……	……	……	……	……	……	……	……	……
30	97	77776	34730	8649	3371	93332	41676	10379	4046	124442	55568	13839	5394
31	98	80052	35707	8838	3465	96063	42849	10606	4158	128084	57132	14141	5544
……	……	……	……	……	……	……	……	……	……	……	……	……	……
50	110	115660	51368	12498	4990	138792	61642	14998	5988	185056	82189	19997	7984
51	111	115660	51368	12498	4990	138792	61642	14998	5988	185056	82189	19997	7984
……	……	……	……	……	……	……	……	……	……	……	……	……	……
100	133	191733	84395	19638	8201	230080	101274	23566	9842	306773	135032	31421	13122

表 5-15 不同用户层级的战斗数据

游戏周期	玩家等级	活跃 VS 小额			活跃 VS 大额			小额 VS 大额		
		生存比	活跃	小额	生存比	活跃	大额	生存比	小额	大额
1	42	0.57	4.35	7.68	0.22	2.96	13.57	0.40	3.76	9.29
2	49	0.57	4.23	7.41	0.22	2.88	12.97	0.41	3.65	8.95
3	54	0.56	4.64	8.33	0.21	3.13	15.15	0.39	4.00	10.15
……	……	……	……	……	……	……	……	……	……	……
30	97	0.55	4.96	9.05	0.19	3.32	17.07	0.38	4.26	11.15
31	98	0.55	5.00	9.16	0.19	3.34	17.34	0.38	4.29	11.29
……	……	……	……	……	……	……	……	……	……	……
50	110	0.54	5.13	9.47	0.19	3.42	18.21	0.38	4.40	11.72
51	111	0.54	5.13	9.47	0.19	3.42	18.21	0.38	4.40	11.72
……	……	……	……	……	……	……	……	……	……	……
100	133	0.53	5.49	10.34	0.18	3.63	20.72	0.36	4.69	12.93

通过观察数据，我们可以大致判断游戏中不同层级玩家之间战斗的相关数据，以此来评估售卖属性对游戏的生态影响是否在我们可以接受的范围。另外，还需要使用兰彻斯特方程来预估"付费"对于游戏 PVG（大额付费玩家同时面对多个活跃玩家）的影响（见表 5-16）。根据兰彻斯特方程平方律的特征，我们可以获得以下等式。

玩家集合 A 伤害 × 生命 A^2 ＝ 玩家集合 B 伤害 × 生命 B^2

假设 A 为大额付费玩家集合，B 为活跃玩家集合，由以上等式可以反推获得以下公式。

大额付费玩家可同时面对的玩家数量 ＝（玩家集合 A 伤害 × 生命 A^2）÷（玩家集合 B 伤害 × 生命 B^2）

> **注**：玩家集合 A 伤害代表大额付费玩家对活跃玩家造成的单次伤害数值，玩家集合 B 伤害代表活跃用户对大额付费玩家造成的单次伤害数值。

表 5-16 PVG 群战预估需要人数

游戏周期	玩家等级	活跃 VS 小额	活跃 VS 大额	小额 VS 大额
1	42	2.12	7.35	3.29
2	49	2.11	7.22	3.26
3	54	2.15	7.74	3.38
……	……	……	……	……
30	97	2.19	8.23	3.49
31	98	2.20	8.30	3.51
……	……	……	……	……
50	110	2.21	8.51	3.55
51	111	2.21	8.51	3.55
……	……	……	……	……
100	133	2.26	9.12	3.67

通过以上一系列战斗数据的复盘，我们就可以预估在游戏不同周期中，不同层级玩家之间战斗的基本数据，以此来评估游戏战斗的数值设计是否符合预期。

2. 职业复盘

对于职业复盘我们需要以游戏等级为索引，通过等级索引获得游戏中不同类型职业在相同等级下的属性数值。这些属性数值在 5.2.2 节"成长复盘——2. 等级成长复盘"中已通过汇总计算获得，这一步只需将其索引到对应的数据结构中即可（见表 5-17）。

表 5-17 平衡性复盘——职业复盘

玩家等级	游戏周期	A 职业玩家战力				B 职业玩家战力				C 职业玩家战力			
		战力	生命	攻击	防御	战力	生命	攻击	防御	战力	生命	攻击	防御
1	0.02	270	123	33	11	276	147	26	11	260	98	39	11
2	0.02	540	246	66	22	554	295	52	22	522	196	79	22
3	0.02	810	369	99	33	833	442	79	33	783	295	118	33
……	……	……	……	……	……	……	……	……	……	……	……	……	……
30	0.08	8100	3690	990	330	8343	4428	792	330	7857	2952	1188	330
31	0.1	8370	3813	1023	341	8620	4575	818	341	8117	3050	1227	341
……	……	……	……	……	……	……	……	……	……	……	……	……	……

玩家等级	游戏周期	A职业玩家战力				B职业玩家战力				C职业玩家战力			
		战力	生命	攻击	防御	战力	生命	攻击	防御	战力	生命	攻击	防御
50	2.08	16192	7306	1871	660	16378	8767	1496	660	15328	5844	2245	660
51	2.26	17264	7773	1971	704	17396	9327	1576	704	16260	6218	2365	704
……	……	……	……	……	……	……	……	……	……	……	……	……	……
100	33.41	75511	33025	7343	3111	72564	39630	5874	3111	66696	26420	8811	3111

同理,把玩家数据带入游戏的伤害计算公式就可以获得相应的战斗数据(见表 5-18)。

表 5-18　平衡性复盘—不同职业之间生存周期

玩家等级	游戏周期	A职业 VS B职业			A职业 VS C职业			B职业 VS C职业		
		生存比	A职业	B职业	生存比	A职业	C职业	生存比	B职业	C职业
1	0.02	1.23	8.20	6.68	0.99	4.39	4.45	0.80	5.25	6.53
2	0.02	1.22	8.20	6.70	0.97	4.32	4.45	0.79	5.18	6.53
3	0.02	1.20	8.02	6.70	0.97	4.34	4.47	0.81	5.20	6.41
……	……	……	……	……	……	……	……	……	……	……
30	0.08	1.19	7.99	6.71	0.96	4.30	4.47	0.81	5.16	6.39
31	0.1	1.19	7.99	6.71	0.96	4.30	4.47	0.81	5.16	6.39
……	……	……	……	……	……	……	……	……	……	……
50	2.08	1.21	8.74	7.24	0.96	4.61	4.83	0.79	5.53	6.99
51	2.26	1.21	8.91	7.36	0.95	4.68	4.91	0.79	5.62	7.13
……	……	……	……	……	……	……	……	……	……	……
100	33.41	1.28	11.95	9.36	0.93	5.79	6.24	0.73	6.95	9.56

注：在查看不同职业之间生存周期数据时我们可以重点查看生存比，生存比值越接近于1，代表不同职业的战斗属性数据越平衡。

通过对不同职业的复盘，我们可以更加轻松地判断游戏的战斗数值设计是否符合数值策划的整体预期。

我们通过属性定义、战斗框架、能力量化（量化玩家和怪物属性）为游戏建立了一整套的战斗数值体系，而这套战斗数值体系是否稳定，合理且重要的检验标准就是战斗是否平衡，换言之也就是战斗节奏是否平衡。

检验战斗节奏是否平衡，除了大批量的数据运算，并没有什么更好的办法。在数据的大量运算之前，我们一定要确保战斗数值体系经历了之前的一些平衡性设定（3.3.1 节"初探平衡性"和 3.4.3 节"再遇平衡性"）。有了基础性平衡作为保障，就可以使用 Excel VBA 或 Python 程序批量模拟游戏中的战斗数据。通过对数据的比对和分析，再重新优化战斗数值体系。

在检验战斗节奏是否平衡时，我们需要有针对性地去设计一些检验目标，通过战斗模型导出需要的玩家属性数据和敌人属性数据，再通过带入相应的公式进行计算。如果技能层面有技能循环设定，那么在检验战斗时还需要为技能进行特殊处理。

一般我们会通过两个维度进行"平衡性"数据的计算，这两个维度分别对应 PVE 环境和 PVP 环境，即玩家和玩家的战斗数据，玩家和怪物的战斗数据。玩家和玩家的战斗数据，需要模拟不同职业之间的战斗过程；玩家和怪物的战斗数据，则需要模拟不同职业和不同等级怪物的战斗过程，以获得用于判定战斗"平衡性"的战斗数据。这些战斗数据包括且不局限于双方玩家的输出、恢复、平均伤害、最高伤害、最低伤害、战斗回合、胜负等，通过对比这些战斗数据来确认玩家与玩家、玩家与怪物之间的强弱和合理性。

节奏平衡这一步并不容易，我们可能需要花费很多精力或时间来模拟战斗以获得相应的战斗数据。如果时间不允许，则可以有针对性地对少量数据进行运算，抽选一些具有代表意义的战斗进行运算。一般情况下，只要我们在设计战斗数据时就处处留意平衡性，就不会出现不可控的情况。

第6章

游戏的商业化

在进行游戏商业化设计之前，我们需要先明确一个理念，游戏的商业化是为了优化游戏体验而进行的一次系统性优化，并不一定要以"创收"为第一目的。

根据游戏类型的不同，商业化的角度也会有所不同。在大型角色扮演类游戏中，玩家需要通过与其他玩家交互才能更好地体验游戏。如果玩家因为一些主观或客观的因素减少"交互行为"，就必然会缺少许多养成所需的游戏资源。商业化就是从系统层面为玩家补充这些"缺失"的养成资源，以保证这些不愿意交互的玩家也可以顺利地体验游戏。而在那些不需要或少量交互行为就可以顺利参与的游戏中，玩家只需要每日活跃即可获得相应的养成资源，这类游戏商业化的出发点则是减少玩家的"等待时间"，玩家可以通过"付费"来获得更快、更便捷的游戏体验。比如游戏中稀有的五星角色，普通活跃玩家需要体验一个月才能获得，而那些付费玩家通过付费行为三天就可以获得，这其实就是通过商业化减少"等待时间"的一种方式。

我们通过战斗模型和经济模型为游戏预设了各种"体验数据"（指基础的体验数据，比如首日玩家可提升至30级，最多可以通过第8个副本等），这些"体验数据"会为游戏的各个模块提供不同的游戏体验。虽然我们通过多种手段来验证游戏的数值是否符合"体验数据"的预期，但这些设定终究存在于理论层面，最终反映在游戏中的体验很可能并不是我们所预想的那样。对游戏进行商业化设计时就可以使用一些"策略"把原本并不平滑的体验变得平滑，把一些压抑的养成过程变得更有节奏感。

一般意义上，游戏的商业化主要分为3个部分，分别是**商业定位、商业策**

略和商业复盘。商业定位就是针对不同的游戏类型而定义的一些基础性原则，商业策略则是针对商业定位而预设的一些可行性方案，最终通过商业复盘来验证我们所预设的商业策略是否能够满足基础的商业化标准。

6.1 商业定位

游戏的商业定位主要是商业模式的定位，确定商业定位之前需要明确游戏所适用的商业模式。在互联网行业中有 3 种已知的重要商业模式，分别是销售广告、增值服务和电子商务。其中，游戏属于增值服务类型，增值服务的核心就是提供差异化的体验方式，对免费玩家提供基本功能，如果需要更好的体验则需要付费。

游戏中的增值服务可以根据类别分为**体验付费、成长付费、功能付费、货币付费**等形式。

体验付费就是出售游戏体验权，主要用于一次性卖断的单机游戏和时长收费游戏。

成长付费就是出售游戏的养成资源，玩家如果想要变得更强就需要付费，也有一些游戏使用软性的成长付费，就是针对不同的玩家群体定义不同的游戏体验，付费玩家使用高级角色更"爽快"地体验游戏，普通玩家使用普通角色"正常"地体验游戏。比如游戏《原神》中，活跃玩家使用四星角色参与游戏，获得正常的游戏体验，在游戏中所有获得的资源也会用于四星角色的培养，而付费玩家使用五星角色参与游戏，获得爽快的游戏体验，游戏中所有获得的资源用于五星角色的培养。使用四星角色和五星角色都可以顺利地体验游戏，只是高级玩家的体验过程相比普通玩家更"爽"，这种类型的游戏多以卡牌游戏为主。

功能付费就是为游戏体验提供一些便捷的功能，比如自动挂机、快捷买药等形式。一般功能付费会和其他形式的付费合并，以捆绑销售的模式出现。

货币付费就是直接出售游戏的主要货币，这种增值服务类型的游戏，主要货币的投放数量都远远小于需求数量，玩家如果想要快速地获得主要货币就需要付费购买。

在确定游戏的商业定位之前，我们需要了解一些游戏运营的基本数据指标，使用这些基本的数据指标进行付费测算来评估我们所设计的商业定位能否支持游戏的长久运营，也为后续商业策略提供一份指导方案。

6.1.1 基本数据指标

游戏商业化运营的过程中有许许多多不同的数据标准，通过这些数据标准可以很好地为我们展现游戏的运营状况。数值策划在预设游戏商业化时需要重点关注其中的一些数据，这些数据包括玩家的流失率（或留存率，英文标识为 CHURN）、活跃玩家付费率（PR）、付费玩家平均付费额度（ARPPU）、活跃玩家平均付费额度（ARPU）、生命周期价值（LTV）和游戏的获客成本（CPA），这些数据最终反映了游戏的投资回报率，是一款游戏是否能够成功发售的重要指标。

1. 用户流失率

用户流失率 = 周期内流失用户数量 ÷ 总用户数量

用户流失率就是统计周期内离开游戏的用户占用户总数的比例，在一些统计方法中我们会使用留存率，对应的就是周期内留下的用户占用户总数的比例。游戏中重要的周期节点是次日、三日、周、双周和月，对应的数据分别为次日流失、三日流失、周流失、双周流失和月流失。比如，一个游戏在月初有 100 个用户，在月底时仍然有 70 个用户留在游戏中，通过计算可以获得用户流失率是 30%（（100–70）÷ 100 × 100%）。

我们也可以根据用户流失率来预估一个游戏的生命周期。

比如，游戏的月用户流失率为 30%，通过以下公式可以获得用户生命周期为 1 ÷ 30% = 3.3 个月。这对于游戏运营比较重要，尤其是我们要计算平均每个用户的价值时，也就是用户的生命周期价值（LTV），在后续会进行说明。

运营层面的游戏生命周期 = 1 ÷ 用户流失率

> 注：以上使用用户流失率预估游戏的生命周期数据仅作为参考。这种计算方式并不准确，游戏真实的生命周期要远远大于预估所得到的游戏生命周期，数据分析和运营方面的知识可以去查阅黎湘艳老师所著的《数据驱动游戏运营》一书，多了解游戏的数据分析和运营知识对于数值策划的能力会有显著的提升。

2. 活跃用户付费率

活跃用户付费率 = 付费人数 ÷ 活跃用户数量。

活跃用户付费率就是游戏中付费的用户数量占活跃用户总量的比例。活跃用户付费率是游戏数据中非常重要的指标型数据，直接影响游戏的总体收入。比如，某游戏通过推广获得了 100 个用户，其中有 10 人付费，通过计算就可以获得游戏的付费率为 10%（10÷100×100%）。假定游戏的付费用户月平均付费金额（ARPPU）为 300 元，那么这 10 个玩家就可以为游戏公司带来 3000 元的收入。大多数游戏的付费用户月平均付费金额（ARPPU）是由游戏类型所决定的，相同游戏类型的付费用户的月平均付费金额差距不会太大，所以不同的付费率将直接影响游戏公司的收入状况。

3. 付费用户平均付费额度（ARPPU）

付费用户平均付费额度（ARPPU）= 周期内付费总额 ÷ 付费人数

付费用户平均付费额度就是游戏中每一个付费用户在周期内的平均付费额度，一般以月或周来进行计算。在大多数免费游戏中，收入不会遵循常规分布模式，而是呈幂律分布曲线走势。我们可以根据用户的付费金额把游戏的付费用户区分为小额付费用户、中端付费用户和高端付费用户三大类。假设游戏中的**高端付费用户**占总付费玩家的 10%，ARPPU 是 1000 元；**中端付费用户**占总付费玩家的 40%，ARPPU 是 300 元；**小额付费用户**占总付费玩家的 50%，ARPPU 是 30 元。通过不同类别用户的付费占比和付费金额数据，即可获得游戏的期望 ARPPU 为 235 元（10%×1000＋40%×300＋50%×30），通过模拟和预设不同层级的用户付费数据，可以提前规划游戏中不同付费层级的用户占比，也为后续商业策略的制定提供相应的数据指导。

4. 活跃用户平均付费额度（ARPU）

活跃用户平均付费额度（ARPU）= 周期内付费总额 ÷ 总活跃用户

活跃用户平均付费额度就是周期内每个用户的平均付费，是用来衡量游戏收入的重要运营指标。一般游戏的活跃用户平均付费额度多以月为单位，也就是每个月活跃用户的平均付费额度。

我们也会以周或天为单位，衡量单日内用户的平均付费额度，这种情况大多在游戏的测试阶段使用。通过短期的用户平均付费额度,配合其他运营数据,可以计算在单位时间内游戏的收入状况,以估算游戏的投资回报率和投资回报周期。

5. 生命周期价值

生命周期价值 = 活跃用户平均付费额度(ARPU)×(1 - 周期流失率)

生命周期价值(LTV,Life Time Value)在电信行业中被直译为客户终生价值,在游戏中主要用于计算单位时间内玩家的平均付费金额,与活跃用户的平均付费金额比较相似。

根据周期流失率的不同,生命周期价值可以以周、月为单位,比如双周活跃用户的生命周期价值为100,就代表14天活跃用户的平均付费数额为100元。不同周期的生命价值可以反映游戏开始盈利的时间节点,比如首周活跃用户的生命周期价值为50元,每个活跃用户的获客成本为150元,通过计算就可以预估在第3周时,收入等于支出,后续游戏开始进入盈利状态。

> **注**:这一步对盈利的预估仅作为参考。在实际操作中,随着游戏开放时间的增加,用户付费数额会逐步下降,实际的LTV数据不会呈现均匀的增长态势。

6. 获客成本

获客成本(CPA)是游戏获得每个用户所需要花费的金额,用于衡量把一个用户导入游戏中的花费。获客成本的衡量标准有多种形式,有些会以下载注册完成为结算点,有些以完成新手教程为结算点,当然每多一步获得用户的成本也会直线上升。

不同平台的"获客成本"是不同的,比如同一款游戏在微信平台的成本为80元,在其他平台的成本可能是120元,而通过广告联盟带来的用户成本可能是160元。游戏发行的平台也是直接影响收益的关键因素。

游戏的题材、类型、美术风格、竞品数量直接决定了游戏的获客成本,一款题材新颖、类型经典、美术风格出众、竞品数量少的游戏对于玩家的吸引力明显会高于那些"同质化"的游戏,这也直接提升了用户的下载转化率,从而影响游戏的收益状况。

在了解游戏的基本指标数据后，下一步我们将使用这些数据，对游戏的收入状况进行初步的测算，以评估游戏的商业定位是否符合商业化目标，也为后续商业化的具体内容提供相应的数据指标。

6.1.2 付费测算

付费测算的第一步就是评估单服"最优"的用户数量。这里最优的用户数量就是单个服务器保持最优游戏体验所需要的用户数量。一款游戏单服的用户数量并不是越多越好，最优的用户数量会根据游戏类型的不同而不同。比如，《传奇》类游戏，在游戏中有很多竞争类元素，也就是在游戏中有大量的公共资源需要玩家抢夺获得。在这种游戏生态下，游戏的资源往往只够少量的用户消耗，所以这种类型的游戏多以 2000 人作为单个服务器最优用户数量。在一些注重个人体验、注重玩家社群互助关系的游戏中，比如手机游戏《梦幻西游》，单个服务器的最优用户数量就庞大许多。我们在评估单个服务器最优用户数量时可以根据游戏中"公共资源"的数量占比情况来预估合适的"最优"用户数量，"公共资源"占比越高，单服的最优用户数量越低。

> 注：游戏服务器的底层架构也会影响单服的最优用户数量，当然这些不是我们所能决定的。

在确定了用户数量后，我们还需要预估游戏中每一个用户的获客成本。获客成本数据是由不同的市场环境所决定的，根据游戏类型和游戏竞品数量的不同，游戏的获客成本也不同。一般游戏的获客成本大致在 20~300 元，这里可以根据同类竞品游戏的获客成本假定一个大致的价格。

在确定了用户数量和获客成本后，我们可以模拟其他的基本指标数据，比如月流失率、付费率、月 ARPPU，通过这些数据可以计算获得月 ARPU、月 LTV、成本、收入和回本周期数据。这些数据为游戏的商业化提供一些数据指标（见表 6-1）。

表 6-1　简单的付费测算

用户数量	获客成本	月流失率	付费率	月 ARPPU	月 ARPU	月 LTV	成本	收入	回本周期（月）
5000	80	80%	10%	400	40	50.00	400000	200000	负

用户数量	获客成本	月流失率	付费率	月ARPPU	月ARPU	月LTV	成本	收入	回本周期（月）
5000	80	85%	10%	400	40	47.06	400000	200000	负
5000	80	90%	10%	400	40	44.44	400000	200000	负
5000	80	80%	15%	400	60	75.00	400000	300000	负
5000	80	85%	15%	400	60	70.59	400000	300000	负
5000	80	90%	15%	400	60	66.67	400000	300000	负
5000	80	80%	20%	400	80	100.00	400000	400000	1.00
5000	80	85%	20%	400	80	94.12	400000	400000	1.00
5000	80	90%	20%	400	80	88.89	400000	400000	1.00
5000	80	80%	10%	500	50	62.50	400000	250000	负
5000	80	85%	10%	500	50	58.82	400000	250000	负
5000	80	90%	10%	500	50	55.56	400000	250000	负
5000	80	80%	15%	500	75	93.75	400000	375000	1.05
5000	80	85%	15%	500	75	88.24	400000	375000	1.06
5000	80	90%	15%	500	75	83.33	400000	375000	1.06
5000	80	80%	20%	500	100	125.00	400000	500000	0.84
5000	80	85%	20%	500	100	117.65	400000	500000	0.83
5000	80	90%	20%	500	100	111.11	400000	500000	0.82

注：月 ARPU = 总收入 ÷ 总用户数量；月 LTV = 活跃用户平均付费额度（ARPU）×（1 ÷ 月流失率）；成本 = 总用户数量 × 获客成本；收入 = 月 ARPPU ×（总用户总数 × 付费率）；月收益率 = 收入 / 成本 − 1

通过对基本运营数据指标进行模拟，我们可以了解在不同的运营数据下，游戏未来的收益状况，也为下一步商业策略的制定提供一份指导数据，为保持游戏稳定长久的运营提供一份基础的数据预测。

6.2 商业策略

游戏的商业策略主要指为了维持游戏的"良性"运营而制定的长期规划。游戏中所需要使用的商业策略包括很多方面，一般需要多部门联合协作，比如，研发人员需要为游戏制定商业基础策略，运营人员需要根据数据指标制定商业运营策略，市场人员需要根据最佳引流方式为游戏制定商业引流策略。制定恰当的商业策略是一款商业化游戏获得可持续竞争优势的最佳方法。

当前，游戏研发所需要制定的基础商业策略已经非常成熟，几乎成为每一款商业化游戏的标准配置，针对不同的目的性，也有非常多可以使用的手段。例如，为了提高付费率而使用的首冲，为了提高 ARPPU 的月卡、基金、连续充值、累计充值、累计消费、VIP、每日特惠礼包、限购礼包、推送礼包、季票等。制定商业策略最重要的不在于形式，而在于这些商业策略的目的，如何有效地实现这些目的，就是游戏研发所需要思考和实践的具体内容。

我们可以根据商业策略的类型把游戏中主要的商业模块分为**常规付费、吸引付费和爆发付费** 3 种。其中，常规付费是基础的商业化模块，吸引付费是游戏促销的手段，而爆发付费则是博彩促销的手段。

对于那些有深度、游戏质量够硬的游戏，商业化模块并不是越多越好，特别在游戏上市前期，过度商业化会导致游戏的口碑下降和用户流失，从而加速游戏的死亡。当然，如果游戏本身并没有内涵，研发基调就是"快餐化"（快速回收成本并获得收益），那么前期在商业化时一定要足够猛，用大量的吸引付费来留住那些愿意为游戏付费的用户。需要注意的是，如果游戏拥有长线运营的根基，商业化速度和规模一定要克制，商业内容要有节奏地逐步推进；如果游戏只适合"快餐化"营销，商业化内容一定要有诚意，吸引付费的种类和持续性不能间断。这是两个极端，商业化模式的选择没有折中的方案。

在细化游戏商业策略时，我们可以按照**运营活动的五步法**来检验每一种商业策略的目的性和合理性，这是保障商业模块有效性的基础手段。有时我们也会因为觉得某种商业策略可以带来更多的游戏收入而凭空把其他游戏表现好的商业化模块搬入自己的游戏中，这其实就是没有真正把握这些模块存在的目的性而强行加入，结果也显而易见。

制定游戏的商业策略可以通过商业策略的**基本形式**来预设不同的商业化内容，通过**运营五步法**来检验我们所预设的商业化内容，最后通过实际验证和分析运营数据来优化商业策略。

6.2.1 基本形式

游戏商业化模块的基本形式主要包括**常规付费、吸引付费**和**爆发付费** 3 种。

常规付费就是正常的游戏付费通道，主要以商城的形态出现。游戏的商城可以根据其所销售物品的种类区分为道具、资源、时装、礼包等类别。在早期的游戏设计中，常规付费是作为最主要的商业化形式而存在的。随着游戏商业化模块的不断演变，常规付费已经不再作为游戏主要的商业化模块。部分游戏依然保留着商城的功能，但商城也仅仅作为商业化内容的一个补充形式，玩家的主要付费行为被其他的商业化模块所替代。

吸引付费的核心是打折销售，把游戏中的资源或货币以不同形式的打折促销手段进行包装，以吸引用户购买。吸引付费在早期属于运营活动的范畴，随着游戏商业化的不断发展和成熟，吸引付费逐步成为游戏的标配，那些没有类似模块的游戏反而成为它的短板，玩家也不愿意为没有打折的商品进行付费。当然，那些品质非常高的游戏可以忽略这个"潜规则"。

当前主流的吸引付费模式已经比较成熟，我们在设计吸引付费模块时，可以根据商业化的需求选择相应的"包装形式"。主流的吸引付费模块根据种类可以分为首冲、月卡、基金、季票、特惠礼包（限购礼包）、累计充值（累计消费）等付费形式，也有一些是捆绑在活跃活动中，以间接付费的形式出现，比如十日目标、排行榜（等级排行榜、竞技排行榜）等，这些付费形式的主要目标就是提高我们在 6.1 节"商业定位"中所列举的基本数据指标，这些数据指标最终会转化为实际的商业营收数据。

下面我们将逐个介绍游戏中主流的吸引付费形式，根据不同的商业目的，选择相应的付费形式，对于提高游戏的收入有着极大的帮助。

首冲就是玩家首次充值付费，代表玩家对游戏的认可程度。首次充值所对应的基本数据指标是用户付费率，首次充值的玩家数量越多，游戏的付费率也就越高。一般推荐的"首冲"收益率为 4000%，也就是玩家消费 6 元，就可以获得价值 240 元的道具。当然，真实的收益率越高，对玩家的吸引力越大。

月卡就是购买后可享受一段时间的资源或特权回报，月卡根据持续的时长可以分为"周卡"和"月卡"。月卡最主要的目的是为了提高对应周期的留存数据，比如玩家购买了周卡，那么玩家大概率会连续一周登录游戏，相应地，购买了月卡的玩家，也会有大概率连续一个月登录游戏。在预设月卡的内容时，我们可以以超额的返利标准回馈玩家的每一天登录，也可以使用差异化服务内容来吸引玩家购买月卡。

月卡除了可以提高用户的留存数据，还可以用于提高付费用户的付费额度。在设计月卡时可以使用价格歧视的原理来定义不同档位的月卡，比如月卡根据返利的数额或享受的特权待遇区分为普通月卡和至尊月卡，这两种"月卡"的售价也会有所差别，普通玩家可以选择购买普通月卡或至尊月卡，高端玩家可以同时购买这两种"月卡"。一般普通月卡的收益会高于至尊月卡，普通月卡是尝鲜产品，至尊月卡为高端付费产品。还可以通过另一种方式进行设定，至尊月卡的收益和性价比远远高于普通月卡，我们期望玩家可以多花一些钱购买至尊月卡，从而提高用户的付费额度。

基金与月卡的功能比较类似，都是一次购买，长期受益。与月卡不同的是，基金注重用户的活跃状况，月卡更加注重用户的留存状况。一般基金的返利形式以玩家等级为节点，比如，当玩家达到 20、30、40、50 级时，分别领取一次性超值奖励。基金的返利内容可以不限于主要货币，也可以以资源或道具为主要返利内容。

季票是比较流行的一种付费模式，与基金比较相似，都注重用户的活跃状况。两者不同的是，基金一般面向付费玩家群体，免费用户无法参与，而季票则面向所有用户群体，付费用户和免费用户均可以根据活跃程度获得相应的奖励回馈。季票对于提高游戏的玩家活跃度，付费率和平均付费额度都有着极大的拉动作用，是目前比较高效的一种吸引付费形式。

特惠礼包又称为"限购礼包"，一般会捆绑多种游戏资源，通过打折的形式进行销售。根据礼包可购买的间隔可以分为每日 / 每周 / 每月特惠礼包、终身特惠礼包和条件特惠礼包 3 种类型。特惠礼包最主要的目的是为了提高用户的付费额度，也是最难设定的一种吸引付费手段，我们需要提前预判玩家在特定时间内所需要的游戏资源，以提高玩家的购买意愿。

特惠礼包在定价层面往往会采用"价格歧视"策略，通过层层吸引的形式进行售卖。比如，预设每日特惠礼包时，我们会先出售一个价格超低，性价比较高的礼包来吸引用户购买，当玩家购买后会出现第二个价格较低，性价比一般的礼包来吸引玩家继续购买，经过层层的礼包递进，不同的消费层级也会根据自身"购买力"选择相应数量的特惠礼包。在设定特惠礼包时最好使用这种策略，防止玩家看到大量的礼包而产生天然的抵触情绪。

特惠礼包中还有一种比较重要的形式就是条件礼包，也就是当玩家达到某个特定的条件后为玩家推送相应的礼包。比如，玩家等级达到 40 级，以超级优惠的价格为玩家推送一次 40 级装备礼包，当玩家首次获得某个宠物时，以超级优惠的价格为玩家推送对应宠物的技能书，这些形式都可以极大地促成玩家购买礼包的可能性，从而推高游戏的平均付费额度。

累计充值和累计消费就是当玩家达到指定的充值或消费额度后可以领取的一次性道具资源奖励，是提高用户平均付费额度的另一种手段，一般会内置于游戏的基础活动中。累计充值或累计消费还有另一种形式，就是 VIP 或特权等级，当玩家累计充值或消费的数额达到相应的数量级时，就可以激活相应的特权等级，以享受我们所预设的游戏特权。一些游戏会根据特权等级为高额付费用户定制一些更加超值的礼包，比如，当玩家达到 VIP10 级时可以以极低的价格购买相应的特权礼包，这些手段可以进一步提高用户的平均付费额度。

游戏中主要的**吸引付费**形式并不仅仅是以上所列举的这些方式，随着游戏产业的不断成熟，相信会有更多、更高效的吸引付费形式供我们选择。不论未来的付费形式如何多样化，我们只需要知道它们的核心都是围绕运营的**基本数据指标**而展开的，从目的入手去分析这些形式对游戏数据的影响，再选择是否使用它们。爆发付费就是以博彩为主要形式的付费手段，在游戏中经常以"抽卡"或开宝箱的方式出现。爆发付费最常见于以收集为核心玩法的卡牌游戏中，当然，在一些"快餐化页游"中也经常出现。大多数情况下，爆发付费适用于那些区分用户体验层级的游戏，比如，卡牌游戏中玩家可以使用不同品质的卡牌组建小队来参与游戏内容；普通玩家使用蓝色或紫色品质英雄组建小队；付费玩家使用橙色或红色品质英雄组建小队，不同层级的用户游戏内容是相同的，区别仅仅是体验过程的感受不同。

爆发付费最主要的作用是把那些高价值的物品切碎，以相对较低的价格进行销售，通过以小博大的方式，降低玩家的抵触情绪，从而提高高价值道具的销售数量，为游戏增加收入。比如，在游戏《原神》中，每个五星角色的期望价值为 1500 元，如果我们直接通过常规付费手段进行销售，显而易见，玩家购买的意愿会大幅下降。而使用爆发付费的形式，每次玩家只需要花费 16 元即可获得一次抽奖机会，对比 1500 元和 16 元，自然是 16 元时玩家的购买意愿更强烈，该商品销售方式所覆盖的玩家群体更庞大，也是该游戏收益最大化的最好方式。

不论游戏使用什么样的基础商业形式，一定要明确这些形式的目的是什么，以提高付费率为目的的商业形式和以提高平均付费额度为目的的商业形式在设计内容时会有着本质的不同。在预设这些商业形式时，也可以使用"运营五步法"的方法来帮助我们梳理这些商业形式的流程，明确这些商业形式的定位和目标。

6.2.2 运营五步法

运营五步法就是使用运营活动的 5 个要素来完成商业策略的一种手段，也是检验商业活动形式的重要方法。运营活动的 5 个要素分别是**活动目的、活动形式、参与条件、活动周期**和**活动内容**。

1. 活动目的

活动目的就是活动的目标是什么，为什么要制作这种活动，是活动设计的前提。在预设每一种活动之前，我们一定要明确活动的目的是什么，是为了提高用户的付费率，还是为了提高用户的活跃度，每一种活动一定拥有其核心的目的，也是这个活动所期望达到的目标。

活动的目的并不一定只有一种，一个活动可以有多种目的。比如，既为了提高用户的付费率，又为了提高平均用户的付费额度，还为了提高用户的活跃度而诞生的"季票"活动，玩家需要通过提高活跃度获得季票的奖励，可以选择小额付费获得极高的资源回报，也可以选择大额付费更快速地获得资源回报。活动的目的也并不是越多越好，如果目的与目的之间本身就有冲突，反而会导致目的不清晰，从而导致活动的失败。比如，为了提高用户的留存率，又为了提高用户的平均付费额度，这两个目的本身就有一些冲突，如果为了提高用户留存率就要减少大额付费的数量，而增加付费的数额就会增大用户的流失率。

2. 活动形式

活动形式就是举行活动的具体方式，我们可以使用一个比较形象的名称来描述活动的形式，比如在 6.2.1 节中所列举的月卡、基金、季票、十日目标或排行榜等形式。活动形式从一定层面上影响了玩家的参与程度，越新颖的活动形式，玩家参与度越高，而常规的活动形式则主要看"活动"的打折力度，打折力度越大，玩家参与度也就越高。

活动的形式大多以游戏内体验为主，有时也会以游戏外的其他形式进行，比如预约签到、投票等形式。不同的活动形式主要影响用户参与的方式，也决定活动参与的用户数量。如果活动形式是现场抽奖，那么很明显可以参与这个活动的玩家数量会大幅减少。

3. 参与条件

参与条件就是参加活动所需要的条件。一般参与条件是用于区分不同活动所面向的用户群体，比如十日目标活动，参与的条件就是"所有的玩家"均可免费参与，而首次充值奖励活动参与的条件仅面向小额付费用户。参与活动的条件与活动的目的有着最直接的关系，我们可以根据活动的目的来预设可以参与活动的用户群体，以吸引特定的用户来参与相应的活动。

另外，参与条件中还有一个需要考虑的内容就是活动可参与的次数，一般大部分活动在周期内仅可参与一次，也有部分活动会根据时间限定每日参与一次，不同的参与次数也会从一定层面直接影响活动的效果。

4. 活动周期

活动周期就是活动开启后持续的时间。在游戏中大部分的活动都有持续时间的设定，根据活动内容的不同，活动持续的时间也会有所不同。比如，游戏中内置的活动玩法持续 30 分钟，限时推送礼包的活动持续数小时，而充值活动则持续数周。一款比较成熟的商业化游戏，在正式上线时不同的活动根据周期可以平铺数月之久，这也是一款合格的商业化游戏的标准配置之一。

5. 活动内容

活动内容就是具体的活动细节层面，玩家通过什么方式达到相应的目标、领取什么奖励等。活动内容的设计主要是考验设计者对细节的把控能力，详细的活动内容会围绕我们所设计的活动目的和活动形式来展开。如何让活动能够顺利达成我们预设的目标，就需要综合评估活动的参与条件、活动的过程和活

动奖励的设定细节，最终在保障活动顺利进行的同时，完成我们所既定的活动目标。

游戏中的商业策略与现实的商业策略非常相似，游戏也是一种商品。如何把商品有效地推销给玩家？这就要考验设计者的综合能力。我们可以抓住玩家的痛点来推销商品，也可以根据一定的策略打造明星商品来增加用户的购买量，还可以采用一些价格歧视的原理来定位不同的商品。好的商业策略没有标准的解答方案，人人都知道优秀的商业策略是财富宝箱，但是每一个财富宝箱都对应着不同的财富钥匙，如何打开财富宝箱，最简单的办法就是不断尝试、分析和揣摩，最终找到最适合的钥匙来解开财富宝箱。

在完成游戏商业策略的设定后，下一步我们将开始对游戏的商业化进行全面的复盘。

6.3 商业化复盘

商业化复盘就是通过模拟用户行为对游戏商业化内容进行推理和复盘。通过复盘可以预估游戏不同周期的充值和消耗数据，将相应的数据与基础数据指标进行比对，可以大致判断游戏的收益是否符合我们期望的预期效果，也为游戏版本的优化提供一份基础的数据信息。

在商业化复盘之前，我们需要明确，商业化策略其实就是我们为用户定制的付费目标，也是不同层级用户最优的付费策略。假设我们为游戏预设了首冲（6元）、小月卡（30元）、大月卡（128元）、基金（98元）、特惠礼包1（68元）、特惠礼包2（328元），那么一个小额度付费用户一般会购买首冲、小月卡（需要消费36元），对于是否购买基金和特惠礼包1会有较强的犹豫。如果我们期望小额付费用户购买基金或特惠礼包，就需要采用一些其他的商业技巧，比如提高性价比、实用性或者降价等。而中额付费用户一般会购买首冲、小月卡、大月卡、基金和特惠礼包1，同理对于特惠礼包2会有一定的犹豫。这样我们就可以预估出小额付费用户的付费金额是36元（首冲6元＋小月卡30元）、中额付费用户的付费金额是330元（首冲6元＋小月卡30元＋大月卡128元＋基金98元＋特惠礼包68元），汇总这些数据就能预估我们可以获得什么样的收益，而玩家是否按照我们所预设的付费策略进行付费，则主要由商业化内容来决定。

在多数游戏中，玩家付费的形式主要包含两个方面，分别是购买商品和购买货币。这里的购买商品是直接使用人民币购买商品的形式，比如直购月卡、直购基金都是直接通过购买获得相应的服务；而直购"货币"则是使用人民币购买付费货币，再通过"付费货币"购买商品，比如玩家通过储值的方式获得元宝，通过元宝购买相应的礼包。当然，这些并不能代表所有的付费形式。在设计游戏商业策略时，我们还可以混合出售的形式来销售商品，比如购买商品的同时可以获得相应的付费货币，购买折扣货币的同时获赠一些商品。不论通过什么样的付费形式，游戏付费的核心都是购买商品和购买货币。其中，购买商品对应着游戏的充值，通过人民币直接购买了相应的商品；购买货币对应着游戏的消耗，玩家为了消费某个商品购买付费货币。充值是直接吸引玩家付费，消耗是被动吸引玩家付费。所以我们在商业化复盘时只需要针对充值和消耗进行复盘即可。

6.3.1　充值复盘

充值复盘就是对直接吸引玩家付费的所有商业化形式进行梳理和汇总。这一步我们可以使用基础流程图的形式，根据玩家在对应等级的购买路径形成不同玩家的付费额度，也可以使用表格汇总的形式模拟不同层级用户的付费数据，最终完成商业策略的复盘过程。这里我们采用表格汇总的形式来模拟不同用户层级的付费数据。

假设游戏中使用首次充值、普通月卡、至尊月卡、元宝基金、特惠礼包和推送礼包为主要的商业形式，对每一种形式都使用运营五步法，清晰地定位了其所面向的用户群体，那么我们就可以根据这些商品的价格来计算和汇总不同付费群体的付费额度（见表6-2）。

表 6-2　充值复盘数据汇总

基本形式	面向用户	价格（¥）	收益比	小额付费	中额付费	大额付费
价格汇总				66	398	1958
首次充值	小额付费	6	4000%	6	6	6
普通月卡	小额付费	30	800%	30	30	30
至尊月卡	中额付费	68	1000%		68	68
元宝基金	大额付费	128	1000%			128
特惠礼包 1	小额付费	30	600%	30	30	30
特惠礼包 2	中额付费	68	300%		68	68
特惠礼包 3	大额付费	128	350%			128
特惠礼包 4	大额付费	328	350%			328
推送礼包 1	中额付费	68	400%		68	68
推送礼包 2	中额付费	128	300%		128	128
推送礼包 3	大额付费	328	300%			328
推送礼包 4	大额付费	648	300%			648

注：我们可以根据用户的付费习惯和单笔付费额度来区分不同用户群体，假设 30 元以下是面向小额付费用户，30~98 元是面向中额付费用户，98~648 元是面向大额付费用户，使用这些数据就可以计算不同付费群体在对应周期内付费的额度。

通过对充值数据的汇总，我们可以了解游戏的小额付费的金额是 66 元、中额付费的金额是 398 元、大额付费的金额是 1958 元，根据"二八定律"，付费用户中有 80% 为小额付费用户、16% 为中额付费用户（20% 中有 80% 为中额付费用户）、4% 为大额付费用户（20% 中有 20% 为大额付费用户），使用这些数据，可以大致判断付费用户的平均额度（ARPPU）为 194.8 元（见表 6-3）。

表 6-3　付费用户的平均付费额度（预测数据）

用户层级	所占比例	付费金额	加权金额
小额付费用户	80%	66	52.8
中额付费用户	16%	398	63.68
大额付费用户	4%	1958	78.32
汇总			194.8

当然，以上数据都是基础的模拟数据，仅仅作为指导性数据供我们参考。在实际的游戏环境中，大额的付费可能远比预想中低。在实际处理游戏商业化

时，可以重点考虑是"提高小额付费的金额"，还是"提高中额付费的金额"对游戏收益帮助最大，动态的调整付费策略，再通过充值复盘来查看相应的指标数据，最终达到我们所期望的理想收益。

6.3.2 消耗复盘

消耗复盘就是对被动吸引玩家付费的所有商业化形式进行梳理和汇总。相比充值复盘为不同付费层级用户提供最优付费策略，消耗复盘主要是通过游戏内部驱动作为拉力，吸引玩家进行消费。比如，玩家在进行游戏时遇到了打不过的关卡，通过该关卡后可以获得大量奖励，此时玩家会有提高自身实力的驱动；玩家在挑战完成某任务后通过小额的消费可以获得双倍奖励资源，此时玩家会有消费获得奖励的驱动。在游戏中消费的主要驱动力其实主要来自压力和引力（目标带给玩家的压力和超值优惠所带来的引力），我们在进行消耗复盘时首先需要盘点游戏中可能存在的压力和引力（见表 6-4）。

表 6-4 游戏体验过程中的压力和引力汇总

方式	内容	目标	解决方式
压力	竞技场	提升战力	A 资源礼包
	排行榜	提高等级	A 玩法双倍经验
	副本 13	提升攻击	A 神兵
	七日目标	活跃度	购买玩法次数
	限时抽奖	绝版神兵	购买抽奖券
	每日限购	不买亏了	购买礼包
	限时礼包	不买没了	购买礼包
引力	终身限购	早买早享受	购买礼包
	超值豪礼	性价比超高	购买礼包
	漂亮坐骑	早买早享受	购买商品
	漂亮时装	早买早享受	购买商品

注：游戏中可以带来压力和引力的方法远不止事例中所示，我们可以通过体验其他同类竞品游戏，反推可以用于提高消费的压力和引力。

假设游戏中有如表 6-4 所示的各种可以用于促进玩家消费的商品，那么我们可以通过汇总所有消耗的商品信息对游戏的消耗进行复盘（见表 6-5）。

表 6-5 消耗复盘数据汇总

方式	基本形式	面向用户	价格（元宝）	性价比	小额付费	中额付费	大额付费
价格汇总					670	3070	15146
充值复盘可获得元宝					360	2280	14800
差额					−310	−790	−346
压力	A 资源礼包	小额付费	10	1000%	10	10	10
	B 资源礼包	中额付费	100	800%		100	100
	A 玩法双倍经验	小额付费	20	200%	20	20	20
	A 神兵	大额付费	500	500%			500
	购买玩法次数	小额付费	20	500%	20	20	20
	限时抽奖 1	小额付费	300	600%	300	300	300
	限时抽奖 2	中额付费	800	600%		800	800
	限时抽奖 3	大额付费	2800	600%			2800
	每日限购 1	小额付费	20	400%	20	20	20
	每日限购 2	中额付费	200	300%		200	200
	限时礼包 1	中额付费	300	300%		300	300
引力	终身限购 1	小额付费	200	300%	200	200	200
	终身限购 2	中额付费	800	350%		800	800
	终身限购 3	大额付费	3000	400%			3000
	超值豪礼 1	小额付费	100	300%	100	100	100
	超值豪礼 2	中额付费	200	350%		200	200
	超值豪礼 3	大额付费	2000	400%			2000
	漂亮坐骑	大额付费	1888	200%			1888
	漂亮时装	大额付费	1888	200%			1888

注：消费复盘与充值复盘原理相同，我们可以根据用户的付费习惯和单笔付费额度来区分不同用户群体。假设 100 元宝以下的付费都是面向小额付费用户，100 元宝至 999 元宝的消费是面向中额付费用户，1000 元宝以上是面向大额付费用户，使用这些数据就可以计算获得不同付费群体在对应的周期内消耗付费货币的数量。

通过对消耗数据的汇总，我们可以计算出，小额付费用户购买所有我们推荐的礼包需要花费 670 付费货币、中额付费需要花费 3070 付费货币、大额付费需要花费 15146 付费货币。如果在充值复盘中玩家可以获得一定量的付费货币，在对应的消耗中还需要额外消费一些付费货币，玩家就会有动力充值获得付费货币，再购买相应的礼包，从而间接提高玩家的付费额度。

在设计游戏的消耗复盘时，我们可以使用螺旋台阶的方法间接吸引玩家付费，比如小额玩家通过付费购买了月卡、基金等共获得了 300 付费货币，在消费中玩家需要总额消费 360 付费货币即可拿到更好的一档奖励，这样小额玩家就有动力再付费 6 元，而 6 元之后还有一档累计消费 50 元即可领取大量奖励的活动，这时玩家就有动力再付费 14 元。通过充值和消费这两个螺旋结构层层叠加的方式，可以极大地提高不同层次玩家的付费额度。

使用充值复盘和消耗复盘，以周期为单位就可以枚举出周期内玩家的付费数据信息，这些信息可以为我们大致描述游戏正式上线时的收益状况。通过对收益的预估我们可以更加准确地判断游戏的商业化是否符合预期，也为商业化的修改调整提供了一份明确的指导数据。

另外，需要注意的是，设计游戏时不要陷入为了商业化而商业化的模式，充值复盘和消耗复盘主要是针对那些纯粹的商业化游戏而进行的，我们在设计游戏时一定要优先确保游戏成长的多样性、玩法的趣味性和耐玩性、难度的合理性，再通过提高题材（IP）、美术的制作标准，提升玩家的游戏体验，这样一套组合下来，根本不必考虑过于复杂的商业化方式，手机游戏《梦幻花园》就是这方面最好的榜样。

第7章

数值可视化

在本书前 6 章，我们通过数值流程化的 5 个步骤（准备工作、战斗数值、经济数值、数值复盘和商业化），为游戏搭建了一套完整的数值模型架构，使用这套数值模型架构计算获得了游戏中所有系统模块需要使用的数值配置。这些数值配置由不同的**数字集合**所构成，有些数字集合整齐且有序，称为数列体结构，有些数字集合随意且毫无规律可循，称为结合体结构。电子游戏其实就是由不同的数列体结构和结合体结构混合而组成的一种"数字游戏"。

我们经常把体验游戏时心情的变化形容为一种游戏体验。不同的游戏体验正是由不同的数列体结构或结合体结构组合搭配而产生的，而评价游戏好玩与否的重要标准就是游戏的体验如何。通俗意义上的游戏体验仅仅是一种概念，任意人群所描述的游戏体验都可能是不同的，游戏设计师也很难精确地描述游戏体验的具体形态。

游戏也被称为"第九艺术"，其实我们可以借助其他"艺术"形式来具象化"游戏体验"的核心构成要素。

目前，游戏中比较常用的描述游戏体验要素的方式主要通过借鉴文学作品和电影这两种艺术形态获得，大多数游戏可以使用"节奏感""仪式感"和体验游戏产生的"心流"变化来描述不同的游戏体验。在制作游戏时，游戏设计师往往通过设定阶段目标的方式去表达"游戏体验"，数值策划则需要通过数值可视化的方式去描绘和有效地传达"不同数字集合"所表达的游戏体验。使用阶段目标展现游戏体验过程，利用图形化手段描绘和解释不同的游戏体验，透过现象看本质，从而实现真正意义上的"巅峰体验"。

7.1 游戏设计理念

节奏感、仪式感、心流是近几年比较流行的游戏设计理念。其中，节奏感、仪式感是用于调节游戏体验的重要方法，心流则是描述玩家在体验游戏时内心感受的变化过程。一款优秀的游戏通过跌宕起伏的剧情、紧张刺激的战斗、日就月将的成长和各种仪式不断调动玩家的情绪，传达游戏的内涵，吸引玩家不断沉迷其中，从而实现不同的游戏目的。这些行之有效的方式其实就是通过不同的节奏感和仪式感产生的。如果说节奏感是游戏在不同时期、不同内容所带来的体验变化，那么仪式感就是强化这些变化所需的拉动力，通过节奏感为玩家建立一套节奏定式，使用仪式感强化这种节奏定式。心流则是对不同周期下，节奏感和仪式感覆盖程度的一种检验方法。

随着游戏精品化战略的不断推进，节奏感、仪式感和心流也会越来越多地被应用于游戏设计，成为检验游戏好玩与否的一种常规手段。

7.1.1 节奏感

节奏感（rhythm）是指客观事物和艺术形象中，符合规律的周期性变化的运动形式引起的审美感受。节奏感最常见于音乐和小说中，音乐中的节奏感最直接，是由声音的强弱、长短、力度交替出现而产生的一种愉悦的心理感受；小说的节奏感是由情节推动的感受，其中剧情推动的速度快慢、单场剧情影响读者心理波动的大小都可以影响整本小说的节奏感，故事叙述的"八阶段环形理论"其实就是一种非常成熟的用于增强"节奏感"的方法。

游戏的节奏感相对于音乐和小说显得更加丰满，除了游戏剧情的节奏感，还包括成长的节奏感和战斗过程的节奏感。其中，游戏剧情的节奏感与小说的节奏感相同，都是由故事的情节所推动的，成长的节奏感和战斗的节奏感则主要由游戏的成长体验和战斗体验所引发。这里我们只通过**成长的节奏感和战斗过程的节奏感**两个部分来剖析游戏中数值策划所需要注意的"节奏感"体验。

1. 成长的节奏感

成长节奏感的核心驱动就是**玩家成长的变化**，玩家的成长在游戏中的主要表现层面是装备的替换、成长模块等级的提升，以及学习新技能所带来的成长感受，其中新装备的获得、新技能的学习是成长质变的过程，而成长模块等级的提升是成长量变的过程，成长的节奏感就是由不同成长模块质变和量变交替变换形成的玩家实力或战力提升的一种表现形式。

成长的节奏感是由成长周期决定的，单个成长模块每 20 分钟提升一次和每两天提升一次为玩家所带来的感受有着天壤之别。有时我们可以把成长的节奏感描述为成长的颗粒度，较大的成长颗粒度表示成长的间隔较长，而较小的成长颗粒度表示成长的间隔较短。这里的颗粒度大小需要根据不同的需求制定适合的测量方法，小颗粒度是每 30 分钟还是每 10 分钟，大颗粒度是每 180 分钟还是每 1800 分钟。通常我们会以日 / 次的方式判断颗粒度的大小状况，比如玩家每日可提升 10 个角色等级（或替换 10 件装备、学习 10 个技能）就代表等级成长颗粒度较小，而每日玩家仅可提升 1 级则代表成长颗粒度较大。

在预估游戏节奏感时，我们可以使用折线图汇总所有模块带来的养成收益，观察不同周期下成长模块的节奏感，以此来判断游戏中不同模块养成的节奏感是否重叠、玩家在游戏中是否能持续获得成长的愉悦。

> 注：可以使用 5.2.3 节"解读数据"中我们所汇总的周期养成曲线对成长的节奏感进行评估，相应的评估方式与上文的解读方式比较相似，这里不再赘述。

2. 战斗的节奏感

战斗节奏感的核心驱动就是**游戏战斗节奏的变化**，在游戏中战斗节奏的变化主要受"单次伤害"和单场战斗时长所影响，单次伤害是玩家在每次攻击时对目标造成的伤害数值，单场战斗时长是每场战斗所需要的"回合"数，对应着游戏中怪物的生存周期。

"单次伤害"在游戏中最直观的表现形式，就是角色的"二级属性"中暴击和闪避所带来的战斗节奏变化。比如游戏战斗中，玩家每次攻击都可以对目标造成 10 点正常伤害，触发暴击时则可以对目标造成 100 点暴击伤害，每次触发暴击都会影响单次伤害数值，暴击触发的概率就直接影响了战斗的节奏感。战斗节奏感的另一种表现形式就是技能所带来的伤害修正影响，比如战斗中普通攻击每次对目标造成 10 点伤害，释放技能每次对目标造成 100 点伤害，每次释放技能都会影响"单次伤害"数值,而技能的释放时间直接影响战斗的节奏感。

"单场战斗时长"在游戏中最直观的表现形式则是由不同种类怪物的"防御类"属性差异而引起的战斗节奏变化。比如,游戏中普通怪物 A 拥有 10 点防御、50 点生命,普通怪物 B 拥有 5 点防御、30 点生命,当角色攻击为 20 点时,击败普通怪物 A 需要 5 回合(50÷(20−10)),击败普通怪物 B 需要 2 回合(50÷(20−10))。玩家攻击不同怪物需要不同的战斗时长,战斗时长的差异化直接影响了战斗的节奏感。

良好的战斗节奏感是由"单次伤害"波动和"战斗时长"波动通过循环叠加的形式所构成的。从周期角度观察,单次伤害曲线呈现波动递增走势,而战斗时长曲线则呈现波动循环走势(见图 7-1)。

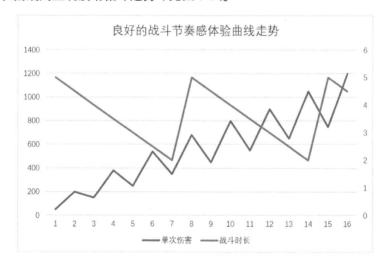

图 7-1 良好的战斗节奏感体验曲线走势

注:随着玩家属性的不断成长,玩家对目标所造成的伤害数值也会不断增长,所以单次伤害随着游戏周期呈现波动增长态势。单场战斗时长则受到玩家的属性和怪物属性共同影响,随着玩家属性的不断成长,怪物的属性也会不断成长,所以战斗时长随着游戏周期呈现循环态势。

除了常规的战斗节奏感表现形式,部分游戏还采用连击(combo)、快速反应事件(QTE)、连携技、属性相克等方式来调整战斗的节奏感。连击是对玩家连续攻击的一种奖励形式；快速反应事件是对快速判断局势的一种奖励形式；连携技是组合攻击的一种奖励形式；属性相克是对玩家正确使用属性的一种奖励形式。这些方式都可以为平淡的战斗带来相应的节奏感体验。

7.1.2　仪式感

仪式感是人们表达内心情感最直接的方式，最早出现于宗教仪式中，随着宗教的发展也延伸至生活的各个层面。在游戏世界中，仪式感更像是一种浮夸但实际的表现形式，浮夸主要是过程浮夸，而实际则是奖励真实。游戏中的"仪式感"主要出现在成长的过程和玩法的奖励中。比如，游戏中武器强化到达指定成长阶段时会有显著的武器特效表现、首次击杀首领时为该玩家竖立雕像等形式，以纪念这些玩家的表现。

当然，仪式感并不仅仅是这些高光的时刻。在玩家体验游戏的过程中可以通过不同的仪式来强化玩家实际体验的过程。这些大大小小的仪式最终形成了游戏体验的仪式感，既可以正向培养用户的习惯，又可以作为一种阶段性嘉奖，极大地拉动了成长模块的需求，丰富了不同玩法模块的体验效果。

仪式感的核心是对不同成长玩法模块产生拉力，增强游戏的节奏感，所以在加强游戏仪式感时我们可以针对角色的成长和游戏的玩法两条线分别展开，也就是对每一个**成长模块**和**玩法模块**展开。

成长模块和玩法模块的仪式感都主要集中在收益层面，也就是通过养成或玩法获得超出常规的外形、技能特效或高额属性的收益时，加入一些特殊的表现形式来强化这些收益的仪式感。比如，玩家通过史诗任务获得了一个全新的武器外观，那么这个史诗任务的过程或结果就可以增加诸如世界公告，全服发奖等方式以增强史诗任务的仪式感；再比如，玩家把所有的装备均强化至满级，那么可以为玩家带来额外的属性或全身流光特效的奖励，用来增强装备强化这个成长模块的仪式感。

仪式感对于游戏是一种正向的反馈机制。除了正常设计，还可以用于那些体验较差的模块的优化。对于那些无法吸引玩家的成长或玩法，也许通过一些简单的仪式感就可以完全改变这些成长或玩法的地位。比如，某游戏的收集系统，只要收集游戏中 20 种图书即可获得 10 个收集点数。如果这个玩法孤立存在，那关注这个玩法的玩家肯定会较少；如果我们为这个收集体验设计一个具有仪式感的玩法，前100名收集该玩法的玩家可以在该图书中留名，那么这个玩法的热度就一定会发生改变。其实这就是仪式感的魅力所在。

7.1.3 心流

心流（mental flow）的概念，最早由心理学家米哈里·契克森米哈提出。他最早观察到一些人在工作时几乎是全神贯注地投入，经常忘记时间以及对周围环境的感知，而且他们在工作中的乐趣是来自活动的过程，并非外界带来的报酬。心流的4个过程分别为产生兴趣、牵动情感、专注渐溺、进入心流，这些过程在游戏的剧情环节最容易实现，而在成长环节、玩法环节则需要较为漫长的培养过程。

在大多数情况下，游戏的"心流"是节奏感和仪式感交汇所产生的心理变化。我们可以预估游戏中不同节奏节点和仪式节点对玩家心理的影响，把节奏感和仪式感所带来的效果以数字的形式转义，在固定周期内将数字用面积图展现，用来评估玩家在不同阶段的心流变化，从全局的角度观察玩家在进行游戏时情绪和感受的变化趋势（见图7-2）。

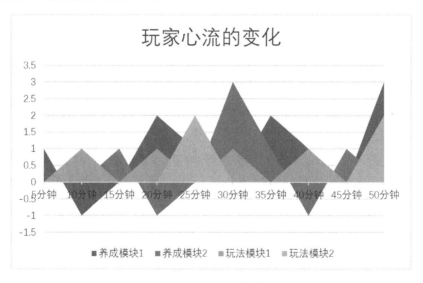

图7-2　玩家心流的变化

> **注**：将不同周期内的节奏感和仪式感所带来的感受数字化，通过面积图的形式可以了解用户在不同阶段时心流的变化状况，以上主要关注0以上的数值范围，哪些时刻形成波峰，哪些时刻形成波谷。

模拟玩家体验游戏时的"心流"历程并不能完全解决不同用户对游戏的需求。如果是成就型玩家，那么角色的养成对于该类型玩家更具吸引力；如果是杀手型玩家，那么战场对于该类型玩家更具吸引力。所以心流只能从一定意义上反馈玩家对游戏的感受。对心流的使用可以完全当作是检验节奏感和仪式感的一种方式，而不能全面依赖心流来决定游戏的实际体验。

不同内容的节奏感和不同形式的仪式感在游戏中相互交叠，共同塑造了玩家的心流变化。正向的心流感受会提高游戏的体验乐趣，而负向的心流感受则会削弱游戏的体验乐趣，通过节奏感、仪式感、心流，我们为游戏体验提供了一套可视化的观察和分析方法，下一步将通过"阶段目标"来描述游戏设计师所表达的"游戏体验"，为数值可视化提供重要的数据支持。

7.2 阶段目标

阶段目标就是不同周期、不同游戏阶段，设计者的目标和玩家的目标，也就是游戏的目标。阶段目标又被称为百级大表，从字面意思理解就是一百级内游戏包含的所有内容。通过建立百级大表我们可以更加全面地了解游戏的设计内容、玩家在这个大周期内参与的游戏内容以及玩家的游戏体验和游戏的节奏感。

设定阶段目标的第1步是**为游戏划分阶段**。划分游戏的阶段可以从游戏的养成体验或游戏的玩法体验两个角度展开。如果游戏重养成则可以从养成角度进行划分；如果游戏重玩法体验则可以从玩法体验角度进行划分。比如，我们根据游戏的养成内容把游戏分为引导期、新手期、成长期和平台期；根据玩法的体验周期可以把游戏分为新手期、单人历练期、组队探险期、团队冒险期、跨服磨炼期。当然我们可以根据自身游戏的特点来划分不同的游戏阶段。不论依据什么样的划分方式，游戏阶段都会以游戏时间周期为节点，根据体验周期把游戏划为不同的阶段。在每个阶段下玩家的成长目标不同，体验内容不同，每一个阶段也会有最核心的目标呈现给玩家，并且每一次跨越阶段对于玩家而言都是游戏进程的一大步，需要为玩家带来强烈的刺激感。

假设我们根据游戏的养成内容把游戏分为引导期、新手期、成长期和平台期 4 个阶段，每个阶段分别对应游戏周期时长和玩家等级，把这些数据列举到表单中即可获得基础的游戏阶段划分（见表 7-1）。

表 7-1　游戏的不同阶段（成长角度）

	游戏周期（天）	玩家等级
引导期	0~0.4	20
新手期	0.4~3	30
成长期	3~7	40
平台期	7+	50

注：制定游戏不同阶段的核心是确定游戏周期，也就是对应阶段玩家需要消耗的游戏时长。每个阶段的核心体验内容是不同的，周期越长代表玩家停留在该阶段的时间也越长，要充分考虑该阶段的内容能否保持玩家的新鲜感和兴奋度，否则重复的内容体验会导致玩家兴奋度下降，从而影响玩家参与游戏的动力。

设定阶段目标的第 2 步是**复盘开放功能**。复盘开放功能就是枚举游戏不同阶段所开放的新成长模块和玩法模块。通过为这些新功能和新玩法增加权重信息，建立不同阶段玩家兴奋度曲线，以评估不同阶段功能开放的顺序是否合理，游戏内容能否持续对玩家形成吸引力而推动玩家持续的体验游戏内容（见表 7-2）。

表 7-2　功能开放复盘

分类				新内容			重复内容		
周期	时间节点（分钟）	新功能兴奋度	玩家等级	名称	驱动方式	内容描述	名称	驱动方式	内容描述
引导期	1	3	1	技能1学习	成长驱动	学习首个技能			
	3	2	2	装备系统	成长驱动				
	4	3	3				技能2学习	内容更新	获得群攻技能
	5	4	4	普通副本	玩法驱动	通关首个副本	装备系统	内容更新	获得精品武器

游戏数值

百宝书：成为优秀的数值策划

分类				新内容			重复内容		
周期	时间节点（分钟）	新功能兴奋度	玩家等级	名称	驱动方式	内容描述	名称	驱动方式	内容描述
引导期	8	2	5	装备强化	成长驱动	提高装备属性			
	10	2	6				技能3学习	内容更新	获得必杀技能
	12	5	7	伙伴系统	成长驱动	新的伙伴			
	15	2	8	伙伴升级	成长驱动	伙伴提升属性	装备系统	内容更新	获得首件衣服
	18	3	9	坐骑系统	成长驱动				
	20	10	10	十连抽	奖励驱动	必得高级伙伴			
	22	4	11	精英副本	玩法驱动				
	25	2	12				装备系统	内容更新	获得精品衣服
	30	6	13	伙伴突破	成长驱动	提升星级伙伴			
	35	3	14	每日活动	玩法驱动	每日必做活动			
	40	1	15				普通副本	内容更新	挑战全新副本
	45	4	16	星座系统	成长驱动				
	50	5	17	野外精英	玩法驱动	挑战野外精英			
	60	10	18				十连抽	奖励驱动	必得高级伙伴

注：兴奋度权重可以根据每一个新内容和每一个重复内容的可玩度进行加权求和计算，这里仅代表个人的想法，在设定内容权重时，可以以多人讨论的形式商定一个大家认可的权重值。

　　同理，我们可以使用图形化的方式查看不同时间节点下玩家的兴奋度，用于判断不同时间节点下玩家的"心流"变化（见图7-3）。

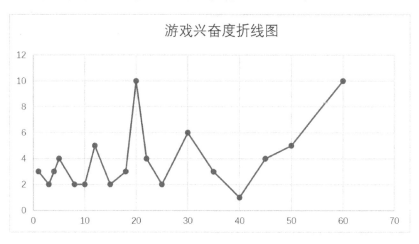

图 7-3　游戏兴奋度折线图

> 注：X 轴代表游戏的时间节点，Y 轴代表兴奋度数值，Y 轴数值越高代表
> 当前时间节点下玩家体验越好。

通过查看不同周期玩家的兴奋度分布，可以预判不同周期节点下玩家的体验节奏，比如，图 7-3 所示 20 分钟时，兴奋度达到高点，表示玩家体验游戏 20 分钟时进入高潮节点，随着游戏时间的推进，下一次体验高潮节点出现在 60 分钟，与电影中剧情推进的节奏感比较相似，游戏中也需要不断使用兴奋感来推动游戏的进程。

设定阶段目标的第 3 步是**复盘成长节奏**。我们在 5.2 节"养成复盘"中已经根据游戏的周期复盘了不同成长模块的成长节奏，这一步把相应的复盘数据通过索引的方式映射至"阶段目标"表单中即可。

设定阶段目标的第 4 步是**复盘付费深度**。这里的付费深度就是每个周期节点下游戏的付费深度。在 5.1.2 节"消耗复盘"中，我们通过不同的成长数据复盘了不同成长阶段的资源消耗数据。这一步复盘付费深度的计算方法则是统计不同周期内极限玩家成长至对应等级所需消耗的资源数量，使用价值体系中我们为这些资源定义的价格，把这两个数据相乘即可获得游戏不同周期下的付费深度，从而完成付费深度的阶段复盘。复盘付费深度主要为游戏商业化活动预留一定数量的资源投放量，以便后续可以灵活地调整付费策略和优化游戏的商业化数据。

　　设定阶段目标的第 5 步是**定制玩家目标**。这里的玩家目标可以作为功能出现在游戏中成为玩家不同阶段的目标，也可以作为潜在考核玩家能力的一种目标形式。比如，游戏中经常出现的"十日目标"和"成就"属于游戏功能，通常预设在游戏玩法中，成为玩家不同阶段的目标；而"妖塔试练"和"无尽的历练"等玩家需要根据自身实力不断挑战的玩法类型中，阶段目标则是以潜在考核玩家能力的目标形式出现的（通常以战力或属性为考核标准）。我们可以把玩家的目标分为养成目标和玩法目标，其中，养成目标的制定方法就是根据第 3 步中的成长节奏设定的。假设通过复盘数据获得玩家在第三日装备强化等级可以达到 20 级，相应地我们可以把装备强化 20 级作为活跃玩家的目标预设在游戏中。玩法的目标同理，假设经过复盘数据获得玩家在第三日等级可以达到 30 级，穿戴第 5 套装备、装备强化等级 20 级……统计汇总这些成长模块玩家可获得的战力数据，就可以判断玩家在不同玩法中可挑战的阶段，以此阶段作为游戏中不同玩法的玩法目标。任何一款游戏想要吸引玩家持续参与，一定需要其目的性，而且玩家的目的要进行细化，要明确每一个目标达成的步骤。为玩家定制目标其实就是把大的目标颗粒化，让目标成为拉动玩家持续游戏的动力，从而吸引玩家不断地参与游戏，保持游戏的活力。

　　历经以上 5 个步骤，也就完成了游戏阶段目标的设定。最后一步就是综合评估这 5 个步骤所呈现的游戏体感，根据对体感的理解来优化玩家游戏的体验过程。游戏的体感没有绝对的正确，不同的设计者有着不同的游戏体感，不同的设计者对于游戏内容的追求也是不同的。一个重度的竞技型玩家和一个狂热的成就型玩家设计出的游戏体感会呈现两种截然不同的感受，好的游戏同样有吐槽的玩家，而差的游戏同样有重度沉迷者，只要我们能跟随主流设计原则，把握多数玩家的喜好，游戏不一定会获得大成功，但一定不会沦为一款失败的作品。

7.3　数值可视化

　　数值可视化就是对游戏数据的可视化应用，是通过对数据进行提炼而获得的一种视觉表现形式，数值可视化的主要目的是借助图形化手段，清晰有效地传达与沟通信息。

游戏中最常用的图形化主要包括折线图、饼状图和柱状图 3 种。折线图主要以周期为 X 轴，查看周期内数字的走势；饼状图主要查看不同数字的占比情况，柱状图是曲线图与饼状图的集合休，查看不同周期下，不同类别的数字量级和占比情况。

折线图主要用于反馈不同周期的游戏体验，图 7-4 所示的 4 种形态就是反映游戏中累计值所带来的数字变化，从一定意义上反映了某种游戏体验过程。

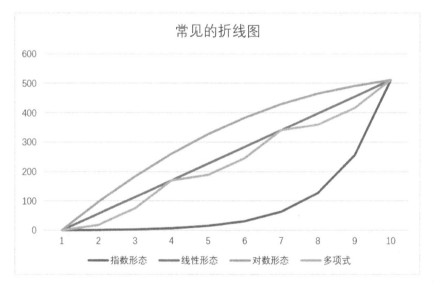

图 7-4　常见的折线图

指数形态表示数值随着周期的递增而呈现指数形态变化，比如游戏中合成玩法的合成消耗就呈现指数形态递增，也就是随着合成等级的提高，消耗资源的数量呈指数增长。

线性形态表示数值随着周期的递增呈现等比增长，这种形态的数值曲线表示数字增长稳定，但是稳定也正是这种形态最大的缺点，没有波澜也就没有惊喜感，一般用于一些特定的成长模块。

对数形态表示数值随着周期的递增呈现边际效应，随着周期的递增数字增长幅度不断下降，游戏中大部分成长的收益会呈现对数形态的曲线走势。

多项式表示数值在大周期内呈现小周期的波动状态，这种形态走势很适合小周期数值波动，是游戏中体验最好的一种数值曲线走势。

游戏的体验并不仅仅只是以上 4 种类型曲线形态所能表达的，不同的游戏设计思路所需要使用的体验曲线是完全不同的，每一个游戏模块都有属于自己特征的数字集合，而每一个数字集合都代表了这个游戏模块的游戏体验。把数字集合进行可视化处理，通过读图判断游戏的体验是一个非常重要且有效的优化游戏的手段。

饼状图主要用于不同游戏模块的数据比对，通过饼状图可以方便查看不同模块的属性占比、付费占比或产出占比等数据信息，帮助我们判断模块之间的差异性特征。如图 7-5 所示的饼状图，我们可以通过对比了解不同成长模块的属性投放力度，判断这些成长模块的重要程度是否符合我们设计的预期。

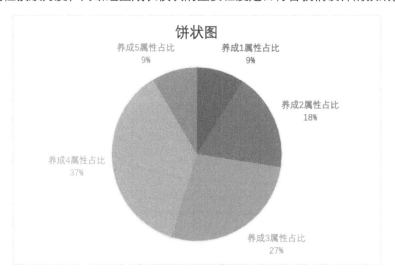

图 7-5　饼状图

柱状图主要用于周期内不同模块数据的占比情况，通过柱状图可以方便地查看不同成长模块的成长数值占比、不同玩法模块资源的产出数值占比等数据信息，帮助我们了解模块数值随周期变化的数值占比趋势。如图 7-6 所示不同成长模块的属性变化柱状图，养成 3 模块随着游戏周期的变化呈现占比下降趋势，养成 1 模块随着周期变化呈现占比上升趋势，也就代表了养成 3 模块属于前期养成、养成 1 模块属于后期养成。这种变化趋势反映了玩家在不同游戏周期对不同成长模块的追求程度，可以帮助我们优化游戏的产出结构和调整商业化内容的投放节奏。

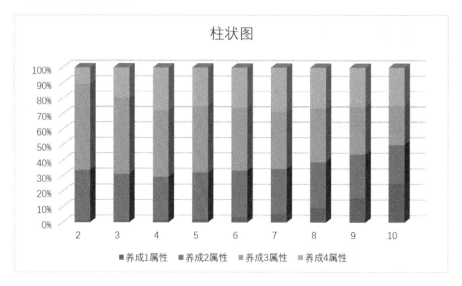

图 7-6　柱状图

使用可视化图形来描述游戏的方式并不仅仅包含以上 3 种图形类型，我们可以使用雷达图来表达不同类型模块之间的数字倾向；使用旭日图判断大模块和小模块之间的数字占比。除了独立的可视化图形，还可以使用组合图形表达任何数字集合所需要表达的数字变化。数字是枯燥且静止的，而图形是生动且变化的，多尝试使用不同的可视化图形，让枯燥的数值变成生动的体验，从理性的构思转变为感性的判断，数值图形化将会是数值模块化最佳的打开方式。

第8章

数值模块化

模块化是指处理一个复杂系统时，自上至下逐层把系统划分成若干模块的过程，经常出现在软件的研发设计中。游戏本身也是一个复杂系统的合集，由各种不同的功能、玩法和成长组合而成。功能、玩法和成长之间则是由不同的数值结构连接在一起而形成的一个庞大的游戏整体。对于这个复杂的系统结合体，我们可以使用模块化的方式分类设计和集中管理。

数值的模块化就是对游戏中不同功能、玩法和成长的数值结构进行独立设计和集中管理的一种方式。数值模块化的核心是对游戏中所有的数值进行模型化设计，也就是我们所说的游戏数值模型。

在第 1 章我们使用 5 个步骤的流程化方法构建了游戏的数值体系。如果把整个数值体系作为一个复杂的系统，那么每一个流程化方法就是一个数值模块，这些数值模块是由大大小小的数值模型所构成的。比如，我们所说的战斗数值就属于战斗模块组，战斗模块组由属性模型、战斗流程模型、公式模型、成长模型、分配模型、具体的养成功能模型和怪物强度模型等数值模型构成。

数值模型既有独立性，又有整体性。独立性是指模型与模型之间内容的独立；整体性是指不同模型之间相互影响，密切配合所形成的游戏体验的整体。比如，游戏的属性模型是由不同的属性定义所构成的；公式模型是由不同的公式定义所构成的；成长模型是由周期成长的属性数字所构成的，这些模型的内容互相独立。属性模型所定义的属性是成长模型中属性的基础，公式模型所定义的公式是属性数字的尺度，这些模型共同构建了游戏战斗体验这个整体。

任何游戏不可能从诞生就很出彩，优秀的游戏是依靠不断打磨和试错积累经验所获得的。同样，良好的数值也是由不断调整和优化而产生的。在尝试优化数值时，我们不能只针对某一个具体的细节去优化，也不能调整所有的数值架构部分，而应该去调整某一个体验不好的数值模块，也就是优化一个体验不好的数值模型。对数值模块化处理的重要作用就是可以快速定位和优化数值模块，而不对整体造成相应的影响。

8.1 数值模型

数值模型是利用变量、等式和不等式、数学运算等数学符号和语言规则来描述事物的特征及内在联系的模型。游戏的数值结构就是由一个又一个不同模块的数值模型构成的。根据数值模型的规模，我们可以把游戏中的数值模型分为广义数值模型和狭义数值模型。其中，广义数值模型是指特定内容的数值模型集合，比如我们常说的游戏战斗模型，它由战斗底层模型、不同成长模块的养成模型和怪物强度模型共同构成；而狭义的数值模型是指每一个独立模块的数值模型，比如经济模块中的全局产出模型、掉落模型等。我们可以说游戏的数值模型由广义数值模型构成，也可以说游戏的数值模型是由狭义数值模型构成。不论是广义数值模型，还是狭义数值模型，最重要的是游戏的数值体系是**由这些不同的数值模型计算获得的**，而不是依靠感觉通过"拍脑门"的方式。

根据不同游戏模块的复杂程度不同，数据模型的复杂程度也会有所差别，比如模型中最简单的属性成长模型，我们可以使用如下的一次函数公式来完成数值模型的设计（见表8-1）。

$$攻击值 = 初始值参数 + (等级 - 1) \times 等级放大参数$$

表8-1　攻击值成长参数

参数名称	参数数值
初始值参数	100
等级放大参数	50

其中，初始值参数和等级放大参数为常量，等级为自变量，设定相应的参数数值后，我们可以获得攻击属性的成长数值（见表8-2）。

表 8-2 攻击的成长数值

等级	攻击
1	100
……	……
10	550
……	……
50	2550
……	……
100	5050

使用以上简单的公式、变量和常量就组成了最基础的数值模型。当然，在游戏设计中，大多数数值模型要远比属性成长模型复杂，并且不同数值模型之间还存在一定的逻辑关系。

游戏中广义的数值模型主要包括**战斗模型、经济模型、复盘模型**和**商业化模型** 4 类，每一个大类下包括多个子类，我们可以通过流程化的方式来枚举和梳理每一个数值模型以及它们之间的联系（见图 8-1）。

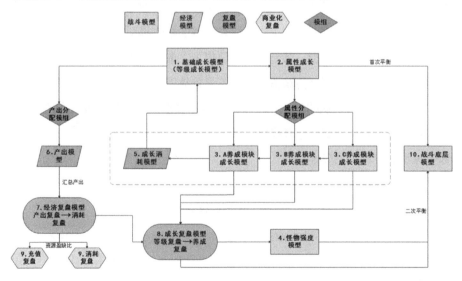

图 8-1 数值模型的联系

通过枚举数值模型建立流程图，我们可以得知建立游戏的数值模型一共需要十步，也就是建立游戏数值模型常用的**十步数值模型法**。

第一步，构建**基础成长模型**。基础成长模型属于**战斗模型**，在游戏中比较常见的是等级成长模型，基础成长模型决定了游戏生命周期、游戏节奏周期和玩家体验周期，是底层数值模型中最基础的数值模型结构。

第二步，构建**属性成长模型**。属性成长模型属于**战斗模型**，是针对不同职业在基础成长模型基础之上进行的属性成长设计，也就是对应等级下，不同职业可获得的属性数值规划。属性成长模型可以为游戏建立一套标准的属性成长体验，是玩家属性成长的全局总览。建立属性成长模型后，我们需要把模型数据带入战斗底层模型进行平衡性校验，以保障属性成长模型的基础数据平衡。

第三步，构建**成长模块成长模型**。成长模块成长模型属于**战斗模型**，是使用属性分配模组对不同职业属性成长模型中成长数值的一次属性分配过程，通过属性分配模组我们为游戏中不同的成长模块分配了相应的属性占比，根据不同成长模块的养成体验方式把相应的属性数值带入成长模块也就完成了对应成长模块的成长模型。成长模块的成长模型是针对不同养成所建立的成长体验，不同养成之间交替提升，从而形成了我们在游戏中成长的感觉。

第四步，构建**怪物强度模型**。怪物强度模型属于**战斗模型**，是根据玩家属性成长数据所匹配建立的一套怪物成长数据。在构建怪物强度模型时需要使用成长复盘模型中玩家养成的复盘数据，在初始创建数值模型时还没有相应的数据，我们可以根据不同模块的成长模型数据来获得基础的数据以帮助我们构建怪物强度模型，在后续完成成长复盘模型时把相应的数据带入怪物强度模型即可。怪物强度模型是我们为玩家所建立的一整套成长反馈体系，也是玩家成长路上的压力和阻碍。

第五步，构建**成长消耗模型**。成长消耗模型属于**经济模型**，根据不同成长模块养成方式的不同和养成体验的不同所建立的一整套成长消耗模型。成长消耗模型与成长模块成长模型一一对应，也就是在不同养成等级下玩家需要消耗相应的资源并获得相应的属性收益。将收益和消耗相除我们还可以获得不同成长模块的养成性价比数据，以此评估不同成长模块的实际养成体验。

第六步，构建**产出模型**。产出模型属于**经济模型**，是通过基础的成长周期消耗数据和产出模型为游戏所有玩法预设相应的产出数据。产出模型可以根据产出的方式细分为固定产出模型和随机产出模型两部分，固定产出模型主要用于一些固化奖励的玩法中，而随机产出模型主要用于随机掉落、随机礼包等形式的随机产出玩法中。游戏的产出模型将会直接影响不同玩法的收益，从数值层面决定玩家对不同玩法的喜好度。

第七步，构建**经济复盘模型**。经济复盘模型属于**复盘模型**，是检验游戏产出和消耗的一种重要手段。经济复盘模型主要包括产出复盘模型和消耗复盘模型。通过对游戏中所有玩法的产出进行汇总可以获得不同游戏周期内玩家获得资源的数据，通过锚定周期内不同成长模块可提升的等级可以计算出不同游戏周期玩家所需要消耗的资源数据，把产出数据与消耗数据相减可以获得不同游戏周期内资源的盈缺信息。经济复盘模型主要用于检验游戏的经济数据，通过对游戏经济的复盘可以提前预判不同游戏周期内玩家的成长动力和生存压力信息，为优化游戏体验提供一份基础的指导数据源。

第八步，构建**成长复盘模型**。成长复盘模型属于**复盘模型**，是对产出复盘中所获得的资源数据进行索引计算，获得玩家在不同周期内的成长数据。成长复盘模型是检验玩家成长体验和怪物强度数据的重要依据，我们可以根据成长复盘获得的成长数据推断，在不同周期下玩家成长模块的养成数据信息，通过汇总不同周期下养成数据可以了解不同成长模块在游戏生命周期的不同养成体验，以此来评判这些成长模块的成长是否合理。

第九步，构建**商业化复盘模型**。商业化复盘模型属于**商业化模型**，是对游戏商业策略的一种汇总计算方式。通过对游戏商业策略的复盘可以提前预估游戏在不同时期的收益状况，为游戏的顺利商业化提供数据支持。

第十步，构建**战斗底层模型**。战斗底层模型属于**战斗模型**，是对游戏战斗框架的还原。战斗底层模型主要用于检验不同职业之间的平衡性，也可以用于验证不同阶段的怪物强度。构建游戏战斗底层模型没有特定的时机，我们可以根据自身的需求来构建战斗底层模型。在游戏数值框架中，底层属性成长和成长复盘是必须经过战斗底层模型验证的，底层属性成长决定了底层数值的平衡性，成长复盘直接影响了游戏中实际体验的平衡性。

8.2 构建数值模型的方法

构建游戏的数值模型是为了把我们所构想的游戏中不同养成、玩法的特征，通过数值模型化的方法计算获得游戏数据的过程。先提出构想，再丰富细节，最后把构想模型化。比如，我们在设计游戏时根据需求设定了一个成长模块，该成长模块不依附于任何功能，属于独立的成长、养成所带来的属性收益随着养成等级的提高而提高，且养成收益呈现分段递增。我们可以根据上面这些构想来设计该**成长模块的成长模型**。如果继续完善该构想，则提升养成等级需要消耗自身作为素材，玩家可以通过不断重复地获得该资源以提高养成等级，每提升一定的数量等级时需要产生一次突变的成长感受，并且在突变节点需要新的游戏资源。这一步我们可以根据完善后的构想，设计该成长模块的**成长消耗模型**。当然，以上这个构想还没有完结，我们需要为这个成长模块建立经济闭环。确定该成长模块的消耗后，还需要为该成长模块所产生的资源分配相应的产出。把构想进行实践的过程，就是构建游戏数值模型的过程，这也是数值模型的重要作用之一。

这里，我们以游戏《原神》中圣遗物系统的设计思路为例，来构建系统模块的数值模型。构建数值模型的第一步就是汇总功能细节，明确设计思路。比如《原神》的圣遗物系统中，我们需要明确的设计思路如下。

（1）成长模块属于**混合型成长策略**，且具有一定组合玩法设计，成长模块允许玩家装备 **5 个部位的圣遗物**，对应为 1~5 号圣遗物。

（2）每个部位的属性按照类型分为**主属性**和**副属性**，其中主属性和副属性都是**唯一的**，也就是主属性出现了该属性种类，副属性不会再出现该属性种类。

（3）主属性的**属性种类最多 1 种**、副属性的**属性种类最多 4 种**，其中有两个部位的主属性是**固定的**，另外 3 个部位的主属性从**属性库中随机**选择。

（4）每个圣遗物有星级之分，分为 **1~5 星**，对应了圣遗物的星级颜色（白、绿、蓝、紫、橙），圣遗物**星级不可进行提升**，不同星级的圣遗物主属性和副属性的数值大小不同，**星级越高，属性越高**。

（5）玩家可以通过提升圣遗物的**等级提高主属性的数值**，每一次升级都会**提升固定值或百分比例**的主属性数值；每个圣遗物可提升等级与星级有关，**最大可提升等级为星级 ×4 级**。

（6）每提升 4 级可以新增 1 个副属性数值，这个数值从**属性库**中随机选择；副属性的**属性库根据星级的不同而不同**，并且相同星级下需要**最少 4 种不同的属性数值**。

（7）每提升4级新增副属性时，如果该圣遗物未满4条属性，则必定新增1条副属性，如果已满则必定随机强化已有的4条属性之一（且有较强概率连续强化该属性）。

> 注：以上信息不代表游戏策划案内容，仅为"脑图阶段"或数值总结策划案时所列举的重要思路内容，主要用于构建游戏的数值模型。

在明确了系统的构思后，下一步我们需要为数值模型定义相应的参数，这些参数将直接影响数值模型的计算方法和计算结果。

8.2.1　定义参数

根据上述设计思路（1）~（3），我们知道圣遗物共有5个部位，每个部位包含主属性和副属性，并且不同部位的主属性类型和副属性数量均不相同。根据这些条件我们可以为圣遗物的不同部位设计相应的主属性加成种类和副属性加成种类（见表8-3和表8-4）。

表8-3　主属性加成种类

	攻击	防御	生命	攻击百分比	防御百分比	生命百分比	元素精通	元素充能效率	元素伤害百分比	物理伤害百分比	暴击率	暴击伤害	治疗加成
1号位	✓												
2号位			✓										
3号位				✓	✓	✓	✓	✓					
4号位				✓	✓	✓			✓	✓			
5号位				✓	✓	✓	✓				✓	✓	✓
汇总	1	0	1	3	3	3	3	1	1	1	1	1	1

注：属性加成的种类可以根据系统的需求进行设定，这里1、2号位加成攻击和生命是作为本系统最基础的攻击和生命属性，保障正常的游戏体验，防止出现极端的养成策略打破游戏的平衡性，从而影响游戏的正常体验。3、4、5号位包含通用和独特的属性种类，有利于区分这些部位的特点，

提高独特属性出现的概率，简化不同部位组合的难度，对玩家是一种正向的引导设计，帮助玩家快速的获得想要的属性。

表8-4 副属性加成种类

	攻击	防御	生命	攻击百分比	防御百分比	生命百分比	元素精通	元素充能效率	元素伤害百分比	物理伤害百分比	暴击率	暴击伤害	治疗加成
1号位		✓	✓	✓	✓	✓	✓	✓			✓	✓	
2号位	✓	✓		✓	✓	✓	✓	✓			✓	✓	
3号位	✓	✓	✓	✓		✓	✓	✓			✓	✓	
4号位	✓	✓	✓	✓	✓	✓		✓			✓	✓	
5号位	✓	✓	✓	✓	✓	✓	✓	✓			✓	✓	
汇总	4	5	4	4	4	4	4	4			4	4	

注：圣遗物的副属性作为组合玩法的核心则采用纯粹的随机属性，让玩家选择不同的组合方式，强化游戏的成长乐趣。在汇总出现次数时需要注意思路2中，"主属性出现了该属性种类，副属性不会再出现该属性种类"，所以通用的随机属性的最大出现数量都进行减1处理。

根据设计思路（4）、（5）我们可以知道圣遗物有不同的星级，星级决定了初始属性的大小；圣遗物可以提升等级，可提升的等级数量与星级有关，并且每次提升可以获得一定数量的属性加成（见表8-5~表8-7）。

表8-5 参数设定

参数名称	参数数值
5星初始属性占比	15.00%
可提升最高等级	20
可突破次数	5

注：5星初始属性占比是根据属性分配中，圣遗物系统基础属性占比所定，可以根据不同成长模块的权重来提高或减少相应的初始占比数值。可提升最高等级为5星圣遗物可提升的最高等级（5星×4级），可突破次数代表升级中增加副属性的次数。

表 8-6　星级属性占比

星级	1 星	2 星	3 星	4 星	5 星
主属性占比	60%	70%	80%	90%	100%
副属性占比	20%	40%	60%	80%	100%

注：星级属性占比数据是根据系统的定位而定义的数值，比如我们希望不同星级之间的圣遗物主属性差距不太大，这样有利于前期的游戏体验，而副属性差距大一些，这样有利于后期对于高星级圣遗物的追求，当然这里也可以根据实际的需求调整。

表 8-7　副属性波动范围

区间	1 档	2 档	3 档	4 档
波动范围	70%	80%	90%	100%

注：根据设计思路（6）中，相同的星级下需要最少 4 种不同的属性波动范围，我们设定了以上 4 种不同的属性波动范围。属性波动的范围根据系统的设计需求来定义，如果我们期望波动剧烈一些，那么不同档位差值大一些。相应地玩家想要获得极品完美属性的概率就会下降，相反波动相对平稳一些，玩家养成体验的过程也会更加平滑。

　　根据系统构思完成相应的参数定义后，下一步我们将开始引用其他数值模型计算所获得的数据作为基准数值，以完成圣遗物数值模型的数值计算。

8.2.2　数据调用

　　在构建游戏的养成体系时，我们会通过构建属性成长获得游戏的属性成长数据。通过切分成长模组，为游戏中每一个成长模块分配相应的属性占比。这里我们把成长数据与属性占比相乘（公式如下），即可获得当前成长模块的属性总值（见表 8-8）。

　　圣遗物属性＝属性成长数据 × 圣遗物属性占比

表 8-8　汇总属性数值

	攻击	防御	生命	攻击百分比	防御百分比	生命百分比	元素精通	元素充能效率	元素伤害百分比	物理伤害百分比	暴击率	暴击伤害	治疗加成
主属性	311		4780	139.8%	174.9%	139.8%	561	51.8%	46.6%	58.3%	31.1%	62.2%	35.9%
副属性	388	580	5980	116.5%	146.0%	116.5%	465	130.0%	0.0%	0.0%	78.0%	156.0%	0.0%

8.2.3　模型运算

根据我们定义的参数和调用获得的属性数值，通过公式可以计算获得不同星级圣遗物的主属性数值、升级后的主属性数值，以及副属性库的各种属性数值。

1. 初始属性（见表 8-9）

属性数值 = 5 星初始占比 × 星级主属性占比 × 汇总属性数值 ÷ 属性出现次数

表 8-9　5 星圣遗物主属性加成数值

	攻击	防御	生命	攻击百分比	防御百分比	生命百分比	元素精通	元素充能效率	元素伤害百分比	物理伤害百分比	暴击率	暴击伤害	治疗加成
1号位	46.65												
2号位			717										
3号位				6.99%	8.75%	6.99%	84.15	7.77%					
4号位				6.99%	8.75%	6.99%	84.15		6.99%	8.75%			
5号位				6.99%	8.75%	6.99%	84.15				4.67%	9.33%	5.39%
汇总	1	0	1	3	3	3	3	1	1	1	1	1	1

注：比如 5 星圣遗物的攻击 = 15% × 100% × 311 ÷ 1 =46.65，四舍五入则是 47，也就是初始 5 星圣遗物 1 号位的主属性必定是 47 点攻击。其他不同星级不同部位的属性也可以通过属性计算公式计算获得。

1. 升级属性（见表 8-10）

每级提升百分比数值 = （1- 初始百分比）÷ 可提升等级 × 当前等级 × 星级属性占比

表 8-10　升级属性比例

等级	1星	2星	3星	4星	5星
初始属性	9%	11%	12%	14%	15%
1	11.73%	13.63%	15.52%	17.39%	19.25%
2	14.46%	16.77%	19.04%	21.29%	23.50%
3	17.19%	19.90%	22.56%	25.18%	27.75%
4	19.92%	23.03%	26.08%	29.07%	32.00%
5	22.65%	26.16%	29.60%	32.96%	36.25%
6	25.38%	29.30%	33.12%	36.86%	40.50%
7	28.11%	32.43%	36.64%	40.75%	44.75%
8	30.84%	35.56%	40.16%	44.64%	49.00%
9	33.57%	38.69%	43.68%	48.53%	53.25%
10	36.30%	41.83%	47.20%	52.43%	57.50%
11	39.03%	44.96%	50.72%	56.32%	61.75%
12	41.76%	48.09%	54.24%	60.21%	66.00%
13	44.49%	51.22%	57.76%	64.10%	70.25%
14	47.22%	54.36%	61.28%	68.00%	74.50%
15	49.95%	57.49%	64.80%	71.89%	78.75%
16	52.68%	60.62%	68.32%	75.78%	83.00%
17	55.41%	63.75%	71.84%	79.67%	87.25%
18	58.14%	66.89%	75.36%	83.57%	91.50%
19	60.87%	70.02%	78.88%	87.46%	95.75%
20	63.60%	73.15%	82.40%	91.35%	100.00%

注：获得了相应的星级属性占比就可以通过属性占比乘汇总属性数值计算出每一级圣遗物可带来的属性数值，比如 5 星 1 号位的圣遗物提升至 15 级主属性攻击数值为 245（78.75%×311）。

2. 副属性库（见表 8-11）

属性数值＝（星级副属性占比 × 汇总属性数值）÷（属性出现次数 × 可突破次数）

表 8-11　副属性星级属性库

	攻击	防御	生命	攻击百分比	防御百分比	生命百分比	元素精通	元素充能效率	元素伤害百分比	物理伤害百分比	暴击率	暴击伤害	治疗加成
1星	4	5	60	1.20%	1.50%	1.20%	5	1.30%			0.80%	1.60%	
2星	8	9	120	2.30%	2.90%	2.30%	9	2.60%			1.60%	3.10%	
3星	12	14	179	3.50%	4.40%	3.50%	14	3.90%			2.30%	4.70%	
4星	16	19	239	4.70%	5.80%	4.70%	19	5.20%			3.10%	6.20%	
5星	19	23	299	5.80%	7.30%	5.80%	23	6.50%			3.90%	7.80%	

注：比如，5 星圣遗物副属性中的攻击属性为（100% × 388）÷（4 × 5）= 19.4，四舍五入为 19，利用我们定义的公式可以计算获得不同星级圣遗物副属性的最大数值。把最大数值 × 副属性波动范围，就可以获得所需要的不同星级圣遗物不同副属性的属性库。

我们通过定义参数、调用数据、模型运算 3 个步骤获得圣遗物系统的数值，后续把数值配置到相应的配置表中即可完成圣遗物系统的数值设计环节。

其实，在圣遗物系统中还有几个重要的构思，比如，携带不同数量的圣遗物可以形成套装，套装可以带来额外的属性或被动技能效果加成等。我们可以使用上述 3 个步骤继续完善这个数值模型，最终完成圣遗物数值模型。

8.3　模块化

汽车是现代化工业的产物，是现代人出行最方便的载具之一。汽车的生产过程随着科技的不断发展，行业的不断成熟经历了 4 次重大生产转变："纯手工打造""流水线方式""平台式生产"和"模块化生产"。构建游戏的数值就像制造汽车，从最早纯手工计算，到流水线方式，经历平台式生产，最后形成模块化生产。游戏数值的发展过程也恰好与国内游戏行业的发展息息相关，这 4 个不同的阶段分别对应 PC 端游时代、PC 页游时代、手机游戏时代和全平台时代（见图 8-2）。

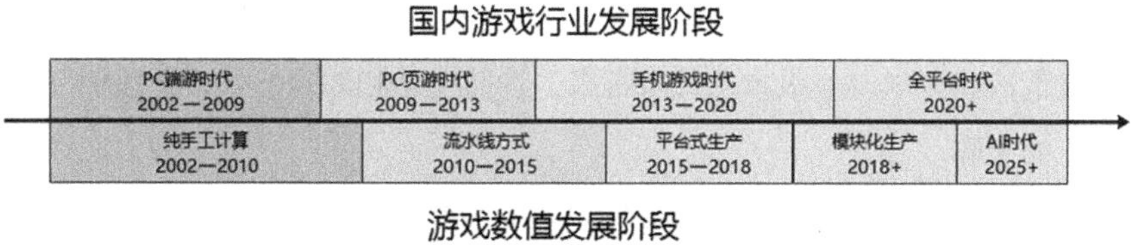

国内游戏行业发展阶段

PC端游时代 2002—2009	PC页游时代 2009—2013	手机游戏时代 2013—2020	全平台时代 2020+	
纯手工计算 2002—2010	流水线方式 2010—2015	平台式生产 2015—2018	模块化生产 2018+	AI时代 2025+

游戏数值发展阶段

图 8-2　游戏数值的发展

> 注：纯手工计算并不是字面意义上的纯手工计算，主要指对应阶段下数值的设计方法相对简单。这里所指的时代是不同平台的游戏方式，在不同时代之间还有过一些伪概念，比如 VR 游戏、云游戏等。当然这是个人的观点，不代表主流发展规律。随着行业不断成熟，游戏的数值也会像制造汽车一样步入"模块化"的生产方式并最终进入 AI 时代，由人工智能替代人工完成游戏数值模型的构建。

一台完整的汽车由发动机控制模块、自动变速器控制模块、大灯控制模块、中央控制门锁控制模块、电动车窗控制模块、仪表板控制模块、安全气囊控制模块、自动空调控制模块、电控悬架控制模块等构成，这些模块分别控制着汽车不同的功能，模块与模块之间是独立的，这些模块共同组成了汽车这个整体。

数值模块与汽车模块的原理是相同的，一款完整的游戏同样由基础成长模块、属性成长模块、属性分配模块、成长模块、怪物强度模块、消耗模块、产出分配模块、产出模块、复盘模块和底层战斗模块构成，不同的数值模块承担着不同的功能和作用。

我们之所以使用模块化的方式构建游戏的数值，最重要的作用就是可以通过模块**系统性地构建游戏的数值**。数值设计中最复杂的工作其实就是如何把所有的数值模型串联起来，完成数值模型闭环，为游戏带来良好的数值体验。串联数值模型的方法就是对数值进行模块化处理，相应的每一个数值模型也需要具有接口、功能、逻辑、状态几个基本属性，其中功能、状态与接口反映模块的外部特性，逻辑反映它的内部特性。建立游戏的数值模型可以帮助我们系统地实现不同模块所需要的游戏体验，流程化地处理游戏中每一个功能的数值需求，也是数值可视化最方便的处理方式。

数值模块化的另一个重要作用是方便对不同功能或系统进行优化和调整，随着游戏内容的不断迭代研发，不同模块的数值也会呈指数规模，我们在优化时不可能人工调整或优化游戏中的每一个模块，建立一套标准化数值模型可以方便我们快速应对游戏版本迭代所带来的功能变动和体验优化，是敏捷开发必不可少的步骤。

数值模块化对于数值职业经验的积累也有着至关重要的提升。数值策划的重要工作内容就是不断构建数值模型，针对每一个游戏系统，针对每一款游戏构建出大大小小的数值模型。在很多情况下数值策划都属于被需求方，也就是针对相应的数值需求去构建相应的数值方案，这样的工作方式并不利于数值经验的积累。也正是前文所述，"虽然工作了多年但是依然觉得自己只是做数值配置的，虽然有一些方法论、有一些经验的积累，但是每研发一款新的游戏都像是重新来过，过去的经验得不到积累，数值模型越做越快、但数值所带来的游戏体验确好像并没有得到提高"。这些其实就是因为不同游戏之间的数值经验不能得到积累，虽然效率得到提升但对游戏模块的感受并没有得到提高。

数值模块化也非常有利于游戏体验的传承。我们在研发游戏时经常会面临这样的需求，"把某个游戏的某个模块复刻过来"，当然这并不是一种错误的方法，有些时候完美复刻某个游戏的某些数值就是为了把优秀的游戏体验传承下去，也是提高自己数值感受的一种方法。其实数值策划应该主动地去学习某些优秀的数值设计，做好积累，也许在下一款游戏中可以完美地实装进游戏中。比如，游戏《原神》中的圣遗物系统，其实就是对《魔灵召唤》中符文系统的改良，这个体验也被用在了《阴阳师》的游戏体系中，这套组合养成体系虽然年代久远，但它依然可以为新游戏带来全新的游戏体验。优秀的游戏数值所带来的游戏体验可以经久不衰，好的游戏体验并不一定需要原创，不同数值策划之间的数值架构依然需要这种传承。

搭建一款游戏的数值架构其实并不难，我们可以按照第1章中数值流程化所列举的每一个步骤逐个完成，就可以完美实现游戏中所有的数值需求。

读懂一款游戏的数值架构其实也不难，使用数值可视化的方法对数值框架进行相应的汇总处理，就可以判断不同周期、不同内容的游戏体验是否良好。

随着游戏产业的不断成熟，游戏制作的标准也会不断提升。数值策划并不缺少方法，我们可以使用无数种方法实现游戏的构思。数值策划缺少的是思考和验证，使用数值复盘和可视化的方式检验游戏数值所带来的游戏体验，思考如何更合理、高效地完成数值架构，如何在游戏正式发布前验证数值架构的"平衡"和"稳定"。

相信在未来，当游戏这个行业更加成熟，数值策划这个职业更加规范时，数值策划就可以拥有更多的时间去思考和验证，数值策划通过数值设定所带来的游戏体验也更加"平衡"和"稳定"。

最后，感谢你读到此处，希望这本书可以帮到你。

后　记

　　笔者常把游戏定义为一个"平台"，在这个"平台"上，数值策划担当了5个重要的角色。他们分别是"平台的观察者""需求的收集者""底层的构建者""体验的实践者"和"理性的第三者"。

　　站在局外人的角度来理解，游戏数值策划需要通过上帝视角去观察游戏中所有人的行为、语言和各种各样的事情，了解游戏的全局运作过程，再通过逻辑判断和推理改善这个世界，让游戏世界按照设计者最初的意图去运转，这也正是"平台观察者"的具体体现。

　　站在共事者的角度来理解，游戏数值策划需要收集游戏客服（玩家）、投资人、制作人、主策划、关卡策划、游戏美术和游戏运营的需求，判断这些需求的合理性及重要性，再决策游戏数值优化的方向和调整方法，而这正是"需求的收集者"的具体体现。

　　站在数值策划自身的角度去理解，游戏既需要包括战斗数值和经济数值，又需要数值复盘和游戏商业化，做游戏亦像是盖大楼，数值策划的工作就是搭建足够稳固和联通的大楼主体结构，方便其他策划调整内部布局，在改变外形的同时保障主体依然稳固，这也是"底层的构建者"的具体体现。

　　体验的实践者和理性的第三者则是笔者根据过往经验，为数值策划所定义的全新角色。做游戏即做游戏体验，每一个游戏从设计到制作都会把"体验"融入游戏的不同系统中，而数值策划则需要按照一定的"体验"需求，设计与之匹配的数值结构，在正式面向玩家前，数值策划需要不断调整和优化数值结构，让"期望的体验设计"变成"实际的玩家感受"，这也是"体验的实践者"的具体体现。在游戏研发的任何阶段，数值策划都需要保持理性的心态，要有分析和推断的能力，以理性的第三者角度去观察游戏、完成需求、构建底层和优化体验，这样才能成为一个优秀的游戏数值策划。

　　而这些，就是笔者对游戏数值策划的诠释。

作者

2021 年 6 月